Welpen glück

Gwen Bailey

Welpen glück

So wird Ihr neuer Vierbeiner zum perfekten Begleiter

Für Otto, Lilli, Spider, Chesil, Winnie, Beau, Sammy und Scampi – die wunderbaren Hunde, die mein Leben mit mir geteilt, mir so viel Liebe und Glück geschenkt und mich mehr gelehrt haben, als ich mir je hätte vorstellen können.

DANK DER AUTORIN

Mein herzlicher Dank gilt den Menschen, die mir am Anfang meiner Karriere geholfen und mir so viel über Hundeverhalten beigebracht haben, vor allem dem bereits verstorbenen John Rogerson und John Fisher sowie Ian Dunbar, Tony Orchard und vielen anderen. Durch ihr Wissen über positive Verstärkung konnte ich meiner Zeit voraus sein; dafür und für ihre Inspiration bin ich zutiefst dankbar. Nach meinem Abschied aus der Welt der Rettungshunde habe ich von vielen Menschen gelernt, wie Patricia McConnell, Helen Phillips (www.clickergun dog.co.uk), Kay Laurence, Claire Luscombe, Louise Otter, Nicole Harris und vielen anderen, darunter meine Puppy-School-Kursleiter. Mein Dank geht an sie alle – für ihr Wissen und ihre Unterstützung.

Inhalt

Einleitung zur deutschen Ausgabe

Vor vielen Jahren bekam ich diese E-Mail aus Australien zugeschickt:

Hallo. 1996 habe ich mir in Melbourne Ihr Buch gekauft und es gelesen, bevor 1997 meine Hündin – ein Australian Kelpie – zu mir kam. Ich habe sie nach den in Ihrem Buch geschilderten Grundsätzen erzogen, und mittlerweile ist sie zehn Jahre alt. Sie hat eine Menge gelernt, und ich freue mich jeden Tag, sie um mich zu haben. Danke, dass Sie zu einer Zeit, als man (jedenfalls in der Gegend, aus der ich komme) noch Würgehalsbänder benutzt hat, ein so großartiges Buch veröffentlicht haben!

Crystal Wemyss

Ich bin unbeschreiblich froh, dass die ersten Auflagen meines Buches weltweit so viele Menschen erreicht und in der Folge ihren Welpen ein besseres Leben beschert haben. Seit fast 30 Jahren verkauft es sich gut, und ich bin stolz darauf, dass Tausende Welpen und ihre Halter von dem profitieren konnten, was ich schon früh in meiner Laufbahn lernen durfte. Es ist mir eine besondere Freude, dass dieses Buch nun erstmals auch in deutscher Sprache erscheint und damit noch mehr Menschen und deren Hunde erreichen kann.

Nach der Erstveröffentlichung stockte mir stets der Atem, wenn Hundehalter mir erzählten, sie hätten ihren Welpen nach meinem Buch erzogen. Ich vermutete, sie würden mir gleich aufzählen, was alles furchtbar schiefgegangen sei. Doch das war nie der Fall.

Jetzt, fast 30 Jahre später, habe ich mein Buch auf den neuesten Stand gebracht und die Fortschritte, die es in dieser Zeit gab, dabei berücksichtigt. Ich denke, dieses Buch verdankt seinen Erfolg der Tatsache, dass es mit positiven Methoden arbeitet. Bestrafung und Gewalt bringen niemanden weiter, weder bei Welpen noch bei erwachsenen Hunden oder bei Menschen. In diesem Buch geht es darum, eine harmonische Beziehung aufzubauen, die auf Liebe und Vertrauen basiert. Ich selbst habe zwei weitere Welpen nach diesem Prinzip erzogen, die zu ausgeglichenen Hunden herangewachsen und eine wahre Freude sind. Ich bin fest davon überzeugt, dass dieser Weg richtig ist und dass Bestrafung, egal welcher Art, im Welpentraining keinen Platz hat.

Nur wer seinem Welpen genügend Beschäftigung bietet, verhindert Langeweile – und damit auch so manchen Unfug.

Gwen Bailey, Autorin und Verhaltensexpertin, mit Otto und Lilli. Positives Training und viel Liebe machten die beiden Hunde zu umgänglichen Familienmitgliedern.

In einer Trainingsstunde mit meinem ersten Welpen sollte ich auf die straffe Leine treten, um seinen Kopf nach unten und den Hund zum Hinlegen zu zwingen. So sollte er lernen, dies »auf Befehl« zu tun. Ich weigerte mich und ging nie wieder dorthin. Stattdessen entwickelte ich mein eigenes, auf Belohnung beruhendes Trainingskonzept. Heute hat sich die Hundeerziehung glücklicherweise zum Besseren verändert, weil viele Menschen, genau wie ich, die Methoden der Gewalt ablehnen. Dominanz, Zwang und Gehorsam sind passé; inzwischen setzt man auf Kooperation, Führung, Harmonie und positives Training. Das Welpentraining beginnt viel früher, die Hunde sind ausgeglichener, und seitdem sehe ich viel mehr glückliche, entspannte Vierbeiner auf der Straße.

Hunde waren schon immer das Wichtigste für mich, und um ihnen das Leben zu erleichtern, habe ich mich intensiv der Schulung ihrer Halter gewidmet. So konnte ich in den vergangenen 20 Jahren ein großes Welpenerziehungsnetzwerk (www.puppyschool.co.uk) aufbauen und dank der Unterstützung unserer 150 Ausbilder mit über 100.000 Haltern und Welpen zusammenarbeiten. Dieser Erfahrungsschatz ist in diese komplett aktualisierte Auflage des Buches eingeflossen, ebenso neueste wissenschaftliche Erkenntnisse. Hunde haben sich nicht wesentlich verändert, doch wir verstehen sie heute viel besser. Ich habe in den vergangenen Jahren vor allem dazugelernt, was *Menschen* wissen müssen, wenn sie ihren ersten Welpen großziehen.

Daher hoffe ich, dass mein Buch alle Hundehalter und ihre Welpen zu einem Zeitpunkt erreicht, an dem beide noch viel Freude am gemeinsamen Lernen haben und alles richtig machen wollen. Sie werden sehen: Wenn Sie von Anfang an die richtigen Weichen stellen, wird Ihre Beziehung zu Ihrem Hund wundervoll, dauerhaft und glücklich sein. Das wünsche ich Ihnen und Ihrem kleinen Vierbeiner!

Vorwort

Für einen Welpen sollte das Leben wie ein unbeschwertes Abenteuer sein. Doch zu oft ist es eine verwirrende Zeit, in der wir Menschen zu viel von ihm erwarten und ihn schimpfen, weil er Regeln nicht befolgte, die er noch gar nicht kannte. Leider verstehen Welpen nicht automatisch jedes Wort und jeden unserer Gedanken. Sie gehören einer anderen Spezies an – ihr Körper, ihre Sinne, ihre Fähigkeiten und selbst ihre Art zu kommunizieren unterscheiden sich grundlegend von allem, was wir kennen. Daher brauchen sie unsere behutsame Unterstützung, damit sie unsere Lebensweise besser verstehen und lernen können, was wir von ihnen wollen. Sie sind wie Kinder emotionale Wesen, die unsere Liebe und unseren Schutz benötigen. Damit wir harmonisch mit ihnen zusammenleben können, müssen wir ihr Verhalten lenken – aber nicht so, dass ihr Wesen darunter leidet.

Ich habe viele Jahre mit Hunden gearbeitet, die den Halter wechseln mussten. Das lag oft daran, dass die Vorbesitzer nicht wussten oder nie gelernt hatten, wie man einen Welpen richtig erzieht. Lässt sich die Beziehung nicht kitten, ist immer der Hund der Verlierer. In der Regel sind Halter, die ihren Hund abgeben müssen, nicht herzlos oder gleichgültig; es fehlt ihnen schlicht das nötige Know-how. Einen Hund nach dem Prinzip »Versuch und Irrtum« zu erziehen, dauert vermutlich mehrere Hundeleben. Viel einfacher wird es, wenn wir alle gemeinsam aus unseren Fehlern und Erfolgen lernen. Dieses Buch ist das Ergebnis meiner Arbeit mit sogenannten Problemhunden; dazu kommt das Wissen aus den mehr als 20 Jahren, in denen ich die *Puppy School* geleitet habe, ein Trainernetzwerk, das mit über 100.000 Welpen gearbeitet hat. Mit

Junge Welpen haben Spaß am Lernen und können sich an unseren Alltag anpassen. Ob sie später eine Freude oder eine Belastung werden, liegt an uns.

Jeder Welpe hat sein eigenes Temperament und seine individuelle Persönlichkeit. Wenn Sie diese Charakterzüge erkennen, wertschätzen und gezielt lenken, wird aus Ihrem Welpen ein ausgeglichener und alltagstauglicher Hund.

unserer Hilfe haben sich diese Tiere zu umgänglichen, ausgeglichenen Hunden entwickelt. Zudem ist hier eingeflossen, was ich von anderen Verhaltensexperten gelernt habe.

Auf den ersten Blick scheint es extrem mühsam zu sein, einen Welpen richtig aufzuziehen. Doch mein Buch ist so angelegt, dass Sie bei seinem Training kaum Fehler machen werden, denn es behandelt alle Aspekte ausführlich. Sie bringen sicherlich schon alles mit, was es braucht, um ein Hundekind zu begleiten. Und dieses Buch vermittelt Ihnen zusätzliches Wissen, das Sie benötigen, um die Aufgabe gut zu meistern. Es ist immer besser, im Voraus zu planen und typische Fehler von Anfang an zu vermeiden, als später Probleme lösen zu müssen, die sich bereits verschleppt haben. Setzen Sie daher die Vorschläge aus diesem Buch um, sobald Ihr Welpe bei Ihnen einzieht. So können Sie Schwierigkeiten vorbeugen, mit denen viele Hundehalter früher oder später konfrontiert werden.

WICHTIG!

- **Dieses Buch befasst sich damit, wie Sie das Verhalten Ihres Welpen lenken und seinen Charakter entwickeln können. Themen wie Ernährung oder Pflege werden hier nicht behandelt – dazu finden Sie viele andere gute Quellen im Netz und Buchhandel.**
- **Der Einfachheit halber ist hier stets nur von »dem Welpen« die Rede. Weibliche Tiere sind darin eingeschlossen, und überdies sind die Angehörigen beider Geschlechter gleichermaßen liebenswert und ganz wunderbare Hunde.**
- **In diesem Buch verwende ich meist die Begriffe »Halter« oder »Besitzer«. Damit soll aber keinesfalls ein hierarchisches Verhältnis zwischen Mensch und Hund gemeint sein. Vielmehr geht es mir darum, dass der Halter die volle Verantwortung für das Wohlergehen und die Gesundheit seines Lieblings trägt und dafür sorgt, dass er glücklich und zufrieden ist.**

KAPITEL 1

Die Abstammung

Vielleicht denken Sie, alle Hundebabys seien gleich. Doch in Wirklichkeit ist jeder Welpe, der in sein neues Zuhause kommt, ein einzigartiges Individuum. Je nach genetischer Ausstattung und den Erfahrungen, die er im Wurf gemacht hat, wird er ganz individuell auf seine neue Umgebung reagieren. Ganz egal, ob Sie Ihren Welpen erst noch auswählen wollen oder schon haben – dieses Kapitel hilft Ihnen zu verstehen, wie seine Herkunft sein künftiges Verhalten beeinflussen wird und welche Maßnahmen Sie ergreifen sollten, damit er sich zu einem freundlichen, ausgeglichenen erwachsenen Hund entwickelt.

Frei lebende Hunde vom »Urtyp« erhalten kaum tierärztliche Betreuung. Doch sie haben sie eine robuste Gesundheit und ein pflegeleichtes Fell.

DER URTYP

Weltweit findet man in vielen Ländern frei lebende Hunde, die man wohl am ehesten als »Urtyp« des Hundes bezeichnen kann. Diese Tiere wählen ihren Paarungspartner selbst und unterliegen, ohne tierärztliche Versorgung, der natürlichen Auslese. Ihr Körperbau ist von Natur aus zweckgemäß und funktional.

Bei der Wahl Ihres Hundes sollten Sie bedenken, welche Folgen es für seine Gesundheit und sein Wohlbefinden hat, wenn er genetisch stark von diesem Urtyp abweicht. Ein Hund mit plattem Gesicht und großen Augen, langem Rücken oder dicken Hautfalten mag niedlich und gerade in Mode sein. Aber ist es richtig, ein System zu unterstützen, in dem Tiere für die Zucht ausgewählt werden, die keinen optimalen Körper haben? Nur wegen der Zuchtentscheidungen einiger Menschen leiden unzählige Hunde ein Leben lang unter schlechter Gesundheit und Schmerzen. Würden künftige Welpenbesitzer mit Bedacht entscheiden, gäbe es für Welpen mit gesundheitsschädlichen Merkmalen keinen Markt mehr.

DIE MACHT DER GENE

Unsere heutigen Hunderassen wurden über viele Generationen hinweg gezüchtet. Einst wählte man Hunde aus, deren Eigenschaften sie für eine bestimmte Arbeit besonders geeignet machten oder die ein bestimmtes erwünschtes Aussehen hatten. Heute trägt jedes Mitglied einer Rasse die genetischen Anlagen für das gewünschte Aussehen und Verhalten in sich. Stammt Ihr Welpe etwa aus einer langen Linie von Dackeln, einer Rasse, die gezüchtet wurde, um Dachse aus ihrem Bau zu jagen, so wird er kürzere Beine und eine größere Neigung zum Buddeln haben als etwa ein Border Collie. Diese Rasse wiederum wurde für das Hüten von Schafen gezüchtet. Ein Husky ist lauffreudiger als ein Cockerspaniel. Ein Havaneser hat wahrscheinlich weniger Energie als ein Dalmatiner, dafür aber ein Fell, das sehr viel mehr Pflege benötigt.

Die Nachkommen von Elterntieren derselben Rasse nennt man reinrassig. Sie werden in

Aussehen und Verhalten ihren Eltern sehr ähnlich sein. Wählt man also einen reinrassigen Welpen, lässt sich mit einiger Sicherheit sagen, wie er später aussehen und sich verhalten wird. Die Hunderassen sind nach Gruppen geordnet, wobei Hunde jeder Gruppe bestimmte Eigenschaften teilen. Sieben Gruppen sind in der Tabelle beschrieben.

Die Gene beeinflussen das Verhalten Ihres Welpen. Wenn Sie das wissen und berücksichtigen, können Sie ihm helfen, seine Anlagen optimal zu entfalten. Informationen, für welche Aufgaben die Vorfahren Ihres Welpen gezüchtet wurden, finden Sie in Büchern über die jeweiligen Rassen und im Internet. Oder Sie fragen Menschen, die sich mit der Rasse auskennen. Überlegen Sie, ob die angeborenen Eigenschaften Ihres Welpen zu Ihrem Leben passen. Wohnen Sie z. B. in einem Haus, wo es draußen oft unruhig ist? Dann könnte ein

RASSEGRUPPEN
(nach britischer Klassifikation)

JAGDHUNDE	**Gutmütig, umgänglich, leicht zu lenken, energiegeladen, lebhaft, aktiv, verspielt, mittelgroß bis groß.**
HIRTENHUNDE	**Hütehunde: Reaktionsschnell, feinfühlig, aktiv, schnell, fleißig, energiegeladen, verspielt, leicht zu lenken, beschützend.** **Herdenschutzhunde: In der Regel groß bis sehr groß, nicht so aktiv, mit dickem Fell und Neigung zum Hüten.**
TERRIER	**In der Regel klein, leicht erregbar und schnell aggressiv, ausgeprägter Jagdtrieb, nervös, mitunter sehr bellfreudig.**
ZWERGHUNDE	**Niedlich, klein, genießen Zuneigung.**
LAUFHUNDE	**Freundlich, unabhängig, umgänglich, weniger an Spielzeug interessiert, gezüchtet, um Wild aufzuspüren und zu verfolgen.**
ARBEITSHUNDE	**Groß, intelligent, beschützend; andere Eigenschaften hängen von der Arbeit ab, für die sie gezüchtet wurden.**
BEGLEITHUNDE	**Eine Gruppe von Hunden, die nicht in eine der anderen Gruppen hineinpasst; ihre individuellen Eigenschaften hängen davon ab, für welche Aufgaben die jeweilige Rasse ursprünglich gezüchtet wurde.**

Herdenschutzhund dazu neigen, dauernd zu bellen. Leben Sie in der Nähe von Schafen oder Rindern, die ein Hütehund vielleicht treiben möchte? Ist es wichtig, dass Ihr Hund gut mit anderen Hunden und mit Menschen zurechtkommt? Stört es Sie, wenn er in Ihrem Garten buddelt?

Wenn Sie die angeborenen Vorlieben und Verhaltensmuster Ihres Welpen kennen, können Sie diese steuern und unerwünschtes Verhalten somit vermeiden. Bringen Sie etwa Ihrem Collie Such- und Jagdspiele mit Spielzeugen bei, so können Sie vielleicht verhindern, dass er Joggern oder Radfahrern hinterherrennt. Wenn Sie einen Herdenschutzhund als Welpen dafür belohnen, dass er ruhig bleibt und nicht auf Geräusche von draußen reagiert, wird er als erwachsener Hund nicht übermäßig laut sein. Achten Sie also auf das Temperament, das Ihr Welpe von Natur aus mitbringt, und lenken Sie es in positive Bahnen, bevor sich unerwünschte Verhaltensweisen entwickeln.

EIGENSCHAFTEN

	RASSE	GEZÜCHTET, UM	EIGENSCHAFTEN
	**Labrador Retriever**	**Fisch zu apportieren**	**Trägt gern Gegenstände und kaut gern, energiegeladen.**
	**Französische Bulldogge**	**Gefährte zu sein**	**Anhänglich**
	**Golden Retriever**	**Wild zu apportieren**	**Trägt gern Gegenstände und kaut gern, energiegeladen.**
	**Deutscher Schäferhund**	**Herden zu hüten und zu schützen**	**Neigt zum Treiben und Schützen, hoher Arbeitseifer.**
	**Border Collie**	**Schafe zu hüten**	**Treibt instinktiv, energiegeladen, hoher Arbeitseifer.**

Viele Menschen denken nur kurz darüber nach, welchen Hund sie haben möchten, und entscheiden oft nach dem Aussehen, anstatt sein späteres Verhalten in Betracht zu ziehen. Das ist nicht die beste Art, einen Gefährten zu wählen, der wahrscheinlich die nächsten zwölf Jahre oder länger mit Ihnen zusammenleben wird. Wenn das Wesen und die Anlagen Ihres Welpen zu Ihnen und Ihrer Familie passen, stehen die Chancen gut, dass er sich zu einem ausgeglichenen, umgänglichen Hund entwickeln wird. Daher lohnt es sich, über das Thema vorab gründlich nachzudenken, am besten bevor Sie beginnen, sich Welpen anzusehen. Sollten Sie sich schon einen Welpen angeschafft und festgestellt haben, dass die Wahl nicht die beste war: kein Grund zur Verzweiflung! Passt der Charakter Ihres Welpen nicht ganz zu Ihnen, lässt sich das mit Wissen und klarer Führung meist ausgleichen – es erfordert allerdings etwas mehr Zeit, Geduld und Engagement.

5 BELIEBTER RASSEN

WICHTIG ZU HAUSE	SOZIALISIERUNGS-AUFWAND	WILLENS-STÄRKE	AKTIVITÄT
Spieltrieb mit Spielzeug ausleben lassen. Benötigt viel zum Kauen, vor allem im Welpenalter. Braucht ein hohes Maß an geistiger und körperlicher Auslastung.	Durch-schnittlich	Mittel	Hoch
Anfällig für angeborene Gesundheitsprobleme durch extreme Zuchtmerkmale.	Durch-schnittlich	Mittel	Niedrig
Spieltrieb mit Spielzeug ausleben lassen. Benötigt viel zum Kauen, vor allem im Welpenalter.	Durch-schnittlich	Mittel	Mittel
Hütetrieb mit Spielzeug ausleben lassen. Gut sozialisieren und trainieren. Braucht ein hohes Maß an geistiger und körperlicher Auslastung.	Hoch	Mittel bis stark	Hoch
Hütetrieb mit Spielzeug ausleben lassen. Braucht ein hohes Maß an geistiger und körperlicher Auslastung.	Hoch	Mittel	Sehr hoch

ARBEITS- ODER SCHAUHUND?

In den Anfängen der Zucht wurden die Hunde nach ihrem Verhalten ausgewählt, doch die Zeiten haben sich geändert. Heute geht es auf Hundeschauen vor allem darum, dass ein Hund vom Erscheinungsbild her »typisch« ist. Die Preise werden also nicht für Wesensmerkmale vergeben, die einen Hund als Arbeits- oder Familienhund geeignet machen würden, sondern für seine Übereinstimmung mit den Rassestandards. Gute Züchter leben mit ihren Hunden und wissen, ob sie sich als Haustiere eignen. Andere Züchter haben sehr viele Hunde oder halten sie in Zwingern und können daher kaum beurteilen, wie sich diese Vierbeiner in einen Privathaushalt einfügen.

Manche Hunde werden noch immer als Gebrauchshunde für einen bestimmten Zweck gezüchtet. Die besten Welpen aus jedem Wurf behält man, um sie auszubilden und einzusetzen, der Rest geht an Privatleute. Bevor Sie sich für einen solchen Hund entscheiden, fragen Sie sich: Möchten Sie einen Hund haben, der gern umherrennt und arbeitet – und die Kraft hat, das jeden Tag rund um die Uhr durchzuhalten? Als Haustier in einem normalen Haushalt, wo Frauchen und Herrchen Jobs oder andere Verpflichtungen haben, können Arbeitshunde schnell unzufrieden und schwierig werden. Wenn Ihnen der Züchter also voller stolz Fotos der Elterntiere bei einem Leistungswettbewerb für Hütehunde oder bei der Prämierung als beste Polizeihunde des Jahres zeigt, sollten Sie sich gründlich überlegen, ob Sie einen Hund mit diesen Anlagen in Ihrer Familie aufnehmen möchten.

Haben Sie Kinder? Dann ist ein Labrador Retriever die richtige Wahl. Die Rasse ist geduldig, freundlich, tolerant und besonders bei Familien beliebt.

Je mehr Sie über die Vergangenheit und Abstammung Ihres neuen Mitbewohners wissen, desto leichter wird es Ihnen fallen, die passende Zuchtlinie auszuwählen. Wenn Sie bereits einen Welpen haben, helfen Ihnen diese Informationen, sein Verhalten besser einzuordnen. Sie können ihn dann dabei unterstützen, seine Charakterzüge auf eine für Sie akzeptable Weise auszuleben.

DER ZUCHTSTANDARD

Um Hunde zu züchten, die einem Zuchtstandard entsprechen und alle im Großen und Ganzen gleich aussehen und sich ähnlich verhalten, muss man mit einer relativ kleinen Auswahl von Hunden züchten. Mit der Zeit wird die Zucht auf einen festen Stamm beschränkt: Nur noch Hunde, die als zuchtrein gelten, dürfen weiter verpaart werden. So wird der vorhandene Genpool allmählich »eingefroren« und stagniert. Das führt nicht nur zu Gleichförmigkeit, sondern begünstigt auch Erbkrankheiten. Da immer und immer wieder dieselben Rüden zur Zucht verwendet werden, die als besonders attraktiv und rassetypisch gelten, schrumpft die genetische Vielfalt mit der Zeit immer weiter. Dadurch können sich Gendefekte und Krankheiten innerhalb der Rasse stärker verbreiten.

Zu den häufigsten Erbkrankheiten zählen Hüft- und Ellenbogendysplasien sowie eine Neigung zu Allergien, Krebs oder Herzkrankheiten. Für fast jede Rasse existiert eine Liste möglicher Krankheiten, die Sie im Blick haben sollten, wenn Sie sich einen reinrassigen Welpen wünschen. Oft ist es möglich, die Elterntiere auf Krankheiten testen zu lassen. Bitten Sie daher den Züchter um einen aussagekräftigen Befund vom Tierarzt, um einen möglichst gesunden Welpen zu bekommen. Die Verantwortung liegt bei Ihnen als potenzieller Welpenkäufer, sich über die typischen Krankheiten der gewünschten Rasse zu informieren und einen vertrauenswürdigen Züchter zu finden, der Ihnen eine ehrliche Auskunft gibt. Das ist nicht immer leicht, aber wenn Sie die richtigen Fragen stellen und etwas Mühe in die Recherche investieren, sollte sich eingrenzen lassen, wo die beste Bezugsquelle für gesunde Welpen liegen könnte.

Da bei Schauhunden vor allem das Aussehen zählt, achten nur die verantwortungsbewussteren Züchter auf das Wesen ihrer Hunde und setzen lediglich Tiere zur Zucht ein, die charakterlich einwandfrei sind. Doch selbst dann ist die Versuchung groß, einen Rüden mit nicht so perfektem Wesen zu wählen, wenn er gut zur Hündin passt und die Chancen steigen, erfolgreiche Ausstellungshunde zu züchten.

Bei der Auswahl von Zuchttieren werden das äußere Erscheinungsbild, die Gesundheit und der Charakter gleichermaßen berücksichtigt. In Hundeshows hingegen bewertet man hauptsächlich äußere Merkmale. Gesundheitliche Probleme treten allerdings meist erst später im Lauf des Lebens auf, und weniger gute Charaktereigenschaften lassen sich durch geschicktes Handling leicht kaschieren.

Wenn Sie mit dem Gedanken liebäugeln, einen reinrassigen Welpen zu kaufen, weil ein Elternteil eine große Hundeschau gewonnen hat, so sollten Sie unbedingt auch andere wichtige Aspekte miteinbeziehen. Berücksichtigen Sie mögliche Gesundheitsrisiken und bedenken Sie, ob die Welpen dieses Züchters vom Wesen her als Familienhund in einem Privathaushalt geeignet sind.

»DESIGNERHUNDE«

Seit den frühen 2000er-Jahren gibt es eine klare Tendenz weg von Rassehunden hin zu Mischlingen. In der Regel sind das Hunde einer einfachen Kreuzung, oft eines Pudels mit einer anderen Rasse. Dank irreführender Versprechungen – Pudelkreuzungen hätten hypoallergenes Fell – und Menschen, die darauf bedacht sind, »gesunde« Hunde in einer zu ihrem Lebensstil passenden Körpergröße zu kaufen, sind diese »Designerhunde« mittlerweile allgegenwärtig. Für solche »besonderen« Kreuzungen mit wohlklingenden Namen muss man daher tief in die Tasche greifen.

Traurigerweise ist zwar die Absicht der Halter, den für sie perfekten Welpen zu finden, gut, doch die Nachfrage ist größer als das Angebot verantwortungsvoller Züchter. Das wiederum nutzen skrupellose Händler aus. Sie bringen gesundheitlich angeschlagene, schlecht sozialisierte Welpen auf den Markt, deren Eltern nicht auf Krankheiten getestet wurden. Und das zu überhöhten Preisen.

Wenn Sie sich für so einen Mischlingswelpen entscheiden, achten Sie besonders genau auf seine Herkunft. Besuchen Sie den Züchter und stellen Sie Fragen, vor allem zu Testergebnissen in Bezug auf Erbkrankheiten der verschiedenen Rassen. (Ein Mischling kann immer noch anfällig für Krankheiten sein, deshalb müssen auch hier die Eltern getestet werden). Wählen Sie nach Möglichkeit einen Züchter, der Fachkompetenz mitbringt und die Welpen so sozialisieren kann, wie sie es während ihrer ersten Lebenswochen unbedingt brauchen. Beobachten Sie den Kleinen mit seiner Mutter und den Wurfgeschwistern vor Ort. So können Sie erkennen, wie sein Leben bis zu diesem Zeitpunkt ausgesehen hat.

Ist Ihr Welpe eine Kreuzung aus zwei Rassen, bekommen Sie wahrscheinlich eine Mischung aus Eigenschaften beider Rassen. Deshalb ist es hilfreich, sich diese anzusehen. Pudel sind lebhaft und intelligent – wenn Ihr Hund also über diese Gene verfügt, müssen Sie die entsprechende Erziehung und das tägliche geistige und körperliche Training, das vor allem der Welpe benötigt, gewährleisten können.

WELPEN UNBEKANNTER ABSTAMMUNG

Etwas über ihre genetische Veranlagung zu erfahren, ist bei Welpen unbekannter Abstammung nicht so einfach. Je mehr Rassen der Mix enthält, desto schwieriger ist es, vom Aussehen auf die Gene zu schließen. Es gibt heute allerdings Firmen, die anhand eines DNA-Abstrichs eine Abstammungsprüfung anbieten. Die Ergebnisse können mitunter von Firma zu Firma variieren, da diese Wissenschaft noch sehr jung ist.

Versuchen Sie möglichst, die Mutter und bestenfalls auch den Vater des Welpen kennenzulernen, und sich ein Bild von ihrem Wesen zu machen. Falls das nicht geht, informieren Sie sich wenigstens eingehend über die typischen Eigenschaften der Rasse und achten Sie darauf, wie sie sich bei Ihrem Hundekind zeigen.

WOHER KOMMT DER WELPE?

Die Herkunft ist wirklich wichtig. So sollte der Sozialisierungsprozess schon begonnen haben, wenn die Kleinen die Mutter verlassen. Wie gründlich gearbeitet wurde, ist entscheidend für die weitere Entwicklung der Welpen. Hat der Züchter diese Aufgabe vernachlässigt, müssen Sie mühsam nacharbeiten, solange Ihr Hundekind noch jung ist, damit es zu einem umgänglichen Hausgenossen heranwächst.

Hunde werden meist aus Profitgründen, wegen ihres Aussehens, ihrer Arbeitsleistung oder zufällig gezüchtet. Der beste Start für einen Welpen ist, in einem lebhaften Haushalt geboren zu werden, wo er alles zu sehen und zu hören bekommt, womit er vertraut sein muss. Wenn er täglich (sanft) von Kindern und Erwachsenen angefasst wird, Besucher mit ihm spielen und er anderen freundlichen Hunden begegnet, bringt er beste Voraussetzungen mit. Dann kann er alle Situationen entspannt und selbstbewusst meistern, wenn er zu Ihnen kommt. War der Wurf auch noch geplant und wurde auf Elterntiere mit ausgeglichenem Wesen geachtet, haben Sie das optimale Rezept für zukünftigen Erfolg.

Ein Welpe aus anderer Herkunft kann sich ebenfalls gut entwickeln, vorausgesetzt, Sie wählen ihn mit Bedacht aus. Züchter, die ihre Hunde in Zwingern halten, sie aber im Haus werfen lassen und die Kleinen gut sozialisieren, sind selten. Doch auch sie können gute Welpen hervorbringen. Gleiches gilt für manche Rettungszentren, bei denen die Hundebabys viel Kontakt zu Menschen haben und schon sehr jung unterschiedlichste Erfahrungen sammeln. Informieren Sie sich vorab eingehend, was Züchter tun müssen, um einen Wurf gut zu sozialisieren. Dann stellen Sie respektvoll viele Fragen und hören genau zu, um festzustellen, wie in dieser Hinsicht gearbeitet wurde – ob gut oder möglicherweise

Um Inzuchtproblemen vorzubeugen, werden heute gezielt Hunde verschiedener Rassen verpaart. So entstehen neue, äußerst beliebte Kreuzungen wie der Labradoodle.

gar nicht. Wenn Sie einen Welpen erwerben, von dem Sie wissen, dass er viele angenehme Erfahrungen in einer abwechslungsreichen Umgebung gemacht hat, ist das ein guter Start.

Leider ist die Hundezucht ein lukratives Geschäft, und es ist nicht leicht, einen Züchter zu finden, dessen Welpen kräftig und gesund sind und ein gutes Wesen haben. Hunde, die in großen kommerziellen Einrichtungen für den Tierhandel in Welpenfarmen oder -fabriken gezüchtet werden, leben oft im Dreck und sehr beengt. Die Eltern werden meist nicht sorgfältig ausgewählt, denn oft erfüllt jeder Hund, der ungefähr so aussieht wie die gewünschte Rasse, den Zweck. Der frühe Stress und das Trauma, unter solchen Bedingungen geboren zu werden, die Haltung in kleinen Käfigen mit wenig Reizen aus der Umgebung und keinerlei Sozialisierung, dazu der Transport über weite Strecken in einem jungen Alter – all das fordert seinen Tribut. Bei Hunden aus einer solchen Zucht hat man seltsames Verhalten aller Art sowie viele Krankheiten und Gesundheitsprobleme beobachtet. Studien konnten Verhaltensstörungen nachweisen, darunter gesteigerte Ängstlichkeit, Aggression, Nervosität und Trennungsangst. Außerdem fallen diese Tiere durch aufmerksamkeitsheischendes Verhalten und erhöhte Berührungsempfindlichkeit auf.

Noch immer werden sehr junge Hundebabys häufig aus europäischen Ländern importiert, wo sie aus sogenannten Vermehrerfarmen stammen, dort in Schmutz und Enge leben und dann oft über weite Strecken transportiert werden. Diese armen Welpen sind nicht nur dem Stress der langen Reise ausgesetzt, sondern häufig bei schlechter Gesundheit, zu früh von ihren Müttern entwöhnt und gar nicht oder unzureichend sozialisiert. Welpen aus einer solchen Zucht werden entweder in Geschäften verkauft, in denen sich potenzielle Halter viele verschiedene Rassen ansehen können, als ob es um einen neuen Fernseher ginge, und nach Bauchgefühl entscheiden. Oder sie gehen an ahnungslose Käufer, angeblich aus »Heimaufzucht«, und werden aus einem »Heim« verkauft, in dem sie weder geboren noch aufgezogen wurden.

Einen gesunden, umgänglichen Welpen zu bekommen, ist sicherlich nicht einfach, aber bitte meiden Sie unbedingt skrupellose Züchter oder Händler. Dabei helfen sorgfältige Vorbereitung und eine Menge Wissen. Kennen Sie sich mit Sozialisierung, Erbkrankheiten und anderen Faktoren, die möglicherweise die mentale und körperliche Gesundheit eines Welpen beeinflussen, aus, können Sie dem Züchter die richtigen Fragen stellen. Und Sie wissen, was er antworten sollte.

Vorsicht beim Kauf eines Welpen aus einer Zucht, in der man sich nicht um die Hunde kümmert. Werden die Kleinen draußen gehalten, nie ins Haus geholt oder leben sie im Zwinger ohne Handling und Sozialisierung, sollten Sie unbedingt Abstand nehmen. Informieren Sie sich gründlich, bevor Sie auf die Welpensuche gehen (dazu, wie ein Züchter mit den Welpen umgehen sollte, siehe Kapitel 4, ab S. 42). Finden Sie heraus, wer ein verantwortungsbewusster Züchter ist, indem Sie viele Fragen stellen: nach der Abstammung erwachsener Hunde, die Sie kennen und mögen, nach Erbkrankheiten und danach, welche Tests man machen kann, um die Chancen auf einen gesunden Welpen zu erhöhen. Warten Sie darauf, so einen guten Züchter zu finden. Es ist viel besser, sich ein paar Monate oder

CHECKLISTE VOR DEM KAUF

- [ ] Brainstorming: Was sind die Anforderungen der Familie an den Hund?
- [ ] Erstellen Sie eine Liste möglicher Rassen und Kreuzungen.
- [ ] Informieren Sie sich über Wesen und Erbkrankheiten dieser Rassen.
- [ ] Kürzen Sie die Liste auf ein oder zwei Rassen/Kreuzungen ein.
- [ ] Recherchieren Sie zu den Ursprüngen der Rasse(n) in Büchern, im Internet, auf Ausstellungen, im Gespräch mit anderen Hundehaltern.
- [ ] Informieren Sie sich darüber, wie die Sozialisierung der Welpen beim Züchter ablaufen sollte.
- [ ] Sprechen Sie mit potenziellen Züchtern über ihre Welpen.
- [ ] Welche Züchter kommen in die engere Wahl? Entscheiden Sie sich für ein bis zwei, und befragen Sie sie über ihre Beweggründe für die Zucht, die Wahl der Elterntiere, deren äußere Erscheinung, Wesensmerkmale und die Sozialisierung der Welpen. Welche Tests zu Erbkrankheiten wurden durchgeführt?
- [ ] Warten Sie auf den richtigen Welpen und besuchen Sie den Wurf mindestens einmal beim Züchter. Begutachten Sie auch die Mutterhündin und fragen Sie nach Kopien relevanter Gesundheitszertifikate (prüfen Sie die Echtheit). Fahren Sie wieder weg, wenn Ihnen irgendetwas nicht in Ordnung zu sein scheint.

gar ein Jahr zu gedulden, als übereilt einen kränklichen Welpen aus einer zwielichtigen Zucht zu erwerben.

Wenn Sie den Züchter aufsuchen, bringen Sie genug Zeit mit, um ihn all das zu fragen, was Sie wissen müssen. Rechnen Sie damit, dass auch er Ihnen viele Fragen stellen wird, denn einem verantwortungsbewussten Züchter liegen seine Welpen am Herzen. Er will sicherstellen, dass sie ein schönes Zuhause bekommen. Die Zeit für diesen Informationsaustausch ist extrem wichtig. So ersparen Sie sich die böse Überraschung, beim Anblick der Hundekinder feststellen zu müssen, dass keines wirklich geeignet ist. Andernfalls laufen Sie Gefahr, nur aus Mitleid einen Welpen mitzunehmen, der aber gar nicht zu Ihrer Familie passt.

BESUCH BEIM ZÜCHTER

Die Mutterhündin mit ihren Jungen zu beobachten, lässt Rückschlüsse auf das spätere Temperament Ihres Welpen zu. Ist sie freundlich, ohne ängstlich zu sein, oder ungestüm? Ist sie ein Hund, den Sie gern mit nach Hause nehmen und die nächsten zehn Jahre halten möchten? Wenn nicht, passen ihre Welpen vermutlich nicht in Ihre Familie – also überlegen Sie gründlich, und seien Sie bereit, mit leeren Händen davonzuziehen. Nervöse Züge werden meist vererbt, und es ist möglich, dass Welpen, die bei ihrer Mutter Angst und Aggression gegenüber Fremden erleben, dieses Verhalten schon früh übernehmen.

Bitten Sie den Züchter auf jeden Fall darum, die Mutter mit den Welpen sehen zu dürfen.

Ein guter Züchter hält die Welpen unter hygienisch einwandfreien Bedingungen. Er sorgt dafür, dass sie gut entwickelt und sozialisiert sind, bevor er sie zum Kauf anbietet.

Seien Sie misstrauisch, wenn er Ausreden hat, warum das nicht möglich ist. Vielleicht nennt er plausibel erscheinende Gründe, etwa dass sie die Welpen entwöhnt hat und nicht mehr in ihrer Nähe sein will, dass sie gerade beim Spaziergang ist oder dass die Welpen nach dem Tod der Mutter von Hand aufgezogen wurden. Vielleicht erzählt er auch, dass sich die Mutter Fremden gegenüber aggressiv verhält, seit sie geworfen hat. Das heißt dann wohl, dass sie ohnehin ein unterschwelliges Aggressionsproblem hatte, das nun durch den Stress der Geburt, hormonelle Umstellungen und die Besucher zutage tritt. In diesem Fall sollten Sie besser darauf verzichten, einen ihrer Welpen zu nehmen.

Möglicherweise ist die Mutter nicht da, weil es sich um Betrug handelt und hier ein Welpe angeboten wird, der andernorts gezüchtet und schlecht aufgezogen wurde. Es kommt auch vor, dass manche Betrüger irgendeine halbwegs geeignete Hündin in Gegenwart des Käufers als Mutter ausgeben. Seien Sie weder zu vertrauensselig noch zu misstrauisch, aber wenn Ihnen etwas seltsam vorkommt, fahren Sie lieber ohne einen Welpen nach Hause. Sollten Sie sich noch nicht ganz sicher sein, so statten Sie dem Züchter am besten einen weiteren Besuch ab.

Sehen Sie sich dort genau um. Ist es zu sauber oder fehlen all die Dinge, die man zur Pflege von Hunden benötigt? Das könnte darauf hinweisen, dass die Welpen nur für die Besichtigung hierher gebracht worden sind. Ist es hingegen zu dreckig, werden Sie später womöglich Probleme mit der Stubenreinheit oder gar mit der Gesundheit des Tieres bekommen. Nehmen Sie niemals einen Welpen, wenn der Züchter oder Händler anbietet, ihn zu Ihnen nach Hause zu liefern. Oder wenn er vorschlägt, Sie auf halber Strecke zu treffen, »um Ihnen eine lange Anfahrt zu ersparen«. Vorsicht bei Anzeigen, die Welpen mehrerer Rassen anbieten, oder bei einem Züchter, der zu entgegenkommend ist oder sich mehr für Ihre Zahlungsweise als für das Wohlergehen des Hundekinds interessiert.

Wählen Sie einen Welpen, der im Alter von sechs bis acht Wochen bereitwillig auf Sie zukommt, in selbstbewusster Haltung und mit wedelnder Rute. Gut sozialisierte Junghunde begrüßen fremde Menschen ruhig und freundlich. Sie sollten es dulden, wenn man sie hochnimmt und sanft festhält. Meiden Sie Tiere, die sich ducken, wenn Sie sich nähern, oder die Ihnen ausweichen. Haben Sie bereits einen Welpen erworben, der Menschen gegenüber ängstlich ist, müssen Sie intensiv daran arbeiten, diese Scheu zu überwinden, solange er noch jung ist (siehe S. 169).

ZEIT FÜR DEN ABSCHIED

An der Frage, in welchem Alter ein Welpe von seiner Mutter getrennt und bei seiner Menschenfamilie einziehen sollte, scheiden sich die Geister. In manchen Ländern ist das gesetzlich geregelt, so auch in Deutschland: Welpen müssen beim Umzug in ihr neues Zuhause mindestens acht Wochen alt sein. Je länger das Hundekind bei seiner Mutter und den Geschwistern bleibt, desto besser lernt es,

Golden Retriever sind zwar wunderbare Begleiter, zeigen in manchen Zuchtlinien aber besitzergreifendes Verhalten und verteidigen Gegenstände. Wer sich vorab gut informiert, kann eine solche Veranlagung jedoch frühzeitig erkennen.

wie Hunde untereinander kommunizieren, und desto eher wird es später gut mit Artgenossen umgehen können. Verlassen die Kleinen den Wurf dagegen zu früh – wie es bei verwaisten Welpen der Fall ist, die von Hand aufgezogen werden müssen –, so verpassen sie das wichtige Spiel mit ihren Geschwistern. Das kann später wiederum zu Problemen bei Hundebegegnungen führen. Darüber hinaus fehlt den Kleinen auch ein Teil der Erziehung durch die Mutter, während sie ihren Nachwuchs versorgt und entwöhnt. Diese Welpen können schwierige Verhaltensweisen an den Tag legen, wenn sie nicht ihren Willen bekommen, weil sie nicht gelernt haben, mit Frustration umzugehen – ein Lernprozess, der während des Entwöhnens auf ganz natürliche Weise stattfindet.

Dieser Welpe wurde beim Züchter gut sozialisiert und zeigt sich ausgeglichen und selbstbewusst – ideale Voraussetzungen, um aus ihm einen alltagstauglichen Hund zu machen.

Je mehr positive Erfahrungen ein Hundebaby in den ersten Wochen beim Züchter macht, desto leichter wird ihm der Wechsel in die neue Familie fallen.

Je später der Welpe den Wurf verlässt, desto geringer sind jedoch die Chancen, dass er den Umgang mit Menschen lernt. Bleibt der Kleine zu lange bei seiner Mutter und den Wurfgeschwistern – etwa wenn ein Züchter die Welpen bis zu sechs Monate behält, um zu sehen, ob sie ausstellungstauglich sind –, hat er weniger Kompetenz im Umgang mit Menschen. Somit ist er kein guter Kandidat für einen Familienhund, denn er wird sich im Umfeld von Artgenossen wesentlich wohler fühlen als in Gesellschaft von Menschen. Das macht es für Sie schwierig, mit ihm zu kommunizieren und zu spielen. So ein Hund ist oft scheu und zeigt nervöses Aggressionsverhalten gegenüber Fremden. Möglicherweise hat er auch nie gelernt, allein zu sein, und kommt nur zur Ruhe, wenn er einen Artgenossen als Gefährten an seiner Seite hat.

Am besten nehmen Sie daher nur einen Welpen mit nach Hause, der nicht älter als acht bis zehn Wochen ist– es sei denn, Sie wissen genau, dass er schon gut an Menschen gewöhnt wurde, viele unterschiedliche Erfahrungen gesammelt und viel Aufmerksamkeit von unterschiedlichsten Personen erhalten hat.

KAPITEL 2

Wie Welpen ihre Umwelt wahrnehmen

Unsere Hunde ticken anders als wir – und das hat gute Gründe. Viele ihrer Verhaltensweisen gehen auf uralte Überlebensstrategien zurück, die schon ihre frühen Vorfahren prägten. Diese „Urhunde" hatten eine gemeinsame Ahnenlinie mit den Wölfen. Auch wenn heutige Wölfe nicht ihre direkten Vorfahren sind, zeigen sie doch, wie diese Tiere einst lebten: im Familienverband, mit klarer Aufgabenverteilung und enger Zusammenarbeit, etwa bei der Jagd.

Aus dieser langen Geschichte heraus erklären sich viele Eigenschaften unserer Hunde – ihre feinen Sinne, ihre schnellen Reaktionen und auch ihre manchmal rätselhaften Prioritäten. Sie erleben die Welt schlicht anders als wir. Und genau deshalb hilft es enorm, beim Aufziehen eines Welpen einmal bewusst die Perspektive des Hundes einzunehmen. Wer versteht, wie ein junger Hund die Welt sieht, kann ihn viel besser begleiten – und Missverständnisse von Anfang an vermeiden.

DIE WELT ERSCHNÜFFELN

Für Hunde ist der Geruchssinn der wichtigste Sinn – sie sammeln einen Großteil der Informationen über ihre Umgebung mit der Nase. Haben Sie schon einmal Hund und Halter beobachtet, wenn beide einen fremden Raum betreten? Der Mensch wird seine Augen benutzen, um herauszufinden, was dort vor sich geht, während der Hund überall schnüffelt. So erhält er Informationen über sein Umfeld.

Wie Hunde Gerüche wahrnehmen, ist für uns nur schwer nachvollziehbar. Sie können z. B. problemlos eine kilometerlange Fährte verfolgen und winzigste Mengen von Drogen oder Sprengstoff durch Schichten von Verpackung und Behältnisse hindurch erschnuppern. Sie

Hundebabys müssen sich erst daran gewöhnen, dass unsere Hände von oben nach ihnen greifen und sie berühren wollen. Vielen macht das anfangs Angst.

Für Welpen sind Gerüche unglaublich wichtig. Mit ihrer feinen Nase sammeln sie sehr viele Informationen über die Welt, die sie umgibt.

erkennen Gerüche in Konzentrationen, die bis zu einer Million Mal schwächer sind als die, die wir wahrnehmen können. Da jedes Nasenloch seine eigenen Gerüche erkennt, riechen Hunde »in Stereo« und können Geruchsquellen leichter lokalisieren. Außerdem fließt ein stetiger Strom von Duftmolekülen in die Nase hinein, während die Luft durch seitliche Schlitze an der Nase wieder austritt. So wird die Geruchserkennung nicht durch den Atemvorgang unterbrochen.

Hunde haben über hundert Millionen Riechzellen in ihrer Nase, bei Menschen sind es sechs Millionen. Das für den Geruchssinn zuständige Hirnareal des Hundes ist 40-mal größer und besser entwickelt als das unsere. Daher können Hunde Gerüche viel besser erkennen, unterscheiden und sich daran erinnern als wir, und deshalb interessieren sie sich auch viel mehr für die Welt der Gerüche.

In der Wildnis ist diese Fähigkeit äußerst nützlich – nicht nur um Beutetiere zu wittern, sondern auch für den Zusammenhalt sozialer Gruppen und die Verteidigung des Reviers. Schon aus der Ferne feststellen zu können, wer Freund ist oder Feind, stellt einen Vorteil dar. Durch Schnüffeln herauszufinden, welches Geschlecht ein anderes Tier hat, wie alt und gesund es ist und ob es sich fortpflanzen kann, erspart zudem viele Unsicherheiten. Diesen erstaunlichen Geruchssinn haben unsere Haushunde geerbt, was erklärt, warum sie so fasziniert von Gerüchen sind und so eifrig über ihre Nase Informationen sammeln.

Selbst Töne im Ultraschallbereich nehmen Hunde wahr. Deshalb reagieren sie auf eine »lautlose« Hundepfeife, die für uns unhörbar ist.

Indem sie jeden Laternenpfahl beschnüffeln und jeden fremden Menschen mit der Nase »untersuchen«, erfahren Hunde Dinge, die ihnen später nützlich sein könnten – so wie wir Aufschluss über unsere Umgebung bekommen, wenn wir uns gründlich umschauen.

Zusätzlich zum Geruchssinn verfügen Hunde über das Jacobson-Organ am Gaumen, das es ihnen ermöglicht, menschliche und tierische Hormone zu identifizieren. Es dient nicht nur der Suche nach Sexualpartnern, sondern hat auch den Vorteil, dass der Hund mit seiner Hilfe schnell unseren emotionalen Zustand erfassen kann.

VERBLÜFFENDES GEHÖR

Das Hörvermögen von Hunden ist wesentlich besser als unseres. Sie nehmen Geräusche aus

HÖRBEREICH

Das Gehör von Hunden übertrifft unseres bei Weitem: So können sie nicht nur Geräusche aus großer Entfernung wahrnehmen, sondern auch hochfrequente Töne. Auf diese Weise sind sie in der Lage, die Laute von Beutetieren zu hören.

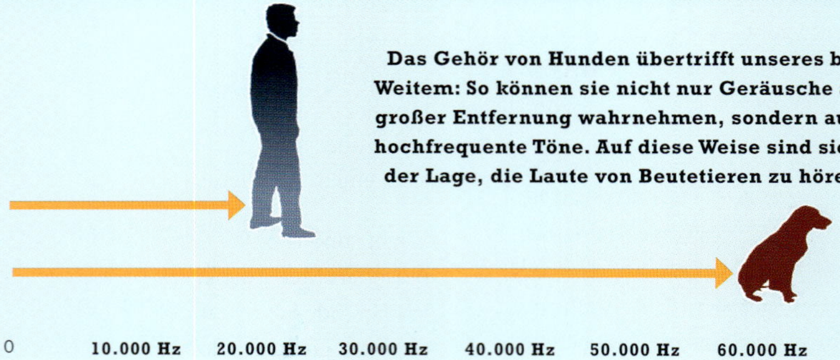

SEHVERMÖGEN

Das Sehvermögen von Hunden unterscheidet sich stark von unserem: Ihr Gesichtsfeld ist größer, sie nehmen Details und Strukturen weniger deutlich wahr, und sie sind rot-grün-blind. Allerdings sehen sie besser bei schwachem Licht und reagieren besonders empfindlich auf Bewegung. Das hilft ihnen, Beute zu entdecken.

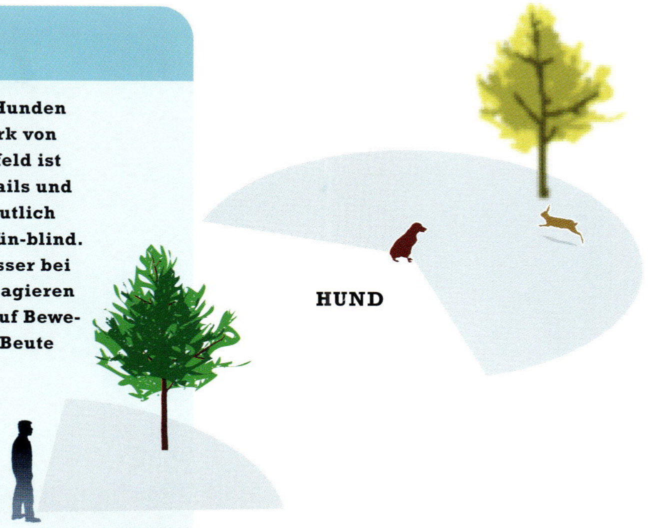

der vierfachen Entfernung wahr. Das erklärt, warum sie manchmal schon bellen, wenn wir noch gar nichts hören, und oft Angst vor Donner und Schüssen haben. Diese Geräusche sind für uns schon laut – wie mögen sie dann erst in den feinen Ohren eines Welpen klingen? Manche Rassen wie Hütehunde, die gezüchtet wurden, um den Schäfer über weite Distanzen hören zu können, haben ein besonders empfindliches Gehör. Versuchen Sie also mit Ihrem, Welpen in einer Lautstärke zu kommunizieren, der seine sensiblen Ohren nicht überfordert – Sie müssen ihn nicht anschreien.

Hunde nehmen einen höheren Frequenzbereich wahr – bis zu 60.000 Hz, während wir Menschen nur bis zu 20.000 Hz hören. Das heißt, sie hören Töne im Ultraschallbereich, die wir nicht wahrnehmen. So lassen sich in der Wildnis kleine Beutetiere orten, etwa Nagetiere, die sich durch sehr hohes Fiepen miteinander verständigen. Diese Fähigkeit erklärt, warum Hunde auf vermeintlich »lautlose« Hundepfeifen reagieren.

DETAILÄRMERES SEHVERMÖGEN

Feine Details, die wir klar erkennen, sehen Hunde verschwommen. Sie erkennen Gegenstände vor allem an Form und Umriss, nicht an Einzelheiten oder Strukturen. Ihr Farbsehen beschränkt sich auf Gelb-, Blau- und Grautöne. Rot und Grün können sie nicht unterscheiden. Daher ist es für sie schwer, Dinge wahrzunehmen, die für uns gut sichtbar sind, etwa einen roten Ball im grünen Gras.

Nachts und bei Dämmerlicht sehen Hunde besser als Menschen. Dies ermöglicht eine reflektierende Schicht im Augenhintergrund, die jegliches Licht, das dort eindringt, einfängt. So

SICHTBARES FARBSPEKTRUM

Hunde nehmen Farben anders wahr als wir Menschen. Ihr Farbspektrum ist deutlich reduzierter als unseres. Daran sollten wir denken, wenn wir buntes Spielzeug zum Einsatz bringen.

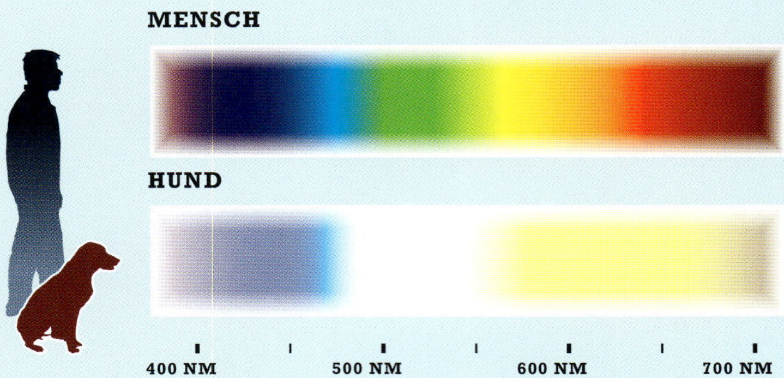

können sie selbst Restlicht noch nutzen und beispielsweise bei einem Winterspaziergang in vollem Tempo in die Dunkelheit hinausschießen, ohne gegen Bäume oder Zäune zu rennen. Deshalb »leuchten« auch ihre Augen im Scheinwerferlicht eines Autos.

Auf Bewegungen reagieren Hunde wesentlich empfindlicher als wir, vor allem auf solche in Bodennähe. Wir sehen ruhende und sich bewegende Objekte gleich gut, während Hunde eher Objekte in Bewegung wahrnehmen und ruhende nicht beachten. Dank dieses Feingefühls erkennen sie die kleinste Bewegung unseres Körpers und erahnen Handlungen, bevor wir sie gezielt ausgeführt haben.

KÖRPERSPRACHE OHNE WORTE

Hunde verständigen sich untereinander durch ihre Körpersprache. Dazu gehört der Einsatz von Rute, Ohren, Körperposition, Augenkontakt und Gesichtsausdruck. Auf diese Weise können zwei Hunde eine ganze Reihe von Informationen austauschen – es ist ihr Ersatz für unsere wortreiche Menschensprache.

Durch Hundeaugen betrachtet, ist die Welt längst nicht so bunt. Wir können rote und grüne Gegenstände deutlich erkennen (oben), während Hunde sie nur in Gelb-, Blau- und Grautönen wahrnehmen (unten).

Hunden fällt es leicht, unsere Körpersprache zu verstehen. Schließlich kommunizieren sie untereinander ganz ähnlich. Gesten und Signale lernen sie wesentlich schneller als gesprochene Wörter.

Da sich das Kommunikationssystem des Hundes so stark von dem des Menschen unterscheidet, kommt es häufig zu Missverständnissen zwischen beiden Spezies. Hunde deuten unsere Absicht oft nicht richtig, und Menschen verstehen ihren Vierbeiner häufig falsch, was zu verschiedensten Problemen führt. Um diese Schwierigkeiten zu vermeiden, müssen Sie lernen, die Körpersprache Ihres Hundekinds zu lesen. So erkennen Sie, ob es verängstigt, unzufrieden, müde oder fröhlich ist. Helfen Sie Ihrem Welpen, Sie bei den ersten Versuchen, mit ihm zu kommunizieren, richtig zu verstehen. Dies gelingt Ihnen am besten, wenn Sie eine eindeutige Körperhaltung einnehmen und klare Handsignale zusätzlich zu Worten einsetzen. Welpen lernen Gesten leichter als Wörter (siehe S. 196).

In der Wildnis haben gesprochene Worte für einen Hund keinen Nutzen – kein Wunder, dass es für ihn relativ schwierig ist, unsere Begriffe zu lernen. Deshalb müssen Sie Ihrem Welpen sorgfältig und geduldig beibringen, auf jedes Wortsignal, das er verstehen soll, zu reagieren (siehe S. 194). Ihr Hundekind beobachtet Sie dabei viel aufmerksamer, als Sie denken – und achtet eher auf Ihre Körpersignale als auf Ihre Worte. Mit zunehmender Erfahrung wird es immer besser darin, Ihre Stimmung zu deuten, und kann spüren, was Sie fühlen, selbst wenn Sie nicht sprechen.

MISSVERSTÄNDNISSE

Menschliche Gesichtsausdrücke, wie Lächeln oder ein direkter Blick, werden vom Hund leicht missverstanden. Für den Menschen ist es ein Zeichen der Freundschaft, die Zähne zu zeigen, für den Hund hingegen ein klares Signal, dass Sie beißen könnten und es vielleicht tun, wenn er sich Ihnen weiterhin nähert.

Hunde setzen direkten Augenkontakt oft ein, um einander zu drohen. Ein erwachsener Hund warnt einen Welpen, der sich nicht

KÖRPERSPRACHE

WAS SAGT MIR MEIN HUND?

»SCHAU MAL, ICH BIN ECHT GROSS, ALSO BEISS MICH NICHT!«

Der Labradorwelpe links ist erregt und nervös. Seine Nackenhaare sind gesträubt, und die Rute ragt empor, damit er größer wirkt. Der kleine Terrier sitzt und legt die Ohren an. Auch er ist nervös.

»DU BIST UNTER MEINEM NIVEAU!«

Der erwachsene Hund steht steif da, die Rute erhoben, den Blick abgewandt: Er möchte mit dem Hundekind nichts zu tun haben. Der Welpe, der sich dem Großen genähert hatte, ist wegen dieser Reaktion verwirrt. Er flüchtet sich in eine Übersprunghandlung und kratzt sich.

»ICH HABE ANGST.«

Ohren angelegt, Gesicht und Körper angespannt, die Rute zwischen den Beinen: Dieser Welpe hat Angst. Die Position der Vorderpfoten und das nach hinten verlagerte Gewicht signalisieren Fluchtbereitschaft. Welpen, die diese Merkmale zeigen, brauchen Hilfe, um ihre Ängste zu überwinden.

»ICH BIN TOTATL ENTSPANNT.«

Der Körper des jungen Dalmatiners ist weich und entspannt. Die Ohren sind nach vorn gerichtet, die Rute schwingt leicht. Vergleichen Sie ihn mit den Welpen auf dieser Seite, deren Körper und Gesicht angespannt sind.

»ICH FÜHL MICH UNSICHER.«

Hundekinder lecken sich oft die Nase oder gähnen, wenn sie unsicher sind. Dieser Welpe ist angespannt, aber noch nicht so ängstlich, dass er die Ohren angelegt hätte. Wenn er so nervös bleibt, wird er aufstehen, da er in dieser liegenden Position angreifbar ist.

»LASS UNS SPIELEN!«

Diese beiden Hunde kommen gut miteinander aus und fordern sich zum Spielen auf. Das zeigen sie durch die Vorderkörpertiefstellung an. Die Labradorhündin rechts fühlt sich nicht ganz so wohl wie der Terrier und verrät ihren Mangel an Selbstvertrauen durch ihren angespannten Körper und die steife Rute.

»WAS IST LOS?«

Der Labradorwelpe hat sich entspannt und ist neugierig. Er zeigt sein Interesse, indem er über dem Terrierwelpen steht, der immer noch ängstlich ist. Der gesenkte Kopf, mit angelegten Ohren von dem Labrador abgewandt, verrät seine Nervosität.

benimmt, indem er ihn anstarrt. Mithilfe eines intensiven Blickkontakts fordert ein selbstbewusster Hund einen Artgenossen dazu auf, nicht mit dem fortzufahren, was er gerade tut. Wie oft starren wir Menschen Hunde an, auch wenn unser Blick dabei freundlich gesinnt ist. Wir betrachten den Vierbeiner liebevoll, mit weit geöffneten Augen, doch er interpretiert dies als Drohung.

Welpen, die in einer Menschenfamilie aufwachsen, müssen den Unterschied zwischen diesen beiden Arten des Augenkontakts erst lernen. Sie müssen verstehen, dass ein anderer Hund, der sie im Park aus der Ferne anstarrt, Ärger bedeuten kann, während ein neuer menschlicher Freund, der sie ganz begeistert anschaut, freundlich gesinnt ist. Das sollte der Welpe im Lauf seines Sozialisierungsprozesses lernen – obwohl vielleicht manches scheue Hundekind etwas mehr freundliche Zuwendung von seinem Halter dafür benötigt.

MAUL STATT HAND

Da Hunde nicht wie wir Hände mit einem abspreizbaren Daumen haben, benutzen sie stattdessen ihr Maul, um Gegenstände aufzuheben und zu erforschen. Während ein Welpe heranwächst, wird er vieles in seiner Umgebung ins Maul nehmen, festhalten und erkunden. Die Tasthaare (Vibrissen) an der Schnauze unterstützen ihn dabei, denn ihre Wurzeln leiten Informationen direkt ans Gehirn. Da sie äußerst berührungsempfindlich sind, ist es Hundekindern unangenehm, wenn Menschen ihre Tasthaare oder andere Regionen des Gesichts in der Nähe von Augen, Nase und Ohren anfassen. Bis sie sich daran gewöhnt haben, wenden sie daher ihr Gesicht ab, wenn Hände ihnen zu nahe kommen.

Direkter Augenkontakt und ein Lächeln, bei dem die Zähne zu sehen sind, bedeuten für Hunde eine Bedrohung. Daher schaut dieser Welpe weg und ignoriert sogar das Leckerchen.

KAPITEL 3

Die neue Familie

Der Haushalt, in dem ein Welpe aufwächst, beeinflusst seinen späteren Charakter. Wer auch immer in diesem Haushalt lebt – ob alt oder jung, aufbrausend oder schüchtern, fröhlich oder traurig –, hinterlässt einen bleibenden Eindruck. Ob die Hausbewohner zuvor schon Hunde hatten oder nicht, ob Kinder, weitere Hunde oder sonstige Haustiere dort leben – all das spielt ebenfalls eine Rolle.

SPIEGELBILDER

Betrachtet man eine Gruppe von zehn Monate alten Welpen mit ihren Haltern, ist es relativ leicht zu sagen, welches Hundekind zu welchem Halter gehört. Das liegt daran, dass die kleinen Vierbeiner den Charakter ihres Halters spiegeln, vielleicht weil sie die gleichen emotionalen Erfahrungen teilen. Fröhliche, liebevolle Menschen z. B. haben tendenziell muntere, aufgeschlossene Welpen, während traurige Menschen eher Hundekinder haben, die zurückhaltend und teilnahmslos sind.

Auch Kinder sind oft die Spiegelbilder ihrer Eltern. Wenn die Kinder im Welpenkurs ruhig dasitzen und höflich zuhören, sind die Chancen gut, dass sich auch ihr Welpe gut benehmen wird. Haben die Eltern sie dagegen nicht gut unter Kontrolle und die Kinder fallen dem Trainer wiederholt ins Wort, wird ihr Welpe höchstwahrscheinlich eher eigenwillig werden und sich schlecht kontrollieren lassen. Das kommt daher, dass Menschen ihre Kinder und Welpen meist so erziehen, wie sie selbst erzogen wurden. Die Einflüsse, die ihren eigenen Charakter prägten, ähneln jenen, die den Charakter ihrer Kinder und Welpen formten.

Wenn Kinder und Welpen gemeinsam aufwachsen, profitieren Mensch und Tier: Sie lernen spielerisch, aufeinander zu achten.

Ist ein Welpe neu in der Familie, möchte er dazugehören. Er wird eine starke Verbindung zu »seinen« Menschen aufbauen wollen.

Deshalb ist es wahrscheinlich, dass sie ähnliche Verhaltensmuster entwickeln.

Überlegen Sie, wie Sie von Ihren Eltern erzogen wurden. Wenn Sie als Kind oft bestraft und übertrieben kontrolliert wurden, könnte sich derselbe Erziehungsstil entsprechend auf auf Ihren Welpen auswirken. Wie sieht Ihr Einfluss auf ihn dagegen aus, wenn Sie durch Ihre Erziehung zu einem kontaktfreudigen, aufgeschlossenen Menschen wurden? Haben Ihre Eltern Sie häufig angeschrien, um Sie zu erziehen, oder haben sie Sie ruhig kontrolliert? Wurden Sie als Kind verwöhnt, sind aber letztlich gut aufgewachsen, oder waren Sie immer schon etwas wild und fanden es schwierig, sich anzupassen?

Sehen Sie sich Ihre Familie und Ihre eigenen Kinder an. Haben Sie das Temperament, das Sie sich für einen Hund wünschen? Wie schnell werden Sie wütend? Wie gelassen sind Sie? Sind Sie kontaktfreudig und lebhaft oder eher ruhig und introvertiert? Wenn Sie all die Eigenschaften Ihrer Familie und Ihre eigenen zu denen der gewählten Rasse Ihres Welpen hinzufügen, ist das ein guter Hinweis darauf, wie Ihr erwachsener Vierbeiner sein wird. Ist die Vorhersage der künftigen Eigenschaften Ihres Hundes nicht ideal, überlegen Sie, was Sie an seinem Training ändern können, damit er sich anders entwickelt.

Wenn Sie sich der Tatsache erst einmal bewusst sind, dass Sie die Wahl haben, wie Sie Ihren Welpen trainieren – und dass Sie nicht dem Beispiel Ihrer Eltern folgen müssen –, wird es viel leichter, sich für eine Methode zu entscheiden. Werfen Sie, falls nötig, einen Blick auf die Hunde anderer Menschen und

Kein Grund zur Angst: Die Kinder und der Welpe lernen sich behutsam kennen – ein erster Schritt zu einer echten Freundschaft.

schauen Sie, ob Sie deren Wesen mögen. Ist das der Fall, fragen Sie, wie sie aufgezogen wurden. Besprechen Sie die Trainingsmethode auch in Ihrer Familie, damit sich alle einig sind. Auf diese Weise schaffen Sie die Grundlage für einen Hund, der vom Temperament her gut zu Ihnen passt.

SINGLEHAUSHALT

Wenn nur eine Person und ein Hund zusammenleben, entsteht oft eine besonders enge Bindung. Singles verbringen meist viel Zeit mit ihrem Vierbeiner und schenken ihm viel Aufmerksamkeit – während Familien dafür im Alltag oft viel zu beschäftigt sind. So wird der Besitzer für den Welpen schnell zur wichtigsten Bezugsperson. Ist der Kleine zusätzlich nicht so sehr an andere Menschen gewöhnt, könnte dies dazu führen, dass er sich später gegenüber Fremden weniger aufgeschlossen und tolerant verhält.

Wenn Sie allein leben, sollten Sie sich ganz besonders um die Sozialisierung Ihres Welpen bemühen. Sorgen Sie dafür, dass er mit vielen anderen Menschen außer Ihnen Zeit verbringt. Gewöhnen Sie Ihr Hundekind auch daran, mal eine Weile ohne Sie zu sein. Sicher wird es Ihnen schwer fallen, den Kleinen einige Zeit allein zu lassen – das ist verständlich, da Sie eine starke Bindung zu ihm haben und sein einziger Versorger sind. Aber ihm im Lauf seines Heranwachsens beizubringen, unabhängig zu sein, ist unerlässlich. Schließlich wollen Sie das Haus künftig auch mal ohne Ihren Hund verlassen oder womöglich sogar tage- oder wochenweise verreisen können.

FAMILIEN MIT KINDERN

In Familien mit Kindern ist meist eine Menge los, was für die Sozialisierung des kleinen Hundes gut ist. Die Kehrseite: Es passiert so viel auf einmal, dass das Training des Welpen aus dem Blick gerät. Die Familie wird von den Geschehnissen überrollt, bis sie eines Tages feststellt, dass die Welpenzeit vorüber ist und sie es jetzt mit einem ungestümen, schlecht erzogenen erwachsenen Vierbeiner zu tun hat. Außerdem bekommen Hundekinder oft zu wenig Schlaf, wenn da immer etwas Spannendes passiert, an dem sie gern teilhaben. In dem Fall sind sie oft übermüdet und reizbar.

Manchmal haben die Eltern keine Zeit, um mit dem Welpen zu trainieren, zu spielen und ihm korrektes Verhalten zu zeigen. Und so überlassen sie das den Kindern – und der Kleine lernt schnell schlechte Manieren. Ein Hund wird natürlicherweise durch Bewegung stimuliert und möchte immer mitspielen. Lässt man ihn also unbeaufsichtigt mit kleinen Kindern toben, lernt er bald, zu jagen, hochzuspringen und in Beine oder Arme zu zwicken.

Ein Hund, der diese Art von »Spaß« von klein auf gelernt hat, wird in diesem Verhalten auch als erwachsener Vierbeiner kein Problem sehen. Kindern mag all das bei einem Welpen gefallen, und sie werden ihn womöglich noch dazu ermutigen. Doch wenn der Hund größer ist, finden sie es sicher gar nicht mehr lustig. Ganz abgesehen von Kindern oder Erwachsenen im Park, die Ihren Vierbeiner nicht kennen und kaum entzückt sein werden, wenn er auf sie zurennt und spielerisch beißt.

Achten Sie darauf, dass Ihre Kinder dem Welpen nur gutes Verhalten beibringen. Erklären Sie ihnen, was sie tun sollen, wenn der Hund an ihnen hochspringt oder an ihrer Kleidung zerrt. Bringen Sie ihnen bei, wie sie dem Welpen klarmachen, was sie von ihm möchten und welche Spiele in Ordnung sind. Wenn Sie alle Aktivitäten diskret beaufsichtigen, lernen weder die Kinder noch der Welpe das Falsche.

Denken Sie daran, dass Kleinkinder die Folgen ihrer Handlungen noch nicht überschauen. Sie könnten den Welpen kneifen, an ihm zerren oder Gegenstände nach ihm werfen. Auch der Hund könnte dem Kind mit seinen spitzen Zähnen Schmerzen zufügen. Deshalb müssen Sie da sein, um nötigenfalls einzugreifen, im Interesse der einen oder der anderen Partei. Ältere Kinder könnten den Welpen ärgern oder sogar unabsichtlich grausam sein, einfach weil sie gerade in dem Alter sind, in dem sie ihre Welt entdecken. Teenager sind meist sehr mit ihrem eigenen Leben beschäftigt und werden kaum mehr als ein flüchtiges Interesse für das Hundekind aufbringen, deshalb sollten Sie sich nicht auf sie verlassen, wenn es um dessen Versorgung geht. Dennoch können alle Kinder einem Welpen sehr viel Liebe und Zuneigung geben und sind, wenn man ihnen den richtigen Weg weist, oft bessere Spielgefährten als Erwachsene. Geht man mit Bedacht vor, kann es – und sollte es – eine Freude und eine gegenseitige lehrreiche Erfahrung sein, wenn der kleine Hund zusammen mit den Kindern aufwächst.

Ist es in Ihrer Familie turbulent und Ihr Welpe noch sehr jung, müssen Sie darauf achten, dass der Kleine genug Schlaf bekommt. Bringen Sie ihn notfalls für ein Nickerchen in ein separates Zimmer und machen Sie den Kindern klar, dass sein Bett eine Tabuzone ist. Sie dürfen erst wieder mit dem Welpen spielen, wenn er sich ausgeruht hat.

PAARE

Paare widmen dem Training ihres Welpen oft viel Zeit und Zuwendung. Das Aufziehen des kleinen Hundes mag sogar die Generalprobe für ein junges Paar sein, das später eine Familie gründen möchte. Wenn Sie Kinder haben wollen, sollten Sie Ihren Vierbeiner unbedingt schon früh an Babys und Kleinkinder gewöhnen, damit er auf späteren Familienzuwachs gut vorbereitet ist.

EIN ZWEITER HUND IM HAUSHALT

Gibt es schon einen gut erzogenen Hund im Haus, kann dies eine große Hilfe bei der Aufzucht eines Welpen sein. Der Kleine wird vermutlich dem Beispiel des älteren Hundes folgen – was gut ist, wenn dieser auf Sie hört und harmonisch mit der Familie zusammenlebt. Das Gegenteil ist der Fall, wenn der ältere Hund nicht gut erzogen ist oder es einen weiteren Welpen gibt. Womöglich schaut sich Ihr kleiner Neuzugang Verhaltensweisen ab, die er besser nicht lernen sollte. Daher ist es sinnvoll, immer nur einen Hund aufzuziehen und erst dann einen Welpen hinzuzuholen, wenn der erste Hund bereits gut erzogen ist. Sonst wird es für alle Beteiligten anstrengend.

Viele Menschen legen sich einen Welpen als Gesellschaft für ihren bereits vorhandenen Hund zu – vor allem wenn sie tagsüber berufsbedingt außer Haus sind. Doch wenn sie nicht gezielt gegensteuern, kann das dazu führen, dass sich das Hundekind mehr auf den Artgenossen bezieht als auf seinen Halter, und am Ende hat man einen erwachsenen Hund mit problematischem Verhalten. Wächst ein Welpe ohne einen weiteren Hund auf, orientiert er sich am Menschen, weil dieser seine einzige Bezugsperson ist. Gibt es aber einen weiteren Hund im Haus, hat der Welpe schon einen Freund, der seine Sprache spricht und die gleichen Spiele liebt. Dann hat er nicht das Bedürfnis, sich dem Menschen enger anzuschließen. Zum Vergleich: Wenn wir mit einem Freund ins Ausland reisen, der unsere Sprache spricht, gibt uns das Sicherheit. Er ist der soziale Kontakt, den wir brauchen, daher müssen wir nicht mit Fremden sprechen, mit denen die Verständigung schwierig ist. Ähnlich verhält es sich mit Hunden: Für Ihren Welpen heißt das, dass er lieber mit dem Artgenossen zusammen ist als mit Ihnen. Wächst er heran und entwickelt mehr Selbstbewusstsein, wird er kaum bereitwillig auf Sie hören – und das erschwert das Zusammenleben mit ihm. Besteht keine enge Beziehung zwischen Ihnen, gibt es z. B. Probleme mit der Kontrollierbarkeit. Dann spielt Ihr Vierbeiner im Park lieber mit Artgenossen als mit Ihnen und weigert sich zu kommen, wenn Sie ihn rufen. Oder er läuft sogar weg, um sich andere Hunde als Spielgefährten zu suchen.

Haben Sie schon einen älteren Hund oder zwei Welpen aus einem Wurf (siehe S. 40) oder regelmäßig (fast täglich) Kontakt mit einem anderen Hund, mit dem Ihr Kleiner spielt? Dann müssen Sie konsequent darauf achten, dass sich die Beziehung zwischen Ihnen und Ihrem Welpen richtig entwickelt. Er sollte unbedingt mehr mit Ihnen spielen als mit anderen Hunden. Natürlich darf auch das Spiel mit Artgenossen nicht fehlen – es ist sehr wichtig für die Sozialisierung –, aber es sollte zeitlich begrenzt sein.

Da Ihr Hundekind anfangs nicht so gern mit Ihnen spielen wird wie mit anderen Hunden (weil Sie ihm Spielzeug geben und sich nicht

Gleich zwei Welpen im Doppelpack zu trainieren, empfiehlt sich nicht. Es ist schwer, beiden die gleiche Aufmerksamkeit zu schenken, die sie verdienen.

nach Hundeart mit ihm balgen wollen), gilt als Faustregel, dass Sie täglich mindestens dreimal so lange mit ihm spielen, wie er Zeit mit anderen Hunden verbringt. Spielt Ihr Kleiner also fünf Minuten mit dem Artgenossen, sollten Sie mindestens 15 Minuten mit ihm spielen, aufgeteilt in fünfminütige Einheiten. Gehört der andere Hund zu Ihrem Haushalt, müssen Sie dafür sorgen, dass sie nicht ständig miteinander spielen. Verhindern Sie das Spiel, sobald Sie da sind, und trennen Sie die Hunde, wenn sie allein im Haus sind – sowohl tagsüber als auch nachts. Am besten eignet sich dafür ein Absperrgitter oder ein Treppengitter, sofern der ältere Hund nicht darüber springt. So können sie einander Gesellschaft leisten, aber es hält sie davon ab, ständig miteinander zu spielen, wenn Sie nicht dabei sind.

Bevor Sie mit Ihrem Welpen Zeit verbringen möchten, sperren Sie ihn zunächst kurz aus, während Sie mit Ihrem älteren Vierbeiner spielen. Dann bringen Sie diesen aus dem Zimmer und widmen sich ganz dem Welpen. Andernfalls wird der ältere Hund mitspielen wollen, der Kleine wird sich auf ihn konzentrieren, und Sie werden frustriert sein, weil er den anderen Hund vorzieht. Da der Welpe Ihre Stimmung spürt, wird er nun erst recht mit dem anderen Hund spielen wollen und sich noch weiter von Ihnen fernhalten.

Wenn Sie jeden Kontakt, den Ihr Welpe mit anderen Hunden hat, kontrollieren und dafür sorgen, dass er deutlich mehr Zeit mit Menschen verbringt als mit anderen Hunden, wächst er zu einem menschenbezogenen Vierbeiner heran. Das erleichtert sowohl das Training als auch das Zusammenleben. So wird sich eine starke Bindung zu ihm entwickeln, und Ihr Hund wird sich mehr an Ihnen und anderen Menschen orientieren. Außerdem ist es für den unwahrscheinlichen Fall, dass er ins Tierheim kommt, viel einfacher, ihm ein neues Zuhause zu vermitteln, wenn er menschenbezogen ist. Ein entsprechendes Training lohnt sich also, denn man kann ja nie wissen.

ZWEI AUS DEMSELBEN WURF?

Unseriöse Züchter drängen Interessenten oft dazu, gleich zwei Welpen aus einem Wurf zu nehmen, damit sie mehr Tiere verkaufen können. Doch das ist keine gute Idee. Die ohnehin schon innige Bindung zwischen den Geschwistern wird noch stärker, wenn sie ständig zusammen sind und miteinander spielen dürfen. Dadurch kann ihre Beziehung zueinander enger werden als die zu ihrem Halter. Um das zu vermeiden, müsste man für jeden Welpen so viel Zeit für Spaziergänge, Spiele, Training und gemeinsames Zusammensein aufwenden, wie andere Halter einem einzelnen Vierbeiner widmen. Aus diesem Grund ist es nicht ratsam, zwei Wurfgeschwister gleichzeitig aufzunehmen. Besser ist es, zunächst einen Welpen großzuziehen, bis er die soziale Reife im Alter von 18 Monaten bis drei Jahren erreicht hat, und erst dann ein weiteres Hundkind dazuzunehmen.

ANDERE HAUSTIERE

Leben noch andere Haustiere bei Ihnen, kann sich Ihr Welpe bereits frühzeitig an sie gewöhnen. Dies gibt Ihnen die Möglichkeit, ihm beizubringen, in aufregenden Situationen die Kontrolle zu behalten. Ihr Hundekind wird

Wurfgeschwister halten zusammen wie Pech und Schwefel. Das macht es schwierig, eine enge Bindung zu ihnen aufzubauen.

Wenn man Welpen und ältere Hunde behutsam aneinander gewöhnt, können sie gute Freunde werden.

HUNDE ALLEIN UND ZUSAMMEN

- **Ihr Welpe muss lernen, auch mal ganz allein zu bleiben, ohne die Gesellschaft des anderen Hundes (siehe S. 178). So sollte er ohne den Artgenossen ausgeführt werden, denn nur so hat er Ihre volle Aufmerksamkeit. Auf diese Weise lernt er, auch dann selbstbewusst zu sein, wenn er allein ist, und sich nicht auf die Unterstützung des älteren Hundes zu verlassen.**

- **Kennen sich die beiden Hunde gut, greifen Sie nicht ein, wenn der Ältere den Welpen durch Knurren, Schnappen oder Zu-Boden-Drücken diszipliniert – außer Sie fürchten um dessen Sicherheit. Manchmal muss der erwachsene Hund dem Kleinen klarmachen, dass er aufhören und sich ruhig hinlegen soll. Wenn Sie sich einmischen, stören Sie das natürliche Gleichgewicht zwischen den beiden.**

diese Tiere in der Regel als weitere Familienmitglieder akzeptieren. Kommt später nochmals ein weiteres Haustier in Ihre Familie, fällt es Ihrem Hund auch im Erwachsenenalter leichter, den »Eindringling« zu dulden.

Achtung: Manchmal überkommt einen Hund der Instinkt, kleine, sich schnell bewegende Tiere zu jagen und zu töten – daher sollten Sie Ihren Vierbeiner mit Kleintieren, die er als Beute ansehen könnte, niemals allein lassen. Dulden Sie auch nicht, dass ein Welpe einen älteren Hund so lange ärgert, bis der aggressiv wird. Greifen Sie ein, indem Sie den Kleinen wegsetzen und ihm ein Spielzeug anbieten. Bringen Sie ihn in einen anderen Raum oder trennen Sie die beiden durch ein Absperrgitter. Welpen haben spitze Zähne, und viele ältere Hunde wissen nicht, wie sie sich wehren sollen, ohne aggressiv zu werden. Manch andere sind dagegen so sanft, dass sie sich beißen lassen und leiden, bis der Welpe erwachsen ist. Es ist also für alle von Vorteil, wenn Sie den Kontakt stets beaufsichtigen und dem Welpen sanft beibringen, dass er den anderen Hund in Ruhe lassen und lieber mit Ihnen spielen soll.

KAPITEL 4

Entwicklungsphasen des Welpen

Alle Welpen durchlaufen bis zum Erwachsenenalter die gleichen Entwicklungsphasen. Es ist wichtig, diese Phasen zu kennen und sich bewusst zu machen, wozu Ihr Welpe zu einem bestimmten Zeitpunkt fähig ist. So erwarten Sie weder zu viel von ihm noch verpassen Sie in einer kritischen Phase eine wertvolle Gelegenheit zum Training.

Die Geschwindigkeit, in der Welpen Fortschritte machen, variiert je nach Hund: Manche Individuen durchlaufen eine Phase sehr rasch, während andere länger brauchen als erwartet. Im Allgemeinen entwickeln sich Welpen kleinerer Rassen schneller und erreichen das reife Erwachsenenalter, bevor sie ein Jahr alt sind. Allerdings benötigen Welpen größerer Rassen länger, manchmal bis zu drei Jahre, bis sie die volle soziale Reife erlangen. Die folgende Zeitskala zeigt einen Durchschnitt, der auf die meisten Welpen zutrifft.

NEUGEBORENENPHASE, 0–2 WOCHEN

In dieser Phase schlafen die Welpen meist oder sie saugen Milch bei ihrer Mutter. Sie können krabbeln und suchen Wärme, wenn sie frieren. Die Mutterhündin muss sie stimulieren, damit sie urinieren und Kot absetzen, indem sie den Genitalbereich der Kleinen leckt. Die Augen öffnen sich nach ungefähr 10 bis 14 Tagen, aber in den ersten Wochen ist das Sehvermögen noch schwach. In dieser Phase sind nur behutsame Berührungen erforderlich.

ÜBERGANGSPHASE, 2–3 WOCHEN

Die Milchzähne brechen durch. Der Welpe lernt laufen und Flüssigkeiten aufzulecken. Die Ohren öffnen sich zum Ende der dritten Woche, und der Geruchssinn beginnt sich zu entwickeln. Die Hundebabys können nun selbstständig urinieren und Kot absetzen.

Was zu tun ist: Die Verantwortung für die Kleinen liegt während dieser Zeit beim Züchter. Man hat festgestellt, dass Welpen, die in dieser Phase leichtem Stress ausgesetzt sind, später besser damit umgehen können. Das Hundebaby täglich hochzunehmen, es zu untersuchen und vielleicht zu wiegen, erzeugt leichten Stress – ein verantwortungsvoller Züchter wird diese Handlungen nun bei seinen Welpen vornehmen.

2 WOCHEN

3 WOCHEN

SOZIALISIERUNGSPHASE, 3–12 WOCHEN

In dieser entscheidenden Phase sollte der Welpe unbedingt Erfahrungen mit Menschen, anderen Hunden und der Umgebung sammeln. So kann er sich zu einem guten Familienhund entwickeln. Diese Phase wird in drei Stufen unterteilt.

Erste Stufe: 3–5 Wochen

Mit drei bis vier Wochen nehmen das Sehvermögen, das Gehör und der Geruchssinn die Arbeit auf und werden immer leistungsfähiger. Der Welpe beginnt, feste Nahrung zu fressen, zu bellen, mit der Rute zu wedeln und spielerisch seine Wurfgeschwister zu beißen. Nach dem Aufwachen verlässt er den Schlafbereich, um zu urinieren.

Mit vier bis fünf Wochen entblößen die Kleinen ihre Zähne, knurren, jagen, balgen sich und spielen Beutetöten (»Totschütteln«). Sie beginnen, Gegenstände im Maul zu tragen. Im Spiel mit ihren Wurfgeschwistern lernen sie die Beißhemmung. Die Mutter lässt die Welpen nicht mehr nach Belieben saugen.

Zweite Stufe: 5–8 Wochen

Gesichts- und Ohrenausdruck sind nun erkennbar, und die Entwöhnung setzt ein. Der Welpe kann Augen und Ohren voll nutzen, seine Koordination verbessert sich. Die Wurfgeschwister spielen in Gruppen miteinander. Die achte Woche ist ein guter Zeitpunkt, um ein Hundekind in sein neues Zuhause einzuführen. Am Ende dieser Stufe werden die Welpen zwar etwas vorsichtiger, sind aber immer noch sehr neugierig und wollen alles in ihrem Umfeld erkunden.

Was zu tun ist: Mit fünf bis acht Wochen ist der Welpe noch beim Züchter. Dort sollte es eine klare Trennung von Schlaf- und Spielbereich geben, sodass die Kleinen den Schlafplatz verlassen können, um sich zu lösen. Welpen, die in einem zu kleinen Raum gehalten werden, in dem es keine Trennung dieser Bereiche gibt, haben keine Chance, Reinlichkeit zu lernen. Solche Tiere werden nur schwer stubenrein, weil sie nie die Fähigkeit entwickelt haben, zwischen ihrem Schlafplatz und dem Ort zum Lösen zu unterscheiden.

5 WOCHEN

Wie schnell sich der Welpe geistig entwickelt, hängt jetzt von der Komplexität seiner Umgebung ab. Er sollte verschiedene Gegenstände bekommen (Pappkartons, ein großes Stück robustes Leder, Spielzeug oder einen alten Handschuh), die er erkunden und mit denen er spielen kann. Ebenso braucht er Dinge, in die er hineinkriechen oder über die er hinwegklettern kann. Unterschiedliche Bodenbeläge und ein paar niedrige, breite Stufen sollten ihm nun ebenfalls gezeigt werden. Das hilft dem Kleinen, Selbstvertrauen und Raumgefühl zu entwickeln. Später wird er mit den verschiedensten Bodenbelägen und Treppen gut zurechtkommen und keine Angst haben.

Während dieser Zeit sollte der Welpe reichlich Kontakt mit Menschen haben, sowohl mit Erwachsenen als auch mit Kindern. Es dürfen viele Begegnungen sein, sodass er den Umgang mit Menschen lernen kann – allerdings sollten sie immer positiv und lohnend für ihn sein. Er muss nun Menschen unterschiedlichen Typs und Alters treffen, und es ist von Vorteil, wenn immer wieder Besucher kommen, die er kennenlernen kann. Das ist besonders wichtig in den letzten Wochen, bevor er in sein neues Zuhause umzieht. Jeder Welpe sollte täglich mindestens fünf Minuten Aufmerksamkeit nur für sich bekommen, egal, wie groß der Wurf ist.

In dieser Phase sollte der Welpe auch behutsam den unterschiedlichsten Geräuschen ausgesetzt werden. Man kann ihm etwa Aufnahmen von Gewitterdonner und lautem Knall vorspielen, damit er das als Teil seiner Umwelt akzeptiert und keine Angst vor plötzlichen lauten Geräuschen hat. Außerdem sollte er jetzt viele verschiedene Dinge erleben, etwa Autofahrten oder das Eintreffen von Besuchern. All diese Situationen werden sich vermutlich bei Welpen, die in einem Privathaushalt aufwachsen, ganz von selbst ergeben.

6 WOCHEN

8 WOCHEN

Vor dem Umzug in ihr neues Zuhause ist es vorteilhaft, die Hundekinder allmählich daran zu gewöhnen, von ihren Wurfgeschwistern und der Mutter getrennt zu sein. Dann macht es ihnen später weniger aus, wenn sie im neuen Heim nicht mehr da sind. Falls es sich einrichten lässt, sollten die Welpen zu diesem Zeitpunkt auch Kontakt mit anderen Tierarten haben. Es hilft ihnen, sich an deren Geruch und Aussehen zu gewöhnen, und führt dazu, dass sie sie später leichter akzeptieren.

Dritte Stufe: 8–12 Wochen

In diesem Zeitfenster findet der Umzug in die neue Familie statt. Das Hundekind ist jetzt sehr von seinem neuen Halter abhängig, hat ein starkes Bedürfnis nach sozialem Kontakt und will seiner Bezugsperson gefallen. Der Sozialisierungsprozess gerät in diesem Alter in eine kritischen Phase, denn jetzt werden die Welpen immer ängstlicher gegenüber Neuem. Das Stubenreinheitstraining sollte unverzüglich beginnen, wenn das neue Familienmitglied ins Haus kommt (siehe S. 86). Sobald sich der Kleine dort ein wenig eingelebt hat, wird er immer mehr Interesse daran zeigen, seine nähere Umgebung zu erkunden.

Was zu tun ist: Der Welpe sollte Erfahrungen mit verschiedenen Situationen und Umgebungen sammeln (siehe S. 69). Diese Wochen sind die entscheidende Zeit für die Sozialisierung – sie sollte optimal genutzt werden, bevor die Angst vor Neuem größer wird als das Interesse daran. Spielen ist äußerst wichtig. Der Kleine lernt jetzt, das Spielbeißen zu reduzieren und zu beenden (siehe S. 140) und stattdessen »Menschenspiele« (siehe S. 38) mitzumachen.

JUNGHUNDPHASE, 3–6 MONATE

Der Welpe ist noch stark von seinem Halter abhängig. Zu Beginn dieser Phase möchte er in der Regel gefallen und tut das, von dem er glaubt, dass es von ihm erwartet wird.

12 WOCHEN

Die Umgebung wird jetzt immer wichtiger. Das Hundekind dehnt seine Erkundungszüge weiter aus, bleibt aber noch in der sicheren Nähe seines Halters oder auf vertrautem Terrain. Er kaut viel, um das Zahnen zu erleichtern, und erkundet sein Umfeld intensiv mit seinem Maul.

Was zu tun ist: Jetzt, wo sich der Welpe besser konzentrieren und lernen kann, sollten Sie mit dem eigentlichen Training beginnen. Nutzen Sie das Gefallenwollen in diesem Alter aus, denn die Erziehung wird mit zunehmender Unabhängigkeit des Junghunds schwieriger. Die Spiele können nun anspruchsvoller werden und lassen sich auch gut als Belohnung für das Training einsetzen.

Lassen Sie den Hund viele verschiedene Orte und Situationen kennenlernen und führen Sie die Sozialisierung fort. So lernt Ihr Vierbeiner, unterschiedlichste Situationen zu meistern.

PUBERTÄT, 6 MONATE BIS 1 JAHR ODER BIS ZU 18 MONATE

In dieser Phase werden Welpen deutlich selbstständiger – und geschlechtsreif: Hündinnen erleben die erste Läufigkeit, samt den dazugehörigen Verhaltensänderungen, und Rüden erfahren dramatische Schwankungen des männlichen Hormonspiegels. Das Kaubedürfnis bleibt wichtig, während das Revierverhalten mit zunehmender Reife auftritt.

Was zu tun ist: Das ist wahrscheinlich die schwierigste Phase, die es zu durchlaufen gilt – eine Zeit, in der sich viele Hundehalter von ihrem Vierbeiner trennen. Wenn Sie allerdings vorab eine solide Grundlage für gutes Verhalten geschaffen haben, werden Sie die Pubertät Ihres Hundes besser meistern. Aber es wird eine Zeit kommen, in der Sie sich fragen, was schiefgegangen ist. Dann denken Sie daran: Diese kurze Lebensphase hat bald ein Ende (mehr dazu in Kapitel 15, S. 228).

6 MONATE

KÖRPERLICHE REIFE, 1 JAHR ODER 18 MONATE

Ihr Hund ist jetzt körperlich ausgereift, aber sein Charakter festigt sich noch weiter. Junge Hunde haben das Selbstvertrauen der Jugend, sind aber noch unerfahren.

Was zu tun ist: Ihr junger Hund lernt weiterhin durch neue Erfahrungen, doch werden Sie sein begeistertes Interesse an der Welt ein wenig zügeln müssen. Setzen Sie das Training konsequent fort und üben Sie, wenn nötig, mithilfe einer langen oder kürzeren Leine körperliche Kontrolle aus, um ihn vor gefährlichen Situationen zu bewahren.

SOZIALE REIFE, 1–3 JAHRE

Manche Hunde einer kleinen Rasse erreichen die soziale Reife mit etwa einem Jahr, große Rassen brauchen dafür in der Regel länger. Hündinnen werden meist schneller reif als Rüden, deshalb kann eine kleine Hündin mit einem Jahr voll ausgereift sein, während ein großer unkastrierter Rüde möglicherweise bis zu drei Jahre braucht. Ein pubertierender Hund gleitet oft unmerklich in die Reife, sodass Sie eines Tages feststellen, wie gelassen Ihr Vierbeiner auf einmal ist und somit scheinbar zurück in der Spur. Das Leben fühlt sich wieder einfach an. Ihr Hund ist nun körperlich als auch sozial ausgereift. Sein Charakter ist geformt, und die frühere ungestüme Begeisterung für das Leben ist einer Wachsamkeit gewichen, die mit der Reife kommt. Nun ist Ihr Vierbeiner ein erfahrener Familienhund, der seine Rolle kennt – bereit, auf alles zu reagieren, was von ihm erwartet wird.

Was zu tun ist: Entspannen Sie sich – die schwere Arbeit ist getan. Weiteres Training ist sicher notwendig, aber Sie sollten es jetzt locker angehen und ab sofort viele glückliche Jahre mit Ihrem ausgeglichenen, gut erzogenen, umgänglichen Freund genießen.

18+ MONATE

KAPITEL 5

Das Leben mit dem Welpen

Ihr Familienzuwachs wird eine Weile benötigen, um sich an das Leben im neuen Zuhause zu gewöhnen – und Sie brauchen Zeit, um ihn nach Ihrem Wunsch zu trainieren. Erwarten Sie anfangs nicht zu viel. Junge Welpen sind eine Freude und voll ungestümer Zuneigung, aber sie bedeuten auch Arbeit und werden vor allem in den ersten Monaten einen Großteil Ihrer Zeit und Aufmerksamkeit beanspruchen.

TAGESGESTALTUNG NACH PLAN

Ein geregelter Ablauf ist wichtig für Ihr Hundekind. Es wird sich dem Leben in Ihrem Haushalt leichter anpassen und viel schneller stubenrein sein, wenn sein Alltag in den ersten Wochen eine klare Struktur hat. Legen

Füttern Sie den Welpen zu festen Zeiten. Das macht es leichter, ihn stubenrein zu bekommen.

TAGESROUTINE MIT WELPEN

VORMITTAGS

8.00	Wecken; Löseplatz; kurze Spieleinheit
8.30–9.00	Frühstück für die Familie und den Welpen
9.15	Löseplatz; kurze Spieleinheit; Ruhephase
10.00	Löseplatz; spielen oder kurzes Training; Ruhephase
11.00	Löseplatz; Sozialisierung

NACHMITTAGS

12.00	Löseplatz; Familienmittagessen
13.00	Zweite Mahlzeit für den Welpen
13.15	Löseplatz; Ruhephase
14.00	Löseplatz; kurze Spieleinheit; Ruhephase
15.00	Löseplatz; frei laufen im Haus unter Aufsicht oder spielen
16.00	Löseplatz; Ruhephase
17.00	Dritte Mahlzeit für den Welpen
17.15	Löseplatz; Ruhephase

ABENDS

18.00	Spielen/Training; Löseplatz
19.00	Abendessen der Familie; Ruhephase
20.00	Löseplatz; Sozialisierung; Kuschelzeit oder Fellpflege
21.00	Vierte Mahlzeit für den Welpen
21.15	Löseplatz; spielen oder Training oder frei laufen im Haus unter Aufsicht
22.00	Löseplatz; intensives Spielen
23.00	Löseplatz; Schlafengehen; richten Sie sich darauf ein, dass der Welpe auch nachts zum Löseplatz muss

Regelmäßig zum Löseplatz zu gehen ist unbedingt nötig, wenn der Welpe stubenrein werden soll.

Sie am besten schriftlich einen Plan zurecht, er erleichtert Ihnen diese Aufgabe, da er hilft, dem Welpen zur richtigen Zeit all das zu geben, was er braucht, ohne dass Sie groß darüber nachdenken müssen. Er sorgt in einem hektischen Alltag dafür, dass die Bedürfnisse des Kleinen nicht übersehen werden.

Die Übersicht links gilt für einen sehr jungen Welpen. Vielleicht passt der Plan nicht für Ihren Haushalt oder zu Ihrem Hundekind, aber er kann als Anregung dienen, Ihre eigene Tagesroutine aufzustellen. Dieser Plan ist Ihre Grundlage dafür, was jeden Tag geschehen sollte. Er ist zwar flexibel, doch sollten Sie sich nach Möglichkeit daran halten, damit das Stubenreinheitstraining und das Füttern regelmäßig stattfinden und Sie sich jeden Tag für unverzichtbare Dinge wie Spielen, Sozialisierung und Fellpflege genug Zeit nehmen. Auch wenn der Plan auf den ersten Blick kompliziert und zeitaufwendig aussehen mag, wird er dennoch langfristig Ihr Zusammenleben vereinfachen. Es erscheint Ihnen vielleicht unnötig, den Welpen jede Stunde zum Löseplatz zu bringen, doch das ist leichter, als die »Unfälle« zu beseitigen. Überdies wird Ihr Kleiner so schneller stubenrein werden (siehe S. 86).

EINFÜHRUNG IN DIE FAMILIE

Der erste Eindruck zählt, daher ist es wirklich wichtig, das Hundekind behutsam und kontrolliert mit Ihren Kindern, anderen Hunden oder Haustieren bekannt zu machen. Meist herrscht große Aufregung, wenn ein Welpe ins Haus kommt, vor allem unter den Kindern. Versuchen Sie, die Lage zu entspannen, und halten Sie das Kennenlernen kurz und ruhig, indem Sie die anderen Mitbewohner ablenken, sobald sie den kleinen Hund begrüßt haben. Nun kann der Welpe in Ruhe die Umgebung erkunden, und die Aufregung legt sich.

Kommt ein Welpe ins Haus, müssen Kinder lernen, ruhig und behutsam mit ihm umzugehen. Das ist besonders wichtig, wenn der Hund anfangs noch sehr scheu ist.

Kinder kennenlernen

Bitten Sie Ihre Kinder, sich hinzusetzen, wenn der Hund ins Zimmer gebracht wird, und den Kleinen auf sich zukommen zu lassen. Geben Sie ihnen Leckerchen auf die Handfläche, so haben sowohl der Welpe als auch die Kinder eine gute erste Erfahrung miteinander. Den Kindern kurz nach der Ankunft des Hundes ein neues Spielzeug zu schenken, lenkt sie etwas vom Neuzugang ab und gibt dem Welpen den nötigen Raum, um sich einzufinden.

Für kleinere Kinder sollte die Regel gelten, dass der Welpe nicht hochgehoben werden darf. So lernt er, dass Kinder freundlich sind und es schön ist, sie um sich zu haben. Das lernt er nicht, wenn er bei jeder Begegnung mit ihnen auf bedrohliche Weise von den Pfoten gerissen wird. Eine weitere Regel ist, dass er nicht gestört werden darf, wenn er schläft – das macht ihn nur müde und reizbar.

ANDERE HUNDE KENNENLERNEN

Aggressionen gegenüber Welpen entstehen meist deshalb, weil ein älterer Hund Angst bekommt, wenn ein ungestümes Hundekind auf ihn zurennt und zwischen seinen Beinen umhertollt. Hindern Sie Ihren Kleinen durch Leine und Brustgeschirr daran, dem Artgenossen zu schnell zu nahe zu kommen, und halten Sie die Begegnungen anfangs kurz und angenehm, bis die beiden sich akzeptieren.

Wenn Sie schon einen Hund haben, sollte das erste Aufeinandertreffen idealerweise während eines Spaziergangs stattfinden. Bringen Sie beide an einen sicheren Ort, den Ihr älterer Hund noch nicht kennt und der nicht durch andere Hunde verunreinigt ist, denn Ihr Welpe hat noch nicht den vollen Impfschutz. Trennen Sie die beiden zunächst auch im Auto. Lassen Sie zunächst Ihren älteren Hund herumtoben, bevor Sie den Kleinen holen. Dann gehen Sie langsam mit beiden Tieren spazieren. Versuchen Sie, anfangs nicht zu sehr einzugreifen, aber halten Sie einen der beiden eine Weile fest, wenn Sie merken, dass dem anderen die Situation nicht geheuer ist. Die Ablenkung durch die neuen Eindrücke macht die Begegnung entspannt, und in der Bewegung werden beide weniger ängstlich sein.

Zu Hause wiederholen Sie die Prozedur dann in Ihrem Garten, sofern Sie einen haben. Zuerst bringen Sie den Welpen dorthin, dann den anderen Hund. Nach der Begegnung lassen Sie den Kleinen ins Haus, daraufhin den älteren Hund. Sammeln Sie vorher alle Spielzeuge, Knochen, Futternäpfe, Hundebetten und Decken ein, für den Fall, dass der ältere Hund all das in Beschlag nimmt. Bewahren Sie Ruhe. Wenn Sie befürchten, dass der

Diesem Hundekind ist die erste Begegnung mit seinem großen Freund ziemlich unheimlich. Doch der Ältere verhält sich ganz entspannt. Kurz schnuppern – und alles ist gut.

Ältere knurren oder aggressiv werden könnte, setzen Sie den Kleinen in einen Welpenauslauf oder nutzen Sie ein Treppengitter. So können die beiden sich auf sichere Weise kennenlernen.

Haben sich die Hunde beruhigt, legen Sie die Betten und Decken wieder hin, aber lassen Sie Spielzeug und Knochen noch ein paar Tage beiseite. Schenken Sie dem älteren Hund mehr Zuwendung, als Sie es getan haben, bevor der Welpe ins Haus kam, vor allem wenn der Kleine dabei ist. So lernt der Ältere die Gegenwart des Neuzugangs zu genießen. Auch Ihre Familie sollte diesem Beispiel folgen.

KATZEN KENNENLERNEN

Meist verläuft die erste Begegnung eines sehr jungen Welpen mit einer Katze reibungslos, solange Sie ihm verbieten, die Katze zu jagen. Wenn Sie Ihr Hundekind mit einer erwachsenen Katze bekannt machen, halten Sie ihn zurück, nicht die Katze. Lenken Sie ihn mit ein paar Leckerchen ab, wenn er den ersten Blick auf die Katze geworfen hat. Sorgen Sie dafür, dass auch die Katze ihre Leckerchen hat, am besten irgendwo hoch oben, wo sie vor dem Welpen sicher ist. Läuft Ihre Katze vor dem Hund davon, halten Sie ihn mithilfe von Leine und Geschirr zurück und lenken ihn ab, während die Katze sich entfernt; so gerät er nicht in Versuchung, ihr hinterherzuhetzen.

Achten Sie während des ganzen ersten Jahres darauf, dass Ihr Welpe die Katze nicht jagt. Halten Sie ihn konsequent zurück und nutzen Sie Treppengitter und hohe Katzenstege oder Kratzbäume. So bleibt die Katze außer Reichweite, bis sie sich an den Hund gewöhnt hat und er versteht, dass sie zur Familie gehört und nicht gejagt werden darf. Wenn Sie nicht da sind, um die beiden zu beaufsichtigen, halten Sie den Welpen in seinem Auslauf (siehe S. 53) oder nutzen Sie Treppengitter, sodass die Katze ihm aus dem Weg gehen kann.

Ist der Welpe älter und selbstbewusster, springt er die Katze möglicherweise an, weil er gelernt hat, dass sie dann davonrennt. Wenn Sie das

Katzen und Welpe sollten sich ganz entspannt kennenlernen. Dabei muss der Hund zurückgehalten werden. Die Katze darf sich frei bewegen.

beobachten, gehen Sie dazwischen und bieten Sie ihm stattdessen ein Spielzeug an. So bringen Sie ihm bei, dass Katzen nicht zum Spielen da sind. Spiele gibt es nur mit Menschen. Notfalls befestigen Sie eine Leine an seinem Geschirr, und wenn Sie sehen, dass er die Katze jagen will, stellen Sie sich schnell darauf und lenken ihn mit Spielzeug ab. Die Katze sollte sich an hoch gelegenen Plätzen in Sicherheit bringen können, ohne fliehen zu müssen.

DIE ERSTE NACHT

Nach dem Umzug und der ersten Aufregung darüber, bei einer neuen Familie in fremder Umgebung zu sein, ist der Welpe sicher müde. Spielen Sie kurz mit ihm, damit er auch seine restliche Energie verbraucht. Geben Sie ihm etwas Warmes zu fressen, bevor Sie ihn noch einmal nach draußen zum Löseplatz bringen und er sich schließlich schlafen legt.

Hat Ihnen der Züchter eine Decke mitgegeben, die bei dem Welpen im Bett gelegen hat, wickeln Sie sie um etwas Warmes, z. B. ein großes Kirschkernkissen, das in eine extragroße Decke eingeschlagen ist, damit der Kleine nicht den Inhalt zerkaut und frisst. Achten Sie darauf, dass es nicht zu heiß ist, und legen Sie Ihrem Vierbeiner die Decke ins Bett. Er wird das sehr tröstlich finden, weil sie einen vertrauten Geruch verströmt und warm und gemütlich ist.

Darüber, wie ein Welpe die erste Nacht im neuen Zuhause verbringen sollte, gehen die Meinungen auseinander. In der Regel löst Isolation bei Tierkindern ein Gefühl von Gefahr aus. Werden sie allein gelassen, empfinden sie Einsamkeit und Angst – für den Welpen nicht der beste Start in sein neues Leben. Und nachts sind Tierkinder ohnehin ängstlicher als bei Tag. Wenn Sie den Kleinen also im Raum allein lassen und er bis zur Erschöpfung jault, wird er immer Angst vor dem Alleinsein haben – und Sie schlaflose Nächte. Nehmen Sie ihn lieber für die erste Zeit mit in Ihr Schlafzimmer. Setzen Sie ihn neben Ihrem Bett auf eine dicke Decke in einen hochwandigen

Pappkarton oder Welpenauslauf, aus dem er nicht hinausklettern kann. Wenn er winselt, können Sie ihn durch Streicheln oder ein leises Wort beruhigen. Machen Sie aber nicht zu viel Aufhebens darum und reagieren Sie nicht auf jeden Laut. Sorgen Sie dafür, dass es Ihr Hundekind kuschlig warm hat, aber nicht zu heiß – dann sollte es bald einschlafen.

Die meisten Welpen wollen sich nicht in ihrem Bett lösen. Wenn sie nachts wach werden, suchen sie einen Weg nach draußen. Wacht Ihr Kleiner auf und jault oder ist unruhig, muss er wahrscheinlich zum Löseplatz. Bringen Sie ihn schnell dorthin (notfalls, indem Sie ihn tragen). Es lohnt sich, auch um drei Uhr morgens und wenn es regnet. Lassen Sie ihn schnüffeln und sich entspannen. Loben Sie ihn, wenn er sich gelöst hat, und bringen Sie ihn wieder in sein Bett, bis Sie am Morgen selbst aufstehen. Wenn Sie keinen Garten haben, in dem der Löseplatz eingerichtet ist, bringen Sie den Welpen in einen abgesperrten Bereich der Wohnung, der mit Hygieneunterlagen oder anderem saugfähigen Material ausgelegt ist (zur Stubenreinheit siehe S. 86).

Nach einer Weile wird sich Ihr Welpe bei Ihnen heimisch fühlen und seine Mutter und die Wurfgeschwister nicht mehr vermissen. Bald werden Sie ihn daran gewöhnen, tagsüber allein zu sein (siehe Kapitel 13, S. 178). Daher sollte er nach ein paar Wochen bei Ihnen (je nachdem, wie schnell es mit dem Alleinseintraining vorangeht) so weit sein, dass Sie ihn nach und nach aus Ihrem Schlafzimmer und schließlich in den Raum bringen können, in dem er künftig schlafen soll. Dabei bestimmt der Welpe das Tempo. Gehen Sie ein paar Schritte zurück, wenn es Probleme gibt, anstatt die Sache auf Biegen und Brechen durchzusetzen und damit das Alleinseintraining zu stören. Wenn Sie einen anderen Hund haben, stellen Sie vielleicht fest, dass der Welpe von Anfang an gern in dessen Nähe und nicht bei Ihnen schläft. Achten Sie darauf, die beiden in Ihrer Abwesenheit durch eine Box oder ein Treppengitter voneinander zu trennen, solange der Welpe noch sehr jung ist.

Schläft der Welpe anfangs in Ihrer Nähe, fühlt er sich in der ersten Zeit nicht so allein. Und Sie haben nachts weniger Stress.

Setzen Sie Ihren Welpen in einen Auslauf, wenn Sie mit anderen Dingen beschäftigt sind. So hat er keine Gelegenheit, unbemerkt Unfug anzustellen.

DER WELPENAUSLAUF

Der Vorteil eines Welpenauslaufs liegt auf der Hand: Er erlaubt es Ihnen, sich zu entspannen und für kurze Zeit mal nicht an den Kleinen zu denken, was Ihnen persönlich dabei hilft, des Hundes nicht überdrüssig zu werden. Und Ihr Welpe merkt zudem, dass er Ihnen nicht überallhin folgen kann. Hunde in einem Menschenhaushalt müssen lernen, sich entspannt hinzulegen, wenn ihnen niemand Aufmerksamkeit schenkt. Im Auslauf sind die Möglichkeiten, aktiv zu sein, begrenzt, und dort lernt der Hund schnell, ruhig dazuliegen.

Der Auslauf ist auch ein Schutz für den Kleinen, wenn Sie mit etwas anderem beschäftigt sind. Welpen können eine Menge Unfug anstellen, wenn sie unbeaufsichtigt durchs Haus stromern – z. B. Stromkabel oder Schuhe zerkauen oder am ganz falschen Ort ihr Geschäft verrichten –, vor allem wenn sie wirklich allein zu Hause sind. Dieses unerwünschte Verhalten wird schnell zur schlechten Angewohnheit, wenn Sie nicht eingreifen.

Ein Welpenauslauf ist ein einfaches Mittel, um solches Chaos zu verhindern. Der Auslauf sollte mindestens so groß sein, dass er über einen Schlafplatz und einen weiteren, mit Zeitungspapier ausgelegten Bereich verfügt, in dem der Welpe spielen, sich bewegen und notfalls auch sein Geschäft verrichten kann.

Ein Auslauf lässt sich errichten, indem Sie eine Zimmerecke durch Gitter abteilen – doch Vorsicht, die Gitter müssen gesichert sein und dürfen weder umkippen noch den Hund einklemmen. Es gibt den Welpenauslauf auch fertig zu kaufen. Oft besteht er z. B. aus mit Netzstoff bespannten Elementen, die miteinander verbunden werden. Wählen Sie ein robustes Modell, das nicht nachgibt, sollte Ihr Hund gegen die Seitenteile springen. Der Auslauf ist ein praktisches Mittel, um Ihren Welpen für kurze Zeit in einem sicheren, geschützten Bereich zu halten. So verhindern Sie, dass er in Ihrer Wohnung beispielsweise Möbel anknabbert oder sonstigen Unfug treibt.

Der beste Platz für den Auslauf ist in der Regel die Küche. Gewöhnlich kommt dort die Familie zusammen, und meist ist dort etwas los. Auf diese Weise kann sich Ihr Welpe in der geschützten Umgebung seines Auslaufs an viele verschiedene Sinneseindrücke gewöhnen. Außerdem haben Küchen meist einen abwaschbaren Fußboden, was gut ist, wenn ein kleines Malheur passieren sollte. Ist Ihre Küche sehr begrenzt, sollte Ihr Hund lieber einen kleineren Auslauf bekommen, als dass er in einen größeren Auslauf in einem Zimmer gesetzt wird, das kaum Menschen betreten.

Legen Sie sein Bett in den Auslauf, dazu etwas Kau- und Spielzeug. Dort ist er sicher aufgehoben, wenn Sie ihm nicht Ihre volle Aufmerksamkeit widmen können. Nehmen Sie den Kleinen heraus, wann immer es geht, und konzentrieren Sie sich dann voll auf ihn.

Damit dem Hund im Auslauf nicht langweilig wird, braucht er Spielzeug und etwas zum Kauen. Lassen Sie ihn jedoch nicht zu lange darin.

Wenn Ihr Welpe frei durchs Haus laufen darf, hat nicht jedes unerwünschte Verhalten Konsequenzen. Im Auslauf dagegen merkt er schnell, dass er nur für erwünschtes Verhalten belohnt wird. So ist es schöner für ihn und einfacher für Sie. Sobald Ihr Hundekind gelernt hat, sich im Haus zu benehmen, können Sie auf den Auslauf verzichten. Bis der Kleine allerdings daran gewöhnt ist, allein zu sein (siehe Kapitel 13, ab S. 178), gehen Sie nur dann aus dem Raum, in dem der Auslauf steht, wenn er schläft. Lassen Sie die Tür offen, damit er Sie finden kann. Andernfalls lernt er, im Auslauf Angst zu haben und zu winseln und zu bellen – genau das, was eigentlich vermieden werden soll.

Bringen Sie den Hund immer gleich zum Löseplatz, sobald er den Auslauf verlassen darf. Das ist eine gute Übung – denken Sie also daran.

Niemals als Strafe

Nutzen Sie den Auslauf niemals als Gefängnis, um den Welpen zu bestrafen. Wenn er etwas macht, das Ihnen missfällt, lenken Sie ihn einfach ab und zeigen Sie ihm, was er stattdessen tun soll. Loben Sie ihn ausgiebig, wenn er dies umsetzt. Der Auslauf sollte nicht mit Bestrafung assoziiert werden. Sprechen Sie viel mit Ihrem Welpen, wenn er dort ist, und spielen Sie möglichst mit ihm darin, damit er sich gern an diesem Ort aufhält.

Achten Sie darauf, ihn nie über einen längeren Zeitraum im Auslauf zu lassen. Dieser dient lediglich als sicherer Ort für ihn, wenn Sie kurzzeitig anderweitig beschäftigt sind. Natürlich ist es wichtig, dass Sie Ihrem Welpen so viel Zeit und Aufmerksamkeit außerhalb des Auslaufs schenken, wie es Ihnen möglich ist – länger als zwei Stunden darf er dort nicht bleiben.

An den Auslauf gewöhnen

Wenn Sie den Auslauf schon früh einführen, wird Ihr Kleiner ihn als Teil seines Lebens akzeptieren. Locken Sie ihn hinein, indem Sie zusammen mit ihm darauf zusteuern und vor seinen Augen durch die Tür Leckerchen hineinwerfen. Schließen Sie behutsam die Tür, wenn er schließlich im Auslauf steht, um die Häppchen zu suchen.

Ist Ihr Welpe schon älter, lassen Sie den Auslauf zunächst offen, legen sein Bett hinein und ermuntern ihn, sich dort auszuruhen. Geben Sie unbedingt auch etwas Schönes zum Kauen hinein und sein Lieblingsspielzeug. Loben Sie den Hund und spielen Sie mit ihm, wann immer er freiwillig hineingeht. Es ist wesentlich besser, wenn er von sich aus in den Auslauf spaziert, als wenn er gezwungen würde. Sobald er gern hineingeht und sich dort sichtlich wohlfühlt – wahrscheinlich nach ein paar Tagen –, können Sie die Tür für kurze Zeit schließen.

Bellen im Auslauf

Wenn Ihr Welpe im Auslauf zu bellen beginnt, überlegen Sie, ob er zuvor genügend Aufmerksamkeit und Bewegung bekommen hat und ob all seine Bedürfnisse erfüllt wurden. Achten Sie darauf, dass er zufrieden und schläfrig ist, bevor er hineingeht, und holen Sie ihn rechtzeitig wieder heraus – bevor er sich langweilt oder einsam fühlt. So beugen Sie Frustbellen vor. Bellt er dennoch, ignorieren Sie ihn, bis er sich beruhigt hat. Falls nötig, lenken Sie seine Aufmerksamkeit ab, indem Sie außerhalb des Auslaufs Spielzeug über den Boden werfen. Geben Sie außerdem ein paar Leckerchen hinein, sobald er abgelenkt ist. Warten Sie, bis er ruhig nach ihnen sucht, und lassen Sie ihn dann heraus. So lernt er nicht, dass er seine

Freiheit bekommt, wenn er bellt. Holen Sie ihn beim nächsten Mal deutlich früher heraus.

Bellt Ihr Welpe im Auslauf, wenn Sie den Raum verlassen? Dann prüfen Sie den Stand des Alleinseintrainings: Ist er schon so weit, dass er es eigentlich dulden sollte? Ihre Maßnahmen hängen von der Antwort ab. Vielleicht müssen Sie warten, bis er schläft, bevor Sie aus dem Zimmer gehen. Oder es ist auf dem aktuellen Niveau nur möglich, für ein paar Sekunden wegzugehen. Sobald der Welpe gelernt hat, allein zu sein, können Sie problemlos hinausgehen. Doch handeln Sie besser nicht voreilig und versuchen Sie es nicht zu früh.

Zuflucht vor Kindern

Wenn Sie kleine Kinder haben, kann Ihr Welpe schnell überdreht sein – das Spiel gerät dann leicht außer Kontrolle. Den Auslauf darf

Machen Sie dem Welpen den Auslauf schmackhaft, indem Sie ein paar Leckerchen hineinwerfen.

Verwandeln Sie den Zimmerkäfig in eine kuschlige kleine Höhle, indem Sie eine Decke darüber legen. Die Tür sollte allerdings immer offen sein.

er nur verlassen, wenn Sie da sind, um ihn zu beaufsichtigen, ihm »gute« Spiele beizubringen und das Spielbeißen zu unterbinden. Ein Auslauf verhindert auch, dass die Kinder den Welpen ärgern oder ihm das falsche Verhalten beibringen. Außerdem lernt der Kleine so, dass er umherrennende Kinder nicht jagen darf.

Vor allem sehr junge Hunde brauchen viel Schlaf. Ein überreizter, überdrehter und übermüdeter Welpe schnappt schon mal zu. Der Auslauf beugt diesem Verhalten vor. Der Kleine kann sich darin immer wieder ausruhen, und sobald er weiß, dass er nicht zum Spielen hinausdarf, wird er sich schnell schlafen legen. Auf diese Weise lernt er auch, dass er nicht bei allen Spielen der Kinder mitmachen darf und manchmal ruhig danebensitzen muss. Der Auslauf eignet sich ideal dazu, ihm genau das beizubringen. Manche Welpen gehen sogar gern hinein, um sich auszuruhen, wenn die Kinder ihnen zu viel werden. Lassen Sie den Auslauf offen und erklären Sie den Kindern, dass sie dort nicht hineindürfen.

ZIMMERKÄFIG

Fehlt Ihnen der Platz für einen Auslauf, sind ein Zimmerkäfig oder eine Transportbox eine gute Alternative. Diese Behältnisse sollten so groß sein, dass Ihr Hund auch dann noch bequem darin stehen, sich umdrehen und hinlegen kann, wenn er voll ausgewachsen ist.

Der große Nachteil eines Zimmerkäfigs ist, dass der Welpe darin keinen Bereich zum Lösen hat und auch nichts erkunden kann. Das heißt, Sie können ihn höchstens eine Stunde darin halten. Allerdings ist ein Zimmerkäfig besser als nichts, um Ihren Kleinen einzusperren, wenn Sie mit etwas anderem beschäftigt sind. Achten Sie einfach darauf, dass er nicht zu lange darin ist, und sorgen Sie dafür, dass er

Kau- und Spielzeug vorfindet. Bringen Sie ihn außerdem nur hinein, wenn er schon schläfrig ist und gerade erst auf dem Löseplatz war.

TREPPENGITTER

Treppengitter (oder Babygitter) können nützlich sein, vor allem wenn Sie kleine Kinder haben. Sie kommen zum Einsatz, wenn Sie den Welpen nicht mit im Zimmer haben wollen – z. B. wenn Sie mit Ihrem Kind auf dem Fußboden spielen oder wichtigen Besuch haben, auf den Sie sich konzentrieren möchten. Der Welpe kann dann immer noch in Ihrer Nähe sein, ist aber hinter dem Gitter im Türrahmen sicher vom Geschehen ausgesperrt. Machen Sie den Hund schrittweise und in Ruhe damit vertraut, durch das Gitter von Ihnen getrennt zu sein. Beginnen Sie nicht erst damit, wenn der Besuch schon vor der Tür steht.

HALSBAND ODER GESCHIRR?

Hatte Ihr Welpe ein paar Tage Gelegenheit, um sich bei Ihnen einzuleben, ist es Zeit, ihn an ein Halsband oder ein Brustgeschirr zu gewöhnen. Kaufen Sie ein Halsband mit Klickverschluss in der passenden Größe (auf keinen Fall ein Würge- oder ein Half-Check-Halsband). Es lässt sich leicht öffnen und schließen. Oder greifen Sie am besten gleich zu einem Geschirr. Ein breiteres oder gepolstertes Modell ist in der Regel bequemer. Halsband und Geschirr müssen so groß sein, dass es dem Welpen bequem passt, wenn Sie zwei Finger darunterschieben. Falls Sie ein Geschirr benutzen, prüfen Sie vorab, wie herum es richtig sitzt, und holen Sie sich, wenn nötig, beim Anpassen Hilfe. Ein gutes Geschirr bietet viel Bewegungsfreiheit im Schulterbereich. Achten Sie also darauf, wie sich der Welpe bewegt, wenn er es trägt. Wählen Sie idealerweise ein Modell, das sich an mehreren Stellen öffnen lässt, damit Sie nicht kämpfen müssen, um Pfoten oder Kopf hindurchzubekommen.

Machen Sie den Welpen gleich am ersten Tag mit Halsband oder Geschirr vertraut, aber versuchen Sie anfangs noch nicht, es ihm anzulegen. Zeigen Sie es ihm stattdessen und geben Sie ihm ein Leckerchen oder spielen Sie

Ein Treppengitter verhindert, dass Ihnen der Welpe hinterherläuft. Trotzdem kann er das Geschehen gut verfolgen – aus sicherer Entfernung.

mit ihm. Wiederholen Sie das so lange, bis der Kleine das Halsband oder das Geschirr mit etwas Schönem verbindet und mit der Rute wedelt, wenn er es sieht. Beim nächsten Mal zeigen Sie ihm das Halsband oder Geschirr und bringen es dicht an seine Schulter, bevor Sie etwas Schönes mit ihm machen. Wenn er zur Seite springt, gehen Sie beim nächsten Mal langsamer vor. Nur wenn es für ihn in Ordnung ist, legen Sie es ihm auf den Rücken und geben ihm dann ein paar Leckerchen. Machen Sie so weiter, bis sich der Welpe das Halsband oder das Geschirr problemlos anlegen lässt. Das mag extrem zeitaufwendig erscheinen, aber wenn Sie so behutsam vorgehen, weiß er, dass ihm nichts Schlimmes passiert, wenn Sie ihn anfassen und ihm etwas anlegen – und das schafft lebenslanges Vertrauen.

Haben Sie ihm das erste Mal das Halsband oder das Geschirr angelegt, spielen Sie mit Ihrem Hund, bevor Sie es ihm wieder abnehmen. Fahren Sie so fort, bis Sie es anlassen können, ohne dass der Welpe daran kratzt

Ein Halsband fühlt sich für den Welpen zunächst seltsam an. Doch bald hat er sich daran gewöhnt.

Das Geschirr sollte kein festes oder schweres Oberteil haben, das den Hund in der Beweglichkeit einschränken könnte. Dickere, gepolsterte Riemen sind bequemer als dünneres Gewebe.

oder Sie bemerken, dass es ihn irgendwie stört. So gelingt es Ihnen, dass er sich künftig voller Vertrauen alles anlegen lässt und nicht wie manch ein Hund sofort davonrennt, sobald Halsband oder Geschirr in Sicht kommen.

Für ungestüme Welpen oder solche, die an der Leine ziehen, eignet sich eher ein Geschirr als ein Halsband. Es schont nicht nur die empfindlichen Stellen am Hals, sondern so lässt sich auch vermeiden, dass der Augendruck ansteigt, was zu Verletzungen führen kann. Das Geschirr muss aber unbedingt gut sitzen: Weder darf der Kleine hinausschlüpfen und wegrennen können noch darf es so eng sein, dass es seine Bewegungsfreiheit einschränkt. Zudem sollte es gepolstert sein, damit es nicht am Körper scheuert.

Da Welpen alles erkunden und leicht mit allem hängen bleiben, was sie am Körper tragen, ist es vernünftig, das Halsband oder Geschirr abzunehmen, wenn Sie Ihr Hundekind allein lassen oder es nicht im Blick haben können. Denken Sie daran, dass Junghunde schnell wachsen: Prüfen Sie den Sitz von Halsband oder Geschirr alle paar Tage, indem Sie zwei Finger darunterschieben.

Sobald sich Ihr Kleiner an das Halsband oder das Geschirr gewöhnt hat, hängen Sie eine Leine daran. Er kann sie ruhig beim Spielen hinter sich herziehen, damit er sich an das Gefühl gewöhnt. Nehmen Sie das Leinenende ab und zu in die Hand, bleiben Sie dabei aber an Ort und Stelle. Ihr Welpe soll lernen, dass »an der Leine sein« bedeutet, mit Ihnen verbunden zu sein – er kann sich also nicht mehr frei überallhin bewegen. Sobald Ihr Welpe die Einschränkung für kurze Zeit akzeptiert, loben Sie ihn und lassen ihn wieder frei. Erhöhen Sie anschließend nach und nach die Dauer.

ERWARTUNGEN UND DER »WELPEN-BLUES«

Einen Welpen zu trainieren, ähnelt in mancherlei Hinsicht der Erziehung eines Kindes, wenngleich die intensive Phase natürlich wesentlich kürzer ist. Ein Hundekind dringt vollständig in Ihr Leben ein und verschafft Ihnen sicherlich so manche schlaflose Nacht. Wahrscheinlich fragen Sie sich auch öfters, ob Sie alles richtig machen. Doch nur wenn Sie sich anfangs täglich viele Stunden dem Training des Hundekinds widmen, wird das Zusammenleben später leichter und harmonischer. Niemand hat behauptet, es sei ganz einfach, einen Welpen zu haben. Er schenkt Ihnen unendlich viel Freude und Erfüllung – fordert aber auch Ihre Zeit und manchmal sogar Ihre Nerven.

Es ist ganz normal, sich zu fragen, ob man in bestimmten Situationen das Richtige tut. Gute »Welpeneltern« versuchen, alles perfekt zu machen, doch kein Training gelingt fehlerfrei.

Wenn Ihr Welpe in die Pubertät kommt, werden Sie manchmal das Gefühl haben, dass sich Ihr ganzes Leben nur noch um ihn dreht. Doch keine Sorge: Diese schwierige Phase geht vorüber.

Lassen Sie es in Sachen Perfektion daher eher entspannt angehen. Wenn Sie den Tagesablauf Ihres Welpen normalerweise gut einhalten, ist es kein Drama, wenn Sie einmal eine Stunde davon abweichen und früher oder später dran sind. Und sollten tatsächlich einmal Ereignisse eintreten, die Ihren ganzen Alltag aus der Bahn bringen, so werden Sie und Ihr Welpe schon einen Weg finden, damit umzugehen. Hundekinder sind erstaunlich anpassungsfähig und belastbar – ein kleiner Ausrutscher oder selbst eine schwierigere Phase werden ihnen höchstwahrscheinlich nicht schaden.

Neigen Sie zu Perfektionismus, schrauben Sie die Erwartungen an sich und den Welpen lieber herunter. So vermeiden Sie Enttäuschungen, wenn einmal nicht alles perfekt läuft. Auf diese Weise setzen Sie sich selbst und den Kleinen nicht unter Druck, unerfüllbare Ziele zu erreichen – und können sich umso mehr freuen, wenn etwas besser gelingt als gedacht.

Welpen lernen unterschiedlich schnell, doch anfangs geht es bei allen eher langsam voran. In den ersten Monaten brauchen Sie daher viel Geduld – erwarten Sie also keine Wunder. Hohe Ansprüche an das Training oder das Verhalten Ihres Welpen setzen ihn nur unter Druck und erschweren das Lernen zusätzlich. Senken Sie lieber Ihre Erwartungen und freuen Sie sich über jeden Erfolg. Das Geheimnis einer starken Bindung und eines später umgänglichen Hundes liegt darin, geduldig viele kurze, positive Trainingseinheiten während der Welpenzeit durchzuführen. Konzentrieren Sie sich nicht auf das, was schiefläuft, sondern fördern Sie gezielt korrektes Verhalten.

Ganz am Anfang überkommt Sie vielleicht das Gefühl, dass es die falsche Entscheidung war, ein Hundekind in Ihr Leben geholt zu haben. Das ist normal, vor allem wenn es Ihr erster Welpe ist. Müdigkeit, der Eindruck, zu nichts anderem mehr zu kommen, kaum Zeit für sich selbst und soziale Kontakte –

all das fordert seinen Tribut. Vielleicht stellt sich auch noch Hilflosigkeit ein, weil sich ein Problem mit dem Welpen einfach nicht lösen lässt. Doch machen Sie sich keine Sorgen – es wird nicht für immer so bleiben. Ihr Welpe wird sich entwickeln und in ein paar Monaten schon deutlich weniger Zeit beanspruchen als jetzt zu Beginn. Sie werden Lösungen für alle Probleme finden, und so wird sich das Leben allmählich normalisieren. Denken Sie daran, dass sich die Dinge mit der Zeit verändern werden. Genießen Sie die Kuschelmomente und kleinen Erfolge, wenn Sie können, und halten Sie durch, bis der Alltag leichter wird.

Guter Rat hilft, diese ersten Monate zu überstehen. Doch Vorsicht vor dem Internet und den Medien, wo viele Ratschläge fragwürdig sind und oft diejenigen am lautesten schreien, die am wenigsten Ahnung haben. Meiden Sie auch wohlmeinende Freunde und Familienmitglieder, die nicht die Erfahrung haben, um zu wissen, was für Ihren Welpen das Beste ist. Suchen Sie sich lieber einen vertrauenswürdigen Profi. Ein guter Hundetrainer kann Ihnen helfen, Schwierigkeiten zu überwinden und Probleme zu lösen, und Sie so auf Ihrer Reise unterstützen. Ein möglicher Weg ist, sich für einen Welpenkurs anzumelden (siehe S. 223).

Nähe, Kameradschaft, Hingabe: Am Ende macht die enge Beziehung zu Ihrem treuen Freund die Mühe, ihn aufzuziehen, mehr als wett.

KAPITEL 6

Sozialisierung

Eines der wichtigsten Dinge im frühen Leben eines Welpen ist die Sozialisierung – also der Kontakt zu all den verschiedenen Lebewesen, denen er später begegnen wird, sowie die Gewöhnung an die vielen Geräusche, Gerüche, Anblicke und Erlebnisse seiner neuen Welt. Hundekinder, die solche positiven Erfahrungen nicht machen dürfen, gehen ängstlicher, misstrauischer und oft aggressiver durchs Leben. Dagegen entwickeln sich Welpen, die viele gute Eindrücke von ihrer Umgebung sammeln, zu selbstbewussten und glücklichen Hunden. Die Ratschläge in diesem Kapitel sind vermutlich die wichtigsten des gesamten Buches, wenn sich Ihr Welpe zu einem ausgeglichenen, freundlichen Hund entwickeln soll.

Heutzutage wird der Begriff »Sozialisierung« oft sowohl für die Gewöhnung an alles Lebendige (also Menschen und andere Tiere) als auch für die Gewöhnung an unbelebte Umweltreize verwendet. Der Einfachheit halber nutzen wir den Begriff ebenfalls in diesem umfassenden Sinn.

DIE WELPENZEIT IST KURZ

Der Wachstums- und Reifeprozess verläuft bei Hunden sehr viel schneller als bei Menschen. Welpen brauchen nur etwa ein Jahr, um die Reife zu erreichen, Menschen dagegen fast 20 Jahre. Bedenkt man, wie viel in der Kindheit passiert, wie stark Kinder wachsen und sich entwickeln, wie viel sie erleben und welchen Einflüssen sie ausgesetzt sind, dann bekommt man eine Vorstellung davon, wie rasch die Entwicklung eines Welpen verläuft. Man erkennt auch, wie viele Erfahrungen er sammeln muss und wie viel Zeit und Mühe in sein erstes Lebensjahr investiert werden soll-

LEBENSSPANNE

Im Vergleich zum Menschen braucht ein Hundekind nur kurze Zeit, um erwachsen zu werden. Jede Woche der Welpenzeit entspricht ungefähr fünf Monaten in der Entwicklung eines Menschen. Daher erfordert es im ersten Lebensjahr viel Zeit und Mühe sicherzustellen, dass der Welpe richtig aufwächst.

WICHTIG!

- **Sie schulden es Ihrem Welpen, sich im ersten Jahr jeden Tag Zeit für die Sozialisierung zu nehmen, vor allem in den ersten sechs Monaten und mit besonderem Augenmerk auf die Zeit bis zur zwölften Lebenswoche. Das ist nicht schwierig, duldet aber auch keinen Aufschub. Die Sozialisierung muss also stattfinden, solange Ihr Welpe noch jung ist – nicht morgen oder übermorgen, sondern ausnahmslos jeden Tag. Eine gute Sozialisierung ist der wichtigste Faktor für das künftige Wohlergehen Ihres Hundes und der Weg zu einem freundlichen und ausgeglichenen Charakter.**

ten, damit der Kleine sich gut entwickelt. Eine Woche in unserer Kindheit ist eine kurze Zeit, für einen Welpen dagegen ein bedeutender Anteil seiner gesamten Entwicklungsphase.

WANN SOZIALISIEREN?

Beginnt ein Welpe zu sehen, zu hören und zu laufen, sammelt er zunächst noch neue Erfahrungen ohne Angst. Später aber wird er zunehmend ängstlich. Mit nur zwölf Wochen schließt sich das Zeitfenster der einfachen Sozialisierung, da nun die Angst vor Neuem stärker wird als die Neugier, sich darauf einzulassen. Diese Erkenntnis basiert auf Studien über Rassen wie z. B. den Beagle. Neuere Studien haben gezeigt, dass die Sozialisierungsphase für manche sensible Hunderasse sogar noch kürzer sein kann. Es ist daher wichtig, dass sowohl der Züchter als auch der

neue Halter die frühe Welpenzeit optimal nutzt und dem Hundekind in dieser Zeit so viele gute Erfahrungen wie nur irgend machbar ermöglicht. In dieser Prägephase sammelt der Welpe intensiv Eindrücke – ob sie gut sind oder schlecht, wird ihm sein Leben lang in Erinnerung bleiben.

Sozialisierung sollte daher in der Welpenzeit ununterbrochen stattfinden, und mindestens in den ersten zwölf Monaten sollte man den Prozess konzentriert fördern. Je mehr neue Erfahrungen und angenehme Kontakte ein Welpe hat, desto wahrscheinlicher ist es, dass er sich zu einem ausgeglichenen Hund entwickelt, der die unterschiedlichsten Situationen angstfrei meistern kann. Je älter der Welpe, desto schwieriger wird die Sozialisierung. Doch es lohnt sich immer, daran zu arbeiten. Ein Welpe, der die frühe Sozialisierung verpasst hat, braucht sehr viel Unterstützung und Geduld, um das auszugleichen und seine Ängste zu überwinden.

DIE ROLLE DES ZÜCHTERS

Sind die Welpen entwöhnt und im Alter von acht Wochen bereit, die Mutter zu verlassen, haben sie bereits mindestens fünf Wochen Sozialisierung hinter sich. Der Prozess sollte also ernsthaft begonnen haben. Es liegt in der Verantwortung des Züchters, dafür zu sorgen, dass die Welpen in dieser Zeit gut an Menschen und an viele Dinge gewöhnt

werden, mit denen sie später im Alltag konfrontiert werden. Wird dies versäumt, können die Hunde scheu und ängstlich auf ganz normale Situationen reagieren und ihr Leben lang Schwierigkeiten haben, sich auf fremde Menschen, andere Hunde und neue Situationen einzulassen. Deshalb ist es so wichtig, genau darauf zu achten, woher Ihr Welpe kommt (siehe Kapitel 1, S. 16). Züchter sind oft nicht gesetzlich verpflichtet, ein gutes Sozialisierungsprogramm durchzuführen. Die Verantwortung liegt daher beim Käufer zu prüfen, ob eine angemessene Sozialisierung stattgefunden hat. Außerdem werden viele Welpen aus Ländern importiert, in denen es gar keine entsprechenden Vorschriften gibt.

Wenn Sie Ihren Hund von einem Züchter beziehen, der die Welpen nicht gut sozialisiert hat, brauchen Sie möglicherweise professionelle Hilfe durch einen Hundetrainer, um die verlorene Zeit aufzuholen. Dann erfordert es viel Geduld und Arbeit, Ihr eigenes Sozialisierungsprogramm umzusetzen.

IMPFUNGEN ODER SOZIALISIERUNG?

Normalerweise werden die Welpen im Alter von acht und zwölf Wochen geimpft (manchmal mit 16 Wochen), doch heute kann man sie auch mit sechs Wochen impfen. Bis der Impfschutz einsetzt, hat Ihr Welpe das Risiko, sich bei anderen Hunden mit Krankheiten anzustecken. Sprechen Sie mit Ihrem Tierarzt.

Die entscheidende Phase für die Sozialisierung der meisten Welpen sind die ersten zwölf Lebenswochen – eine sehr kurze Zeitspanne. Bei manchen Hunden kann sie je nach genetischer Veranlagung sogar noch kürzer ausfallen.

Wenn Sie Ihr Hundekind im Alter von acht Wochen vom Züchter holen, bleiben Ihnen nur noch vier Wochen für die Sozialisierung. Planen Sie daher, in dieser Zeit jeden Tag gezielt daran zu arbeiten – es wird nie wieder so einfach sein wie jetzt. Bedenken Sie dabei aber auch, dass Ihr Welpe in diesen ersten Wochen noch viel Schlaf benötigt.

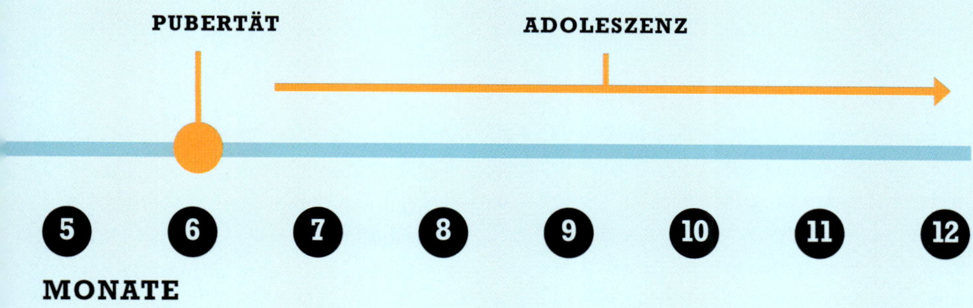

In neuen, für ihn unbekannten Situationen können Sie Ihren Welpen auf dem Arm tragen. Das gibt ihm Sicherheit.

Sein Wissen über die neuesten Impfstoffe und das örtliche Auftreten von Krankheiten hilft Ihnen, die richtige Entscheidung zu treffen. Denn der Schutz der körperlichen und gleichzeitig der mentalen Gesundheit Ihres Welpen erfordert einen Kompromiss. Wenn Sie Ihren Kleinen nach draußen bringen und ihm die Welt zeigen, treffen Sie besser gezielt Vorkehrungen, um ihn vor Krankheiten zu schützen. So können Sie ihn sozialisieren, bevor er den vollen Impfschutz hat. Sofern er nicht allzu schwer ist, tragen Sie ihn nach draußen; dort kann er einigermaßen sicher die Umgebung erkunden. Sprechen Sie mit Ihrem Tierarzt über die beste Vorgehensweise. Wenn Sie Ihren Welpen nur dort auf dem Boden absetzen, wo es sauber ist, und ihn von ungeimpften Hunden fernhalten, ermöglichen Sie es ihm, seine Umwelt kennenzulernen, ohne ihn aber unnötigen Krankheitsrisiken auszusetzen. Bleibt der Welpe dagegen nur im Haus, verlieren Sie wertvolle Wochen der prägenden Sozialisierungszeit, in der sich entscheidet, ob Ihr erwachsener Hund scheu und ängstlich oder ausgeglichen und freundlich sein wird. Dies gilt besonders für Welpen sehr sensibler Rassen wie etwa Hütehunden.

ERFOLGREICH SOZIALISIEREN

Versuchen Sie, jede neue Begegnung zu einer positiven Erfahrung zu machen. Ihr Welpe sollte sich wohlfühlen – achten Sie auf seinen entspannten Körper und eine leicht wedelnde Rute. Genießt er die Erfahrung, wird er diese

Für die Sozialisierung ist es wichtig, dass junge Hunde nur positive Erfahrungen mit Kindern jeden Alters machen.

gute Begegnung für die Zukunft abspeichern und sich in seiner Welt sicher fühlen.

Das Geheimnis einer guten Sozialisierung ist der Versuch, die Welt aus der Perspektive des Welpen zu betrachten. Versetzen Sie sich in seine Lage und stellen Sie sich vor, wie man sich fühlt, wenn man klein und verletzlich ist und einen noch sehr begrenzten Erfahrungsschatz hat. Überfordern Sie den Welpen nicht. Beginnen Sie zunächst lieber mit kurzen Begegnungen und bauen Sie langsam darauf auf. Sorgen Sie dafür, dass er jede neue Erfahrung genießt, indem Sie mit ihm spielen und fröhlich mit ihm reden; dann weiß er, dass er keine Angst zu haben braucht. Seine natürliche Neugier bringt ihn dazu, neue Situationen zu erkunden. Wenn Sie ihm seine Ängste nehmen können, sollte er mit jeder Erfahrung an Selbstvertrauen gewinnen.

Versuchen Sie vorauszuplanen, um Ihren Welpen vor unangenehmen oder angsteinflößenden Erfahrungen zu schützen. Fragen Sie sich, wie er die Situation wahrnimmt, und greifen Sie notfalls ein, damit es ihm nicht zu viel wird. Seine Ohren, die Rute und die Körperhaltung verraten ihn: Ist er angespannt oder versucht er, sich kleiner zu machen, indem er die Rute senkt, die Ohren anlegt und sich niederkauert? Manche Welpen zeigen derartige Körpersignale nicht so deutlich, versuchen aber, sich zurückzuziehen und der Angstquelle zu entkommen. Will er fliehen, wird aber durch die Leine daran gehindert? Indem Sie Ihren Hund aufmerksam beobachten, können Sie seine Gemütslage erkennen und entsprechend eingreifen.

Erlauben Sie Ihrem Welpen, sich allem, was neu oder bedrohlich ist, in seinem Tempo zu nähern. Lassen Sie ihn entscheiden, ob er sich überhaupt nähern möchte. Hat er sich zu einer Annäherung entschlossen, können Spiele oder Leckerchen den Prozess beschleunigen – so fühlt sich der Kleine schneller wohl in der neuen Situation. Aber bestechen Sie ihn nicht, um eine Annäherung zu erzwingen. Will er in einem bestimmten Umfeld nicht spielen oder fressen, hat er wahrscheinlich große Angst, und Sie müssen etwas unternehmen, um ihn zu beruhigen (in der Regel, indem Sie ihn wegbringen). Ist er gerade so an der Grenze dessen, was er aushalten kann, mag es ihm helfen zu entspannen, wenn Sie mit ihm spielen und ihm Leckerchen geben.

Ihr Welpe vertraut darauf, dass Sie ihn sicher durch jede ihm bislang unbekannte Situation führen.

Ist Ihr Welpe in Alarmbereitschaft oder schon ängstlich, sorgen Sie für Entspannung. In der Praxis kann das bedeuten, dass Sie den Abstand zu der bedrohlichen Situation vergrößern oder eines der neuen Elemente wegnehmen. Wenn der Kleine etwa zum ersten Mal Kindern begegnet, sind vier lärmende Kinder wahrscheinlich zu viel, also beschränken Sie die Begegnung anfangs auf ein ruhiges Kind.

Reagieren Sie nicht mitfühlend, wenn Ihr Hund nervös wird. Denn wenn Sie ebenfalls besorgt wirken, denkt er, seine Angst sei begründet. Versuchen Sie stattdessen, ihn fröhlich zu unterstützen und so zu wirken, als hätten Sie Spaß. Handeln Sie gleichzeitig schnell, um die Situation zu ändern, sodass Ihr Welpe weniger Anlass hat, nervös zu sein. Ziehen Sie sich mit ihm zurück oder lenken Sie ihn ab.

Besuchen Sie mit Ihrem Hund jeden Tag neue Orte, sodass er viele verschiedene Situationen und Umgebungen kennenlernt.

Sobald Sie die Grenzen Ihres Welpen kennen, erweitern Sie sie täglich. Setzen Sie ihn so vielen neuen Situationen aus, wie er verkraften kann, ohne überfordert oder müde zu werden. Ermuntern Sie ihn durch Leckerchen oder Spiele, die Erfahrung zu genießen. Sie werden sehen, dass er allmählich immer selbstbewusster wird. Je mehr Situationen er kennt und je mehr gute Erfahrungen er sammelt, desto weniger Zeit wird er künftig brauchen, um mit neuen Begegnungen umzugehen.

Im Anhang finden Sie ein Sozialisierungsprogramm für Ihren Welpen (siehe S. 232). Nutzen Sie es oder entwerfen Sie Ihr eigenes, damit Sie einen strukturierten Plan haben, den Sie konsequent umsetzen können. So lässt sich vermeiden, dass Sie Sozialisierungseinheiten zugunsten anderer Dinge aufschieben. Ihr Welpe sollte in diesen ersten Wochen bei Ihnen an erster Stelle stehen – Sie können diese Lebensphase nicht wiederholen.

Der Lernprozess durch neue Erfahrungen ist für einen Welpen sehr ermüdend. Sorgen Sie also dafür, dass er viel Ruhe bekommt. Tiefschlaf hilft auch, Erinnerungen zu festigen – holen Sie also das Optimum aus jeder Übungseinheit, indem Sie den Welpen danach an einem vertrauten Ort ruhen lassen.

Neue Erfahrungen schaffen neue Verbindungen im Gehirn. Daher braucht ein Hundekind viel Schlaf, um all die Erinnerungen an schöne Erlebnisse abzuspeichern.

SOZIALISIERUNG MIT MENSCHEN

Kontakt mit Menschen sollte sowohl daheim, also im eigenen Revier, als auch außerhalb des Reviers in Parks, in der Stadt, auf dem Land, auf der Straße und bei anderen Menschen zu Hause stattfinden. Ihr Welpe muss mit Menschen vertraut gemacht werden, die Brillen tragen, Bärte, ungewöhnliche Kleidung, Hüte und Motorradhelme, Taschen oder Beutel, die hinken oder am Stock gehen, die im Rollstuhl sitzen oder auf Elektromobilen. Ebenso muss er sich an Menschen gewöhnen, die joggen, Fußball spielen, Rad, Scooter oder Skateboard fahren, und an all die anderen merkwürdigen Dinge, die wir im Alltag so machen.

Menschen unterscheiden sich in Aussehen, Alter, Größe und Charakter. Ihr Welpe wird sich rasch an diejenigen gewöhnen, die er täglich sieht oder die oft bei Ihnen zu Besuch sind. Andere werden ihm fremd sein. Um sicherzustellen, dass er mit allen gut umgehen kann, bringen Sie ihn mit möglichst vielen verschiedenen Menschen in Kontakt und erweitern Sie seinen Kreis an vertrauten Personen auf mindestens zehn weitere Menschen. Ihre hundeliebenden Freunde einzuladen,

Sozialisierung wird zum Highlight des Tages für Ihren Welpen, wenn er ganz behutsam an neue Freunde herangeführt wird.

Für Kinder wie für Welpen gilt gleichermaßen: Die ersten Begegnungen müssen harmonisch verlaufen, denn nur so werden positive Erfahrungen abgespeichert.

solange Ihr Welpe noch jung ist, zählt zu den besten Möglichkeiten, ihn zu sozialisieren.

Lassen Sie Ihren Welpen die Annäherung in seinem Tempo vollziehen und drängen Sie ihn nicht, damit machen Sie ihn nur nervös. Nutzen Sie auf keinen Fall die Leine, um ihn zu anderen Menschen hinzuzerren, damit er seine Angst überwindet – das hat nur den gegenteiligen Effekt. Ist Ihr Hundekind lediglich ein wenig scheu, können duftende Leckerchen, die ihm der Besucher gibt, oder ein kleines Spiel mit einem fluffigen Spielzeug helfen, die Zweifel zu vertreiben. Bei einem bereits kontaktfreudigen Welpen kontrollieren Sie die Begrüßungen und achten darauf, dass er sich gegenüber Fremden, die keine Hunde mögen, angemessen verhält (siehe S. 100).

Bis der Kleine gelernt hat, sich in der Gesellschaft von Menschen wohlzufühlen, erklären Sie anderen Personen, dass es Ihr Hund als bedrohlich wahrnimmt, wenn sie ihn direkt ansehen, sich vorbeugen und lächeln – oder lenken Sie sie von ihm ab. Das gibt dem Welpen die Gelegenheit, sich zu entspannen. Mit der Zeit wird ihn die Neugier dazu treiben, sich zu nähern und Freundschaft zu schließen.

Oft wollen Menschen fremde Hunde streicheln, vor allem flauschige Welpen. Halten Sie sie aber besser davon ab, sich Ihrem

Hundekind zu nähern und es anzufassen, wenn es noch jung ist: Ihr Welpe sollte den ersten Schritt tun dürfen. Mit Übungen zur Gewöhnung an Berührung beschäftigen wir uns später (siehe S. 172). Wichtig ist, dass Ihr Vierbeiner sich gern von Ihnen anfassen lässt, bevor andere das tun dürfen. Bis dahin bitten Sie die Menschen höflich, ihn nicht anzufassen, und weichen Sie aus, wenn sie es weiterhin versuchen. Ihr Welpe muss zuerst Ihnen vertrauen, bevor er sich von anderen streicheln lässt.

An Kinder gewöhnen

Es ist sehr wichtig, Ihren Welpen an Kinder jeden Alters zu gewöhnen. Selbst wenn Sie eigene Kinder haben, muss er lernen, auch fremde Kinder, die in einem anderen Alter sind als Ihre und einen anderen Charakter haben, zu akzeptieren. Sorgen Sie dafür, dass Ihr Hund mit Kindern in jedem Alter gute Erfahrungen macht – mit Babys, Kleinkindern, Grundschülern und Teenagern.

Am besten unternehmen Sie mit dem Kleinen einen Spaziergang zur örtlichen Schule. Halten Sie genug Abstand, damit sich die Kinder nicht um den Hund herum versammeln, was ihn überfordern könnte. Lassen Sie ein wenig Interaktion zu, wenn der Welpe älter ist und die Kinder ihn begrüßen wollen. Holen Sie aber vorab das Einverständnis der Eltern ein und schaffen Sie Situationen, in denen sowohl der Hund als auch die Kinder ruhig bleiben und die Erfahrung genießen können.

Wenn Sie mit Ihrem Kleinen in die Nähe von Kinderspielplätzen gehen und ihn an der Leine halten, kann er sich an Kinder gewöhnen, die spielen, umherrennen und kreischen, ohne dass er mit ihnen interagieren muss. Ihm beizubringen, in dieser Situation ruhig zu bleiben und nicht mitzuspielen, ist eine wertvolle Lektion. Sie wird helfen, spätere Missverständnisse zu vermeiden, wenn Kinder spielen und Ihr Hund entscheidet, sich ihnen anzuschließen. Achten Sie darauf, dass Ihr Welpe sich vorher austoben konnte und sich gelöst hat, bevor Sie mit ihm zum Spielplatz gehen. Selbstverständlich machen Sie hinter ihm sauber, falls er dort sein Geschäft verrichten sollte. Sprechen Sie mit Ihrem Tierarzt über eine geeignete Entwurmungskur, damit Ihr Vierbeiner kein Gesundheitsrisiko darstellt.

SOZIALISIERUNG MIT HUNDEN

Wenn Ihr Welpe Kontakt zu erwachsenen Hunden aufnimmt, sollten Sie äußerst sorgsam vorgehen. Lassen Sie dies nur zu, wenn Sie wissen, dass die Hunde gut sozialisiert und daran gewöhnt sind, fremde Welpen zu treffen. Andernfalls riskieren Sie eine aggressive Begegnung, die die künftige Haltung Ihres Kleinen gegenüber Artgenossen beeinträchtigen kann. Das heißt jedoch nicht, dass Sie ihn von allen Hunden fernhalten sollten. Das kann genauso schädlich sein, denn dann ist er im Umgang mit Artgenossen nicht vertraut und unsicher, wie er sich in ihrer Nähe verhalten soll. Diese Unsicherheit kann später zu Aggression führen.

Machen Sie ein paar Hunde ausfindig, die gut mit Welpen umgehen können, und bringen Sie sie nacheinander auf neutralem Boden mit Ihrem Welpen in Kontakt. Wählen Sie einen Ort, wo beide einander und die Umgebung sicher und frei erforschen können. Der beste Partner für solche Begegnungen ist ein entspannter Hund, der sich durch einen überschwänglichen Welpen nicht aus der Ruhe

Ihr Welpe muss lernen, erwachsenen Hunden mit Respekt zu begegnen. Wählen Sie zu diesem Zweck gut sozialisierte Hunde, die mit Welpen umgehen können.

Der Umgang mit gleichaltrigen Welpen ist ein wichtiger Teil der Sozialisierung. Achten Sie darauf, dass sie gut zueinander passen und langsam Freundschaft schließen.

bringen lässt, sondern ihn nur zur Kenntnis nimmt und weitergeht. Spaziergänge mit einem solchen Hund tragen viel dazu bei, dass der Welpe später Artgenossen kennt und mag und gelernt hat, sich angemessen zu verhalten.

Suchen Sie darüber hinaus passende Spielgefährten für Ihren Kleinen. Wenn Sie Zweifel haben, bitten Sie einen qualifizierten Profi um Hilfe. Es sollte jemand sein, der Wert auf eine erfolgreiche erste Begrüßung legt und nicht erlaubt, dass die Welpen direkt zu spielen anfangen. Ist die Begrüßung gut verlaufen und das Spiel beginnt, halten Sie es kurz. Auch bei künftigen Einheiten rufen Sie die Hunde spätestens nach drei Minuten zurück, damit sie sich entspannen und beruhigen können. Kurze, schöne Begegnungen sind für die Welpen eine positive Erfahrung und besser als längere Spieleinheiten, bei denen die Kleinen schnell müde und gereizt werden.

Neben dem Spiel mit Welpen ist auch der Kontakt zu erwachsenen Hunden notwendig, weil der Kleine dabei lernt, dass nicht jeder Hund zu jeder Zeit zum Spielen zur Verfügung steht. Ein freundlicher erwachsener Hund, der Welpen mag, aber wildes Spielen nicht akzeptiert, ist ideal. Er wird dem kleinen Racker Respekt beibringen, ohne aggressiv zu werden. Geeignete Hunde zu finden, kann schwierig sein – bitten Sie eventuell einen Profi um Hilfe.

Seien Sie vorsichtig, wenn Sie mit Ihrem Welpen dort spazieren gehen, wo andere Hunde frei laufen. Ein selbstbewusster Hund, der auf einen scheuen Welpen zuläuft, kann große Angst hervorrufen, auch wenn er es gar nicht böse meint. Ist Ihr Kleiner durch die Leine eingeschränkt, hat er womöglich noch mehr Angst, und wenn er frei läuft, könnte er wegrennen, was noch schlimmer wäre. Eine solche Angst brennt sich tief ein. Schützen

Sie Ihr Hundekind vor solchen Begegnungen, indem Sie Distanz zu anderen Hunden halten und es ermuntern, lieber mit Ihnen zu spielen. Sammelt Ihr Welpe viele Erfahrungen mit anderen Hunden und verlaufen all diese Begegnungen positiv, wird er mit hoher Wahrscheinlichkeit kontaktfreudig sein, gut mit Artgenossen umgehen, keine Angst vor ihnen haben und daher auch nicht aggressiv werden.

Welpenspielstunden und -kurse

Schon im Wurf lernt der Hund, wie seinesgleichen kommuniziert. Ein hervorragender Weg, dieses Wissen zu erweitern, ist der Besuch gut geleiteter Welpenspielstunden und -kurse (siehe S. 223). Oft bieten Hundeschulen und Tierarztpraxen solche Begegnungen an. Halten Sie aber unbedingt Ausschau nach Veranstaltungen, bei denen Ihr Hundekind anfangs nicht mehr als zwei andere Welpen auf einmal begrüßen darf. Zusammenkünfte, bei denen die Kleinen unkontrolliert miteinander umhertollen dürfen, sollten Sie unbedingt meiden. Dort werden scheue Welpen nur aggressiv, und selbstbewusste lernen, andere herumzuschubsen.

SOZIALISIERUNG MIT ANDEREN TIEREN

Wenn Welpen schon vor der zwölften Lebenswoche vielen verschiedenen Tieren begegnen, werden sie diese auch in der Zukunft als Teil ihres normalen Umfelds betrachten. Sie später an andere Tiere zu gewöhnen, ist schwieriger, sollte aber vor der Reife unbedingt geschehen.

Durch behutsame Begegnungen mit anderen Tieren gewöhnt sich der Welpe an ihre Geräusche, Gerüche und Bewegungen. So wächst er angstfrei heran.

Machen Sie daher den Welpen mit allen Tieren bekannt, die zu seinem Leben gehören werden, vor allem mit Ihren anderen Haustieren. Sorgen Sie aber dafür, dass er sie nicht jagen kann. Das Hundekind an Katzen zu gewöhnen, ist sinnvoll – und wenn Sie auf dem Land leben, auch an Pferde, Rinder und andere Nutztiere. Während Sie ihn festhalten, lassen Sie ihn zuschauen, wie sich die Weidetiere langsam umherbewegen, bis er sie langweilig findet. Sieht ein Welpe häufig Weidetiere und wird daran gehindert, sie zu jagen, lernt er, dass sie langweilige Kreaturen sind, die nicht weglaufen. Sieht er häufig Katzen, wenn er an der Leine ist, und darf sie nicht erschrecken, so lernt er, dass sie nicht fliehen. Auf diese Weise wird er nie erfahren, wie viel Spaß es ihm machen würde, sie zu jagen.

Staubsauger sind laut und Furcht einflößend. Führen Sie die Bewegungen mit dem Gerät ganz langsam und behutsam aus, damit sich Ihr Hund daran gewöhnt.

NEUES IM ALLTAG

Welpen müssen sich an all die lärmenden, stinkenden, seltsam aussehenden Dinge in ihrer neuen Welt gewöhnen. Das beinhaltet alle möglichen Haushaltsgeräte, wie Staubsauger, Waschmaschinen und Haartrockner, bis hin zu Objekten, denen sie draußen begegnen. Dazu zählen alle Arten von Fahrzeugen sowie Kinderwagen, Mülltonnen und Rollstühle.

Dinge, die für uns ganz normal sind, wie Autos, Lastwagen oder Motorräder, können Ihrem kleinen Welpen wie riesige brüllende, Furcht einflößende Monster erscheinen. Daher muss jegliche Angst, die Ihr Kleiner haben mag, überwunden werden. Geben Sie ihm Zeit. Bleiben Sie zunächst auf Distanz zu diesen Objekten und warten Sie, bis er sich wohlfühlt und bereit ist, sich heranzuwagen. Setzen Sie ihn vielen verschiedenen Situationen aus, die ihm später im Leben begegnen könnten. Wenn Sie kein Auto haben, leihen Sie sich eines, damit er sich daran gewöhnt, darin unterwegs zu sein. Nehmen Sie ihn mit in Busse und Bahnen, auch wenn Sie nur selten öffentliche Verkehrsmittel nutzen – das Auto kann ja mal in der Werkstatt sein. Optimal ist, wenn Ihr Welpe jeden Tag etwas Neues zu sehen, zu hören und zu riechen bekommt.

Ebenso wichtig ist es, ihn möglichst früh an alle Arten von plötzlichem Lärm zu gewöhnen, etwa Martinshorn von Einsatzfahrzeugen, Gewitterdonner und Feuerwerk, damit er später keine Angst davor hat. Das geht ganz einfach: Spielen Sie ihm gute digitale Aufnahmen davon vor, zunächst ganz leise. Zeigt er Zeichen von Angst, drehen Sie die Lautstärke herunter und beginnen noch leiser von vorn. Machen Sie unmittelbar darauf etwas Schönes mit Ihrem Welpen, damit er mit diesen Geräuschen etwas Gutes verbindet. Arbeiten Sie allmählich darauf hin, die Geräusche lauter abzuspielen, bis er sich freut, lautes Krachen und Donnern zu hören, weil er darauf wartet, dass gleich etwas Schönes für ihn kommt.

Unternehmen Sie mit Ihrem Kleinen nach Möglichkeit all das, was Sie später mit ihrem erwachsenen Hund machen wollen. Besuchen Sie Restaurants oder Cafés, natürlich hundefreundlich, und nutzen Sie jede Gelegenheit, zu einer Hundeschau oder auf einen Markt zu gehen. Dort kann Ihr Welpe eine Vielzahl verschiedener Eindrücke sammeln. Zeigt er Angst vor irgendetwas – sei es ein Gegenstand oder eine Situation –, gehen Sie langsamer vor und arbeiten Sie zunächst aus der Distanz heraus, bis seine Angst verschwindet.

UNANGENEHME ERFAHRUNGEN

Hat das Hundekind trotz Ihrer sorgfältigen Aufsicht eine schlechte Erfahrung gemacht, ist es wichtig, sie so schnell wie möglich zu korrigieren. Schaffen Sie noch einmal eine ähnliche Situation, die diesmal aber zu einem angenehmen Erlebnis abgespeichert werden kann. Es sind mehrere gute Erfahrungen nötig, um diese eine unerfreuliche zu überwinden. Wie viele, hängt davon ab, wie scheu Ihr Welpe ist. Eher ängstliche Hundekinder brauchen mehr angenehme Erlebnisse, um die unangenehme Erfahrung zu vergessen.

Ein Beispiel: Vielleicht kommt ein großer Labrador angerannt, um sich Ihren Welpen anzusehen. Er ist freundlich, aber Ihr Kleiner hat große Angst und versucht wegzulaufen, wird aber durch die Leine daran gehindert. Diese Situation kann bewirken, dass er künftig Angst vor anderen Hunden hat, die schnell auf ihn zukommen. Das wiederum kann später zu Leinenaggression führen, weshalb Sie dieser schlechten Erfahrung möglichst bald

Stufen können einen Welpen anfangs einschüchtern. Doch er wird schnell lernen, wie man sie überwindet. Treppauf ist meist einfacher als treppab.

Sogar beim Schnüffeln hat dieser scheue Dackel ein Auge auf seine Umgebung. Nur sehr viele angenehme Erfahrungen können ihm helfen, seine Ängste zu verlieren.

mit vielen ähnlichen, aber positiven Erlebnissen entgegenwirken sollten. Konstruieren Sie eine Situation mit einem anderen Labrador, diesmal an der Leine, sodass er sich langsam und kontrolliert nähert und Ihr Welpe Zeit hat, sich zu entspannen und Freundschaft zu schließen. Hat Ihr Kleiner immer noch Angst, lassen Sie ihn in seinem Tempo auf den Labrador zugehen, bis er Selbstvertrauen aufgebaut hat. Wiederholen Sie diese Übung in ähnlicher Form, bis Ihr Welpe jeden Hund, der sich nähert, gern begrüßt.

Kann Ihr Hundekind schlechte Erfahrungen kompensieren, so fühlt es sich in seiner Welt wohl. Es hat dann keine unangenehmen Erinnerungen mehr abgespeichert, die später plötzlich aggressives Verhalten auslösen könnten.

DER ÄNGSTLICHE WELPE

Wie ängstlich ein Welpe ist und wie viel Sozialisierung er demzufolge braucht, hängt teils von seinen Genen, teils von seiner bisherigen Umgebung ab. Ihr Kleiner mag die Veranlagung zu Angst vor dem Unbekannten zu einem Teil geerbt haben, je nachdem, welcher Rasse er angehört. Reizempfindliche, sensible Hütehunde z. B. neigen eher dazu, ängstlich zu sein. Sie benötigen eine intensivere frühe Sozialisierung als etwa Jagdhunde, die mental deutlich robuster sind.

Geht es in Ihrer Familie eher ruhig zu, ist Ihr Welpe wahrscheinlich weniger gut sozialisiert und daher ängstlicher als einer, der in einem lebhaften Haushalt aufwächst. Ebenso spielt es eine Rolle, ob Sie mit Ihrem Hundekind in den ersten Wochen oft draußen waren oder eher drinnen in der Wohung oder im Haus.

Auf jeden Fall müssen Sie wissen, wie ängstlich Ihr Welpe ist, und ihn in jeder neuen Situation genau beobachten (siehe S. 30). Bewegt er sich von einem Gegenstand oder einer Person weg oder darauf zu? Sieht er sich gelassen um, oder reagiert er sofort nervös auf jedes neue Geräusch? Ist der Kleine sehr ängstlich, sollten Sie schnellstmöglich Zeit in seine Sozialisierung investieren. Ein Hund ist nie zu alt, um sozialisiert zu werden, doch es wird mit zunehmendem Alter immer schwieriger.

Entdecken Sie etwas, das Ihrem Welpen Angst macht, versuchen Sie, ihm diese Angst nach und nach zu nehmen. Schreckt er z. B. vor vorbeifahrenden Autos zurück, gehen Sie eine Weile nicht direkt an einer belebten Straße mit ihm spazieren, sondern halten Sie sich in einiger Entfernung dazu auf. Der Kleine sollte die Autos nur gerade so bemerken können, aber keine Angst davor haben. Spielen Sie mit ihm (halten Sie ihn dabei an der Leine), geben Sie ihm Leckerchen und reden Sie fröhlich mit ihm, bis er entspannt ist. Wiederholen Sie dies so oft wie möglich über mehrere Tage hinweg, wobei Sie jedes Mal näher an die Straße heranrücken, bis der Hund keine Angst mehr davor hat, am Bordstein zu stehen. Überschreiten Sie niemals seine Grenzen und machen Sie einen Schritt zurück, sobald er Anzeichen von Unsicherheit zeigt.

Ähnlich gehen Sie vor, wenn ihm fremde Menschen unheimlich sind. Lassen Sie ihn zunächst mit sanften, ruhigen Personen Freundschaft schließen, bevor Sie ihn lebhaftere Menschen kennenlernen lassen. Wenn er sich mit etwa zehn Menschen angefreundet hat, wird er anfangen zu verallgemeinern und davon ausgehen, dass auch die nächste Person freundlich ist. Mit der Zeit und den richtigen Erfahrungen können sich auch sehr ängstliche Hundekinder entspannen und die Gesellschaft Fremder genießen.

Mit einem extrem scheuen Welpen müssen Sie intensiv in seinem Tempo arbeiten, und das kann ziemlich langsam sein. Lockern Sie sein Sozialisierungsprogramm erst, wenn er bei allen Menschen, die auf ihn zukommen, ihn beim Namen rufen und ihn direkt ansehen, entspannt bleibt. Wenn Sie meinen, professionelle Hilfe zu brauchen, holen Sie sich lieber früher als später Unterstützung, denn Zeit ist essenziell, wenn es um Sozialisierung geht (wie Sie Hilfe finden, siehe S. 115).

Eine seitliche Körperhaltung und das verführerische Anbieten eines spannenden Spielzeugs locken den scheuen Welpen näher heran.

TRANSPORT IM AUTO

Im Auto zu fahren, ist für einen Welpen unnatürlich, daher ist es wichtig, ihn langsam daran zu gewöhnen. Er muss lernen, auf dem Boden oder dem Sitz des sich bewegenden Fahrzeugs zu sitzen. Einen Hund, der Autofahrten akzeptiert, kann man überallhin mitnehmen.

Auf der allerersten Fahrt vom Züchter nach Hause ist es am besten, wenn der Kleine auf dem Schoß des Beifahrers sitzt oder in einem kleinen Pappkarton im Fußraum. Die Mutter, die Geschwister und die vertraute Umgebung zu verlassen, ist auch ohne die ungewohnte Autofahrt traumatisch genug. Sie können ihm

Lassen Sie Ihren Welpen einige Zeit im Auto verbringen; so kann er sich damit vertraut machen. Gewöhnt er sich früh ans Autofahren, können Sie ihn problemlos überallhin mitnehmen.

helfen, indem Sie eine Decke mitnehmen, die nach dem Schlafplatz der Welpen riecht, und sie ihm auf der Fahrt unterlegen.

Auf späteren Fahrten sollten Sie Ihren Kleinen auf den Platz setzen, an dem er auch als erwachsener Hund mitfahren wird. Dort muss er sicher untergebracht sein und sich nicht so viel bewegen können, dass er den Fahrer ablenkt. Wenn er auf dem Sitz mitfährt, legen Sie ihm ein Reisegeschirr an, das am Sicherheitsgurt befestigt wird. Setzen Sie ihn in ein gepolstertes Hundebett mit Seitenteilen, die ihn stützen. Gut möglich, dass Ihr Welpe auf den ersten Fahrten stark speichelt oder sich erbricht, daher ist eine waschbare Unterlage hilfreich. Er könnte auch an dem Bett oder der Sicherungsleine herumknabbern, sodass Sie sie mehrfach ersetzen müssen, bis er der Kauphase entwachsen ist.

Eine Transportbox oder ein Reisekäfig eignen sich ebenfalls. Darin ist der Hund im Auto sicher untergebracht. Gewöhnen Sie den Kleine am besten zu Hause schon in Ruhe daran. Die Box oder der Käfig muss so groß sein, dass der Welpe darin stehen, sich umdrehen und hinlegen kann. Besorgen Sie ein größeres Modell, wenn der Hund gewachsen ist. Legen Sie eine gepolsterte Unterlage auf den Boden, damit der Welpe Halt findet, und eine waschbare Decke darüber, falls ein »Unfall« passiert. Achten Sie darauf, dass das Behältnis am Auto befestigt ist, um ein Umherrutschen zu verhindern. So fühlt sich Ihr Welpe sicher.

Mit dem Auto vertraut werden

Hat sich Ihr Welpe bei Ihnen eingewöhnt, machen Sie ihn allmählich mit dem Auto vertraut. Setzen Sie ihn jeden Tag hinein und lassen Sie ihn ein paar Minuten dort schlafen.

WICHTIG!

- **Setzen Sie Ihren Welpen auf eine weiche, rutschfeste, saugfähige Unterlage in ein passendes Behältnis (Box oder Käfig), in dem er seitlich gestützt wird.**
- **Schließen Sie die Autotüren vorsichtig und lassen Sie den Motor erst an, wenn der Welpe im Auto eingeschlossen ist. Die Abgase können unangenehm und beängstigend für ihn sein.**
- **Denken Sie beim Fahren daran, dass Ihr Welpe nicht erkennen kann, wohin das Auto fährt, nicht durch einen Sitz gestützt wird und nicht voraussehen kann, wann die nächste Kurve kommt.**
- **Fahren Sie langsam um Ecken, über Unebenheiten und Rüttelstreifen und beschleunigen bzw. bremsen Sie sanft. Der Welpe kann die Bewegungen des Autos nicht vorausahnen.**

Decken Sie seinen Platz mit einer weichen, saugfähigen Unterlage ab und lassen Sie ihn alles erkunden. Vergewissern Sie sich zuvor, dass er schläfrig ist und Gelegenheit hatte, sich zu lösen. Geben Sie ihm etwas Schönes zum Kauen und schließen Sie die Tür oder den Kofferraumdeckel ganz vorsichtig, damit er nicht erschrickt. Warten Sie aber unbedingt neben dem Auto, bis er sich hinsetzt.

Akzeptiert er das Auto als Ruheplatz, nehmen Sie ihn auf ganz kurze Fahrten mit, manchmal

In einem Reisekäfig fühlt sich der Welpe nur sicher, wenn er sich bereits vorher daran gewöhnt hat, darin zu bleiben. Sehr wichtig: Das Behältnis darf nicht verrutschen.

unterbrochen von einem Spaziergang als Belohnung. Fahren Sie behutsam um Ecken und über Unebenheiten, damit er nicht unruhig wird. Denken Sie daran: Er kann nicht hinausschauen und die Bewegungen des Autos vorhersehen. Wenn Sie zu Hause ankommen, bringen Sie ihn gleich zu seinem Löseplatz.

Machen Sie so weiter und vergrößern Sie allmählich den Radius, bis er relativ lange Fahrten akzeptiert. So gewöhnen Sie den Welpen an Reisen im Auto, ohne ihn zu verängstigen. Er wird lernen, die Fahrten als etwas ganz Normales zu betrachten, und geduldig warten, bis Sie Ihr Ziel erreicht haben. Wenn ihn die Fahrten nicht aufregen, sondern für ihn eine Zeit des Ausruhens bedeuten, macht er im Auto auch keinen Lärm.

Reisekrankheit

Es kommt häufig vor, dass ein Welpe auf den ersten Fahrten speichelt oder sich erbricht, vor allem wenn ihn der Züchter nicht an das Autofahren gewöhnt hat. Doch das dauert

Ein kuschliger, gut gesicherter Platz im Auto erleichtert es dem Welpen, sich an das Autofahren zu gewöhnen.

meist nicht lange. Um es zu überwinden, nehmen Sie den Kleinen auf vielen kurzen Fahrten mit, nie weiter, als er ohne Zwischenstopp verkraften kann. Fahren Sie mit ihm ein paar Wochen lang jeden Tag mehrmals zum Ende der Straße und langsam wieder zurück. Den Welpen allmählich auf diese Weise an Autofahrten zu gewöhnen, dauert zunächst einmal lange, lohnt sich aber sehr, denn am Ende haben Sie einen Hund, der gern ins Auto steigt und den Sie überallhin mitnehmen können.

Aussteigen

Bevor Ihr Kleiner aussteigen darf, lassen Sie ihn eine Weile warten, nachdem Sie die Tür oder den Kofferraum geöffnet haben. Loben Sie ihn für seine Geduld. Wenn er weiß, dass Autofahrten oft mit einem Spaziergang enden, wird er es eilig haben auszusteigen. Lassen Sie ihn daher etwas warten, geben ihm Leckerchen zur Belohnung und halten ihn, wenn nötig, zurück. Bleibt er ruhig und geduldig, heben Sie ihn heraus. Wenn Sie dieses Ritual schon im Welpenalter zur Gewohnheit machen, wird auch der erwachsene Hund sitzen bleiben, wenn Sie die Autotür öffnen, ruhig warten, bis Sie ihn abgeschnallt haben, und dann erst hinausspringen. Dieses Verhalten ist umso wichtiger für die Sicherheit, wenn Sie ihn an verkehrsreichen Straßen aussteigen lassen müssen.

ACHTUNG!

- **Lassen Sie den Hund nie an warmen oder sonnigen Tagen im Auto. Die Temperaturen steigen im Fahrzeug rasch an, und Ihr Hund könnte leicht überhitzen und an Hitzschlag sterben.**
- **Junge Hunde kühlen rasch aus, vor allem wenn sie noch klein sind. Lassen Sie den Welpen also auch nicht im Auto, wenn es sehr kalt ist.**
- **Seien Sie vorsichtig, wenn Sie den Welpen allein im Auto lassen – vor allem an Orten, an denen Menschen vorbeikommen und ihn stehlen könnten. Ein Auto aufzubrechen, ist oft leichter, als man meint.**
- **Denken Sie auch daran, dass Hundekinder alles anknabbern. Allein im Auto, könnte der Kleine Schäden verursachen, deren Reperatur Sie teuer zu stehen kommen könnte.**

KAPITEL 7

Stubenreinheit

Manche Tierarten, auch Hunde, verrichten ihr Geschäft instinktiv nicht an dem Ort, an dem sie sich vorwiegend aufhalten. Welpen verlassen im Alter von etwa drei Wochen ihren Schlafplatz, um zu urinieren, ohne dass man es ihnen beibringt. Sie sind sozusagen auf die Stubenreinheit programmiert – sie müssen nur lernen, dass das Haus unser Hauptaufenthaltsort ist und sie daher sofort nach draußen gehen sollten, wenn sie ein Bedürfnis verspüren.

Anfangs ist die Hündin für die Sauberkeit ihrer Welpen verantwortlich. Wenn diese dann beginnen, den Wurfplatz zu verlassen, muss der Züchter für eine klare Trennung zwischen Schlaf- und Lösebereich sorgen. Der Lösebereich sollte für die Welpen, die gerade erst laufen lernen, leicht erreichbar und mit saugfähigem Material ausgelegt sein. So schreckt es die Kleinen nicht ab, wenn sie beim Urinieren nasse Pfoten bekommen. Sind die Welpen älter, sollte der Züchter den Zugang zu einem größeren Areal – am besten draußen – ermöglichen. Im Idealfall bringt er alle Jungen nach dem Aufwachen und Füttern hinaus, damit sie lernen, sich dort im Gras zu lösen. Alle Lösebereiche müssen regelmäßig gesäubert werden, damit die Kleinen nicht durch die Exkremente laufen und den Schlafplatz verunreinigen. Mit diesen Maßnahmen sorgt der Züchter dafür, dass der Welpe schon über die Grundlagen der Stubenreinheit verfügt, wenn Sie ihn zu sich nach Hause holen.

Entscheiden Sie am besten im Vorfeld, wer bei Ihnen für das Stubenreinheitstraining verantwortlich ist. Ein Welpe darf in den ersten zwei bis drei Wochen nicht aus den Augen gelassen werden, deshalb ist es am besten, wenn sich eine Person ganz dieser Aufgabe widmet und nur bei Bedarf andere Familienmitglieder um Hilfe bittet. Wenn Sie den Kleinen immer im Blick haben und darauf achten, dass er zur richtigen Zeit am richtigen Ort sein Geschäft verrichtet, haben Sie schnell einen sauberen Hund, dem kaum »Pannen« im Haus passieren.

Wenn Sie Ihr Hundekind regelmäßig zum Löseplatz bringen, wird es viel schneller stubenrein.

Bringen Sie den Welpen zu den folgenden Zeiten zum Löseplatz:

- Als Erstes am Morgen
- Kurz nach jedem Füttern
- Nach jedem Aufwachen
- Nach jeder Aufregung (z.B. wenn Besuch gekommen ist)
- Mindestens einmal pro Stunde
- Nach kurzem Training
- Nach dem Spielen
- Als Letztes am Abend

Gehen Sie bei jedem Wetter nach draußen und bleiben Sie bei Ihrem Welpen, während er sich löst. Das gilt selbstverständlich auch nachts.

Darf der Welpe draußen umherlaufen und den Boden abschnüffeln, beschleunigt das den Prozess. Setzen Sie ihn nicht unter Druck, indem Sie ihn anstarren oder ihm sagen, er solle sich beeilen; warten Sie geduldig ab. Es ist äußerst wichtig, dass Sie bei ihm bleiben. Tragen Sie bei schlechtem Wetter eine Jacke, damit Sie es nicht eilig haben, wieder ins Haus zu kommen. Hat Ihr Welpe kurzes Fell, zögert er vielleicht, bei Kälte hinauszugehen. Helfen Sie also etwas nach und ziehen ihm bei Bedarf ein Hundemäntelchen über.

Wenn Sie Anzeichen bemerken, dass das Lösen bevorsteht (meistens Hinkauern, da auch männliche Welpen vor der Pubertät hockend urinieren), sagen Sie ganz ruhig ein kurzes Wortsignal, das Sie sich zuvor überlegt haben. Wählen Sie etwas, das Sie auch in der Öffentlichkeit problemlos verwenden können (denn eines Tages könnten andere Menschen zuhören), z. B. »Mach Geschäft«. Hat sich der Welpe entleert, loben Sie ihn und geben ihm ein Leckerchen. Im Grunde müssen Sie ihn dafür nicht extra motivieren, denn das Lösen an sich ist schon befreiend und angenehm. Doch eine Belohnung trägt dazu bei, den Ort zusätzlich mit etwas Positivem zu verknüpfen. Halten Sie den Bereich unbedingt sauber, indem Sie das Häufchen entfernen.

Sehr junge Welpen werden leicht unruhig, wenn sie draußen sind, deshalb ist es sehr wichtig, dass Sie geduldig bei Ihrem Hund bleiben, bis er entspannt ist und sich gelöst hat. Wenn Sie nicht bei ihm warten, läuft er wahrscheinlich zur Tür und will wieder zu Ihnen hinein. Sobald Sie ihn hereingelassen haben, wird der Trennungsstress, in Verbindung mit der Aufregung und der Bewegung, dazu führen, dass er sein Geschäft drinnen verrichtet. Sie müssen aber auch nicht stundenlang draußen bei dem Kleinen bleiben, bis er sich löst. Warten Sie nur ein paar Minuten, und wenn sich nichts tut, gehen Sie mit ihm wieder hinein und versuchen es später erneut.

Sobald Sie irgendwann am Tag bemerken, dass Ihr Welpe seltsam geht und einen »abwesenden« Blick hat, am Boden schnüffelt und im Kreis läuft oder sich hinhocken will, fordern Sie ihn auf, sofort mit Ihnen nach draußen zu gehen. Heben Sie ihn nicht hoch, denn er muss in Sachen Stubenreinheit eine entscheidende Verknüpfung lernen: »Wenn ich mal muss, gehe ich zur Tür und dann hinaus.«

Sollten Sie bemerken, dass er sich im Haus löst, setzen Sie die Stimme ein oder klatschen in die Hände, um ihn zu unterbrechen. Was Sie sagen, spielt keine Rolle, aber Sie müssen seine Aufmerksamkeit erlangen und ihn mittendrin stoppen, ohne ihn so zu erschrecken, dass er Deckung sucht. Sobald Sie seine Aufmerksamkeit haben, gehen Sie von ihm weg zur Tür und rufen ihn munter und fröhlich,

Schnüffeln, Sich-im-Kreis-Drehen und ein »abwesender« Blick sind klare Anzeichen dafür, dass Ihr Hund mal muss.

Bleiben Sie draußen bei Ihrem Welpen. Sonst will er wieder zu Ihnen ins Haus und wird immer noch müssen, wenn er wieder drinnen ist.

damit er Ihnen folgt (stellen Sie Schuhe neben die Tür, damit Sie schnell hinausgehen können). Begleiten Sie ihn zum Löseplatz und warten Sie, bis er sich entspannt hat. Sagen Sie Ihr Signal und warten Sie ein paar Minuten, falls er sich noch vollständig entleeren muss. Gehen Sie mit ihm wieder ins Haus und bringen Sie ihn in ein anderes Zimmer, während Sie die Hinterlassenschaften beseitigen.

Wenn Sie sich nicht auf Ihren Hund konzentrieren können, sperren Sie ihn am besten in einem kleineren Bereich ein, wo ein Malheur nicht so tragisch ist. Sollten Sie einen Welpenauslauf benutzen, legen Sie den Boden mit einer großen Folie aus Polyethylen (PE) aus und bedecken Sie sie noch mit Zeitungspapier oder Welpenunterlagen. So lässt sich der Auslauf leicht säubern. Kommt es zu »Unfällen«, bringen Sie den Kleinen öfter nach draußen.

Wenn Sie dieser einfachen Vorgehensweise folgen, lernt Ihr Welpe schnell, dass er zum Lösen nach draußen gehen soll. Je öfter Sie ihn zur richtigen Zeit zum Löseplatz bringen und je seltener er sich drinnen löst, desto schneller lernt er. Gewohnheiten müssen sich jedoch langsam entwickeln – es kann also ab und zu noch kleine Pannen geben.

Sobald der Welpe den richtigen Ablauf kennt, wird er anzeigen, wenn er hinaus muss. Achten Sie auf verräterische Signale wie zur Tür und zurück laufen, an der Tür winseln oder daran kratzen. Bringen Sie ihn dann sofort hinaus.

KLEINE PANNEN

Hat sich der Welpe im Haus gelöst, hinterlässt das Spuren, die er mit seiner extrem feinen Nase noch wittern kann, lange nachdem Sie den Bereich gründlich gesäubert und desinfiziert haben. Das verleitet ihn dazu, die Stelle erneut zu benutzen. Um das zu verhindern, verwenden Sie einen Enzymreiniger, der speziell zu diesem Zweck entwickelt wurde (bei Ihrem Tierarzt erhältlich). Testen Sie ihn erst an einer kleinen Stelle, um zu sehen, ob er Farben angreift. Wenn ein Teppich stark verschmutzt ist, sollten Sie ihn ersetzen. Warten Sie aber lieber, bis Ihr Hund erwachsen ist, bevor Sie einen neuen Bodenbelag anschaffen.

IN DER NACHT

Welpen haben, wie kleine Kinder, nur begrenzte Kontrolle über ihren Körper, und wenn sie sich lösen müssen, dann sofort. Man kann nicht erwarten, dass sie sechs bis acht Stunden in der Nacht durchhalten. Meist sind sie erst im Alter von sieben oder acht Monaten komplett stubenrein. Weckt Ihr Hund Sie also, wenn er mal rausmuss, anstatt sich auf dem Fußboden zu erleichtern, lohnt sich das Aufstehen allemal. Er wird dann schneller stubenrein, und es dauert sicher nicht lange, bis er die ganze Nacht durchhält.

NACHTS NICHT SAUBER?

Bis Ihr Kleiner gelernt hat, allein zu bleiben, wird er bei Ihnen im Schlafzimmer sein; das gibt Ihnen die ideale Gelegenheit, ihn nach draußen zu bringen, wenn er nachts aufwacht. Oft werden Welpen in dieser Zeit nachts stubenrein. Manchmal klappt das allerdings nicht, weil Jungtiere Zeit brauchen, bis sie die volle Kontrolle über ihren Körper haben. Wenn sie also mal müssen, können sie das Geschäft einfach nicht mehr aufhalten, wenn der Mensch sie nicht sofort hinausbringt.

Hunde brauchen unterschiedlich lange, um stubenrein zu werden, doch in der Regel schaffen sie es irgendwann. Sobald Sie den Welpen nachts allein lassen, bedecken Sie den ganzen Schlafbereich mit einer Schicht PE-Folie und Zeitungspapier oder Welpenunterlagen, damit nichts auf den Fußboden kommt. PE verhindert, dass etwas durchsickert, und so entstehen keine Gerüche auf dem Fußboden, die schlechte Gewohnheiten fördern könnten. Wahrscheinlich landet nach und nach immer weniger auf dem Papier, weil Ihr Hund mit zunehmendem Alter eine immer bessere Kontrolle über seinen Körper entwickelt. Mit sieben oder acht Monaten sollte er schließlich komplett stubenrein sein.

STRAFEN BRINGEN NICHTS

Bestrafen Sie Ihren Welpen auf gar keinen Fall, wenn er sein Geschäft im Haus verrichtet. Der Stress, der dadurch entsteht, erschwert es ihm zu lernen, was er stattdessen tun soll. Möglicherweise vermeidet er künftig, sich in Ihrem Beisein zu lösen, weil er weiß, dass Sie dann wütend werden. Wenn er sich aber davonschleicht, wird es für Sie schwieriger, ihm das richtige Verhalten beizubringen.

Genauso sinnlos ist es, Ihren Hund zu bestrafen, wenn Sie ihn nicht direkt beim Lösen beobachtet haben, sondern nur das Häufchen vorfinden. Er wird nicht daraus lernen – nicht weil er sich nicht daran erinnern könnte, was

Viele Welpen sind erst mit sieben bis acht Monaten komplett stubenrein. Setzen Sie also das Training konsequent fort.

Sobald Sie mit Ihrem Hund spazieren gehen, wird es mit dem Stubenreinheitstraining einfacher.

er getan hat, sondern weil er keine Verbindung herstellen kann zwischen der Bestrafung und dem Lösen auf dem Fußboden. Sobald Sie wütend aussehen, wird Ihr Welpe eine Unterwerfungsgeste zeigen, um Sie zu beschwichtigen. Leider wirkt die Unterwerfungsgeste auf uns wie ein Schuldeingeständnis, und wir sind dann noch eher geneigt, ihn zu bestrafen, weil wir denken: »Er weiß genau, was er falsch gemacht hat, denn er sieht schuldbewusst aus.«

Bestrafung im Nachhinein ist wirkungslos und kontraproduktiv. Wenn Ihr Welpe ängstlich wird, weil Sie manchmal ohne ersichtlichen Grund wütend reagieren, wird er unsicher – und das beeinträchtigt seine Lernfähigkeit. Noch schlimmer wäre es, wenn Sie ihn bestrafen, sobald Sie wieder im Zimmer sind. Dann bekommt er vielleicht Angst, allein gelassen zu werden, und entwickelt daraufhin alle möglichen unerwünschten Verhaltensweisen.

WIE LANGE WIRD ES DAUERN?

Jeder Welpe lernt in seinem Tempo. Der eine versteht fast augenblicklich, was er tun soll, der andere benötigt etwas mehr Zeit. Manche Hundekinder brauchen sechs Monate oder mehr. Ein Welpe, der beim Züchter unter schlechten Bedingungen gehalten wurde, etwa in einem schmutzigen oder zu kleinen Zwinger, braucht bis zur Stubenreinheit sicher länger als einer, der mit viel Liebe und Zuwendung in einem Haus aufgezogen wurde.

Den größten Einfluss darauf, wie schnell ein Hund stubenrein wird, hat es, wie viel Zeit und Mühe Sie dieser Aufgabe in den ersten Wochen widmen, wie gewissenhaft Sie den Welpen beaufsichtigen, wenn er im Haus ist, und wie regelmäßig Sie ihn zum Löseplatz nach draußen bringen. Je mehr Mühe Sie investieren, desto schneller wird Ihr Kleiner komplett stubenrein. Tun Sie hingegen weniger dafür, dauert es länger.

SICH LÖSEN AUF KOMMANDO

Sauberkeitstraining sollte übrigens nicht mit Stubenreinheit enden. Viele Hunde leben in Städten und Wohngebieten. In den wenigen Grünanlagen ist Hundekot nicht zu akzeptieren – schon gar nicht auf dem Gehweg und dort, wo Kinder spielen. Wenn Sie sich die unangenehme, aber notwendige Aufgabe, die Häufchen aufzusammeln, ersparen wollen, sollten Sie Ihrem Hund beibringen, sich zu lösen, bevor Sie zum Spaziergang aufbrechen. Das ist nicht so schwierig, wie es klingt, erfordert aber zu Beginn etwas Zeit und Geduld.

Wenn Sie das Stubenreinheitstraining konsequent durchführen, so kennt Ihr Hund nach einer gewissen Zeit Ihr Wortsignal, das mit dem Lösen verbunden ist. Vermutlich haben Sie dann auch schon einen halbwegs geregelten Tagesablauf etabliert und wissen in etwa, wann sich Ihr Welpe erleichtern muss. Versuchen Sie nun, den ersten Spaziergang möglichst so zu planen, dass er mit dieser Zeit zusammenfällt. Gehen Sie wie gewohnt zum Löseplatz und sagen Sie Ihr Signal, bis der Kleine sich löst. Dann loben Sie ihn und beginnen den Spaziergang. Hat er sich nicht gelöst, kehren Sie mit ihm zurück ins Haus und versuchen es später noch einmal. Wenn Sie mit ihm nur dann zum Spaziergang starten, wenn er sich zuvor erleichtert hat, wird er bald merken, dass das Lösen immer eine Gassirunde zur Folge hat.

Dieses Vorgehen erfordert anfangs viel Geduld. Doch Zeit und Mühe haben sich gelohnt, wenn Sie sehen, wie andere Menschen hinter Ihren Hunden die Häufchen von der Straße sammeln. Nun wird Ihnen sicherlich bewusst, wie pflegeleicht Ihr Vierbeiner ist. Nehmen Sie auf den Spaziergang dennoch für den Fall des Falles immer ein paar Hundebeutel mit.

WOHNUNG OHNE GARTEN

Einen Welpen in einer Wohnung ohne Garten stubenrein zu bekommen, ist schwieriger, aber nicht unmöglich. Wenn Sie ihm beibringen wollen, nach draußen zu gehen, werden Sie bestimmt einen geeigneten Löseplatz in der Nähe finden. Da Ihr Welpe dorthin wahrscheinlich eine gewisse Strecke laufen muss, ist es umso wichtiger, dass Sie ihn ausnahmslos jede Stunde nach draußen bringen und ihn notfalls ein Stück tragen, vor allem über Treppen. Wenn Ihr Hund dann stubenrein wird, müssen Sie besonders aufmerksam sein, um frühzeitig seine Signale zu erkennen, dass er sich erleichtern möchte.

Alternativ können Sie auch für eine gewisse Zeit einen Lösebereich in Ihrer Wohnung einrichten – vor allem wenn Sie einen kleinen Hund haben. Das kann eine Stelle sein, die mit Welpenunterlagen ausgelegt ist, oder eine größere Katzentoilette mit einem Stück Rasen darin. Es gibt auch spezielle Hundetoiletten im Handel. Bringen Sie Ihrem Welpen bei, diesen Platz in der Wohnung auf die gleiche Weise zu nutzen wie draußen seinen Löseplatz. Achten Sie darauf, dass der Bereich nach dem Lösen gründlich gereinigt wird.

KLEINE UNTERBRECHUNGEN

Manchmal verliert ein Welpe seine Stubenreinheit, wenn er unter Stress gerät. Vielleicht wurde er unerwartet bestraft oder er fühlt sich unwohl. Möglicherweise bringt etwas die Familie durcheinander, wie etwa Weihnachten, Streitigkeiten oder die Geburt eines Babys. Vielleicht hat sich aus irgendeinem Grund Ihre Einstellung ihm gegenüber verändert.

Körperliche Veränderungen, die beim Erreichen der sexuellen Reife auftreten, können ebenfalls dazu führen, dass die Fähigkeit, stubenrein zu sein, kurz aussetzt. Dies ist der Fall, wenn eine Hündin zum ersten Mal läufig wird oder ein Rüde anfängt, das Bein zu heben. Erwarten Sie also nicht zu viel, bis Ihr Hund ein Jahr alt ist. Gelegentliche Unterbrechungen im ersten Lebensjahr sind verständlich und durchaus erwartbar. Wenn dies eintritt, kehren Sie zu Ihrem ursprünglichen Stubenreinheitstraining zurück. Wird Ihr Hund körperlich und mental reifer, sollten solche Ausrutscher immer seltener auftreten.

UNTERWÜRFIGES URINIEREN

Manche Welpen, vor allem weibliche, neigen dazu, Urin auszuscheiden, wenn sie aufgeregt oder gestresst sind. Dies kann bei Begegnungen mit Menschen oder Hunden, die sie einschüchtern, passieren. Sie machen dann bisweilen eine kleine Pfütze, wenn sie begrüßt oder gescholten werden, rollen sich vielleicht auf den Rücken und urinieren oder sitzen mit angehobenem Hinterbein da. Das ist eine natürliche Reaktion, die beschwichtigen und die Bedrohung abwenden soll (Menschen schüchtern Hunde oft unabsichtlich ein, indem sie sich über sie beugen, lächeln und die Hand ausstrecken, um sie zu streicheln). Es ist ihre Art zu sagen: »Schau [oder besser: Riech] mal, ich bin noch klein, bitte tu mir nichts!«

Wenn Sie verärgert sind, sobald Sie dieses Verhalten bemerken, wird Ihr Welpe es umso häufiger zeigen – um Sie noch mehr zu besänftigen. Die beste Reaktion ist, ihn nicht zu beachten und Vorkehrungen zu treffen, sodass ein bisschen Urin keinen Schaden anrichtet. Macht es sich Ihr Hund zur Gewohnheit, Besucher an der Tür so zu begrüßen, halten Sie PE-Folie und ein altes Handtuch griffbereit und bugsieren ihn vor der Begrüßung darauf. Oder verlegen Sie die Begrüßung gleich ganz nach draußen. Ein Welpe, der sich so verhält, braucht mehr Selbstvertrauen. Das erwirbt er, wenn er älter wird, also schimpfen Sie nicht mit ihm. Vermitteln Sie ihm vielmehr, dass Menschen keine Gefahr darstellen und es Spaß macht, mit ihnen zusammen zu sein.

Welpen, die sich bei der Begrüßung auf den Rücken legen, neigen zu unterwürfigem Urinieren. Dies geschieht vor allem, wenn sie getadelt werden.

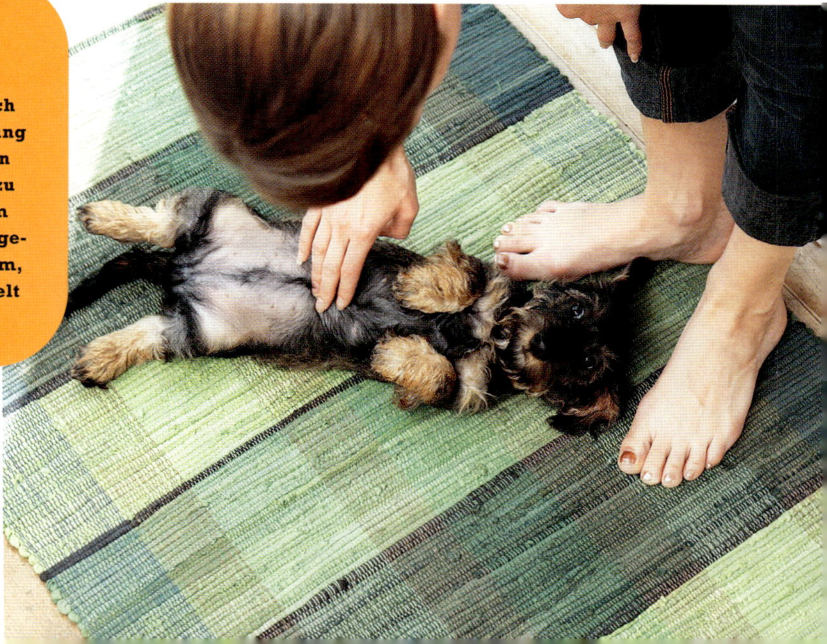

KAPITEL 8

Erwünschtes Verhalten

Welpen wissen nicht von Geburt an, wie sie sich in unserer Welt richtig verhalten sollen. Es liegt an uns, ihnen mit Geduld zu zeigen, welche Verhaltensweisen wir uns von ihnen wünschen. Diese sollten wir gezielt fördern und belohnen, während wir unerwünschtes Verhalten verhindern oder umlenken. So entwickelt der Welpe bald gute Gewohnheiten. Geschieht dies früh genug, solange er noch formbar ist, behält er sie ein Leben lang bei. Es ist viel einfacher, von Anfang an gutes Verhalten zu fördern, als später Verhaltensprobleme zu korrigieren. Wenn all seine Bedürfnisse erfüllt sind und er sich rundum wohlfühlt, unterstützt das den Lernprozess zusätzlich.

RICHTIGES VERHALTEN FÖRDERN

Motivieren Sie Ihren Kleinen im ersten Jahr immer wieder dazu, das Verhalten zu zeigen, das Sie sich wünschen. Dazu müssen Sie wissen, was er treibt – auch wenn er sich außerhalb seines Welpenauslaufs aufhält. Nur so gehen Sie sicher, dass er sich richtig verhält. Besonders in den ersten Monaten ist das wichtig, damit er lernt, wie er sich im Haus und im Umgang mit der Familie benehmen soll.

Bringen Sie den Welpen dazu, das zu tun, was Sie wollen, und dann loben und belohnen Sie ihn sofort. So eignet er sich gute Gewohnheiten an und hat weniger Zeit, problematisches Verhalten zu entwickeln. Letzterem vorzubeugen, bedeutet, dass Sie vorausdenken müssen. Versuchen Sie zu erahnen, was Ihr Welpe vorhat, und lenken Sie ihn davon ab oder halten Sie ihn körperlich zurück. Fördern Sie stattdessen bewusst das Verhalten, das Sie sich wünschen. Zeigt er es, loben und belohnen Sie

Greifen Sie notfalls zur Leine, um Fehltritte zu verhindern. Belohnungen gibt es nur für gutes Verhalten, nicht für Unarten.

ihn fürstlich. Ein Beispiel: Bevor der Kleine lernt, dass man auf der Arbeitsfläche in der Küche leckere Häppchen findet, verstauen Sie besser alles Essbare während der gesamten Welpenzeit, sodass Zufallsfunde ausgeschlossen sind. Bringen Sie ihn stattdessen dazu, Leckerchen in Schnüffelteppichen zu suchen oder in robusten Spielzeugen. Die sollten auf dem Boden liegen, vor allem wenn Sie in der Küche hantieren und sich womöglich Lebensmittel auf der Arbeitsfläche über dem Welpen befinden. So lernt er, dass er nicht irgendwo hinaufspringen muss, um nach Futter zu suchen, und gerät auch nicht unter Ihre Füße.

Idealerweise beugen Sie unerwünschtem Verhalten vor oder stoppen es, bevor Ihr Kleiner merkt, wie viel Spaß es macht. Schlechte Gewohnheiten verfestigen sich sehr schnell. Da unangemessenes Verhalten oft schon Belohnung an sich ist, veranlasst das angenehme Gefühl den Hund, es zu wiederholen – und schon geht es ihm in Fleisch und Blut über. Wenn Sie ihn im ersten Lebensjahr konsequent daran hindern, inakzeptable Dinge zu tun, ist es unwahrscheinlich, dass er später noch damit anfängt. Das gilt für jede Art von Fehlverhalten, sei es Menschen anzuspringen, auf Möbel zu hüpfen oder andere Tiere, Jogger und Radfahrer zu jagen.

Wenn Sie zu spät reagieren und Ihr Welpe etwas macht, das Ihnen missfällt, stoppen Sie ihn sofort. Ergreifen Sie ihn am Halsband oder Geschirr und führen ihn sanft von der Versuchung weg. Dann zeigen Sie ihm, was er stattdessen tun soll. Führt er wiederholt Unerwünschtes aus, legen Sie ihm eine Schlepp- oder Hausleine (ca. zwei Meter lang) an, damit Sie ihn schneller in den Griff bekommen, ohne ihn anfassen oder hinter

WICHTIG!

- **Fördern und belohnen Sie gutes Verhalten.**
- **Denken Sie voraus und beugen Sie Fehlverhalten vor.**
- **Lenken Sie den Welpen von unangemessenen Reaktionen ab und bestärken Sie ihn nur in solchen Handlungen, die Sie sich künftig häufiger wünschen.**

ihm herlaufen zu müssen. Passen Sie auf, dass Kinder oder gebrechliche Personen nicht über die Leine stolpern, und lassen Sie sie nur an, wenn Sie dabei sind. Nutzen Sie die Leine, um unerwünschtes Verhalten zu verhindern oder sanft zu stoppen. Dann lenken Sie den Hund ab und bringen ihn dazu, das Richtige zu tun, damit Sie ihn loben und belohnen können.

Durchläuft Ihr Welpe einmal eine Phase, in der er vieles macht, was Sie unangemessen finden, verbringen Sie am besten noch mehr Zeit mit ihm. Bieten Sie ihm alternative Möglichkeiten, seine Energie abzubauen. Dazu eignen sich Spiele mit Spielzeug, kurze Trainingseinheiten, häufigere Gelegenheiten zum Laufen und Erkunden, Schnüffelspiele und gemeinsames Zusammensein mit Ihnen.

GRENZEN SETZEN

Jede Familie ist anders, und Hunde passen sich den »Regeln« an, die in dem Haushalt gelten, in dem sie aufwachsen. Manche Vierbeiner haben z. B. Zugang zu allen Bereichen des Hauses, manche sind nur in der Küche und dürfen nicht in den ersten Stock, manche können ins Bett oder aufs Sofa, und manche

Menschen dulden sogar das Ablecken des Gesichts, während andere das verbieten.

Hunde sind sehr anpassungsfähig, und solange all ihre Bedürfnisse erfüllt werden, verinnerlichen die meisten von ihnen die »Hausregeln« recht schnell – vorausgesetzt, jeder in der Familie vermittelt sie konsequent, geduldig und ohne Bestrafung. Welpen lernen diese Regeln aber nicht so wie wir – im Sinne von »Ich darf nicht aufs Sofa«. Sie lernen aus den Folgen ihres Handelns – etwa »Es lohnt sich viel mehr für mich, wenn ich auf meinem gemütlichen Bett neben dem Sofa liege. Dort verwöhnen mich alle, ich bekomme etwas Schönes zum Kauen, und niemand schubst mich herum wie auf dem Sofa.«

Die ganze Familie sollte möglichst früh festlegen, welches Verhalten in Ordnung ist und welches nicht, dann können alle klar und konsequent handeln. Entscheiden Sie sich also schon vom ersten Tag an, wie sich Ihr Hund in Zukunft verhalten soll: Darf er mit Ihnen im Bett schlafen? Darf er am Tisch etwas von Ihrem Essen abbekommen? Darf er direkt aus dem Auto springen, wenn Sie den Kofferraum öffnen, oder soll er zunächst ruhig sitzen bleiben und warten? Darf er im ganzen Haus umherlaufen oder sollen manche Räume tabu für ihn sein? Solche Fragen zu besprechen und mit der Familie zu einer gemeinsamen Entscheidung zu kommen, ermöglicht es Ihnen von Beginn an, beim Training Ihres Vierbeiners an einem Strang zu ziehen.

Führen Sie schon früh feste Regeln ein – etwa, dass der Welpe nicht die Treppe hinaufsteigen darf. Je früher er es lernt, desto eher verhält er sich wunschgemäß.

Entscheidungen für Ihren Hund zu treffen und ihm zu helfen, mit Frustration umzugehen, ist ein wichtiger Teil des Trainings.

Dazu gehört auch, dem noch sehr jungen Welpen nicht das zu erlauben, was er später dann nicht mehr tun soll. Anspringen mag niedlich sein, wenn Ihr Hund sehr klein ist, aber hat sich dieses Verhalten erst einmal etabliert, lässt es sich nur schwer wieder abstellen. Daher ist es für alle besser, konkrete »Hausregeln« zu beschließen und von Beginn an konsequent umzusetzen.

Ganz entscheidend für den Erfolg ist, dass alle in der Familie die Grenzen akzeptieren: Hat man sich also darauf geeinigt, dass der Hund nicht ins Bett darf, so muss sich ausnahmslos jeder an diese Abmachung halten. Ausrutscher, seien sie absichtlich oder versehentlich, sollten im ersten Lebensjahr des Welpen ausgeschlossen werden. Der Kleine darf in keiner Situation erkennen, an inakzeptablem Verhalten Freude zu haben. Wenn Sie ihn davon ablenken, dann zu erwünschtem Verhalten hinführen und das sofort belohnen, wird er lernen, sich so zu verhalten, wie alle es für richtig befunden haben.

Was Ihr Welpe in den ersten Monaten lernen sollte:

- **Nicht anspringen**
- **Menschen kontrolliert begrüßen**
- **Nicht grundlos bellen**
- **Futter sanft annehmen**
- **Nicht am Tisch um Futter betteln**
- **Sich ruhig hinlegen**

Machen Sie sich klar, wo Sie Ihre Grenzen setzen, und bleiben Sie konsequent. Dann können sich schlechte Gewohnheiten gar nicht erst entwickeln. Loben und belohnen Sie Ihren Welpen deutlich, wenn er das tut, was Sie sich wünschen, und nicht das, was er vorhatte. Auf diese Weise lernt er, sich so zu verhalten, wie Sie es von ihm erwarten. Sobald er schließlich herangereift ist, sind die guten Gewohnheiten gefestigt und die Grenzen klar definiert.

UMGANG MIT FRUSTRATION

Ein Hund kann sich in unserer Welt nicht völlig frei bewegen. Seine Freiheit ist durch Zäune, Türen und die Wünsche seines Halters eingeschränkt. Am besten lernt ein Welpe daher schon früh, mit den Gefühlen umzugehen, die entstehen, wenn er seinen Willen nicht bekommt – lieber früher als später, bevor er größer wird und schwieriger zu kontrollieren ist. Ähnlich wie ein schreiendes

Ruhige Momente verbinden: Durch liebevolle Streicheleinheiten entsteht echte Nähe zwischen dem Mädchen und seinem Welpen.

Kleinkind im Supermarkt, das Süßigkeiten haben möchte, kann auch ein Welpe unangemessenes Verhalten zeigen, wenn ihm etwas verweigert wird, das er haben will. Daher ist es besser, wenn er schrittweise bereits zu Hause lernt, dieses Frustgefühl zu ertragen und seine Reaktionen zu kontrollieren, statt an einem öffentlichen Ort, wo sich das Verhalten nur schlecht ignorieren lässt (z. B. im Wartezimmer beim Tierarzt).

Die meisten Welpen entwickeln relativ schnell die Fähigkeit, mit Frustration umzugehen, denn es gibt vieles in ihrer Welt, das sie gern möchten, aber nicht haben können, weil Menschen die meisten Ressourcen kontrollieren: Warten müssen, bis sie nach draußen dürfen oder Futter bekommen oder bis jemand mit ihnen spielt, sind nur einige Beispiele. Folglich ist das Lernen von Frustrationsbewältigung in der Regel ein Prozess, der sich von selbst vollzieht. Manche Welpen mit einem starken Charakter – und/oder einem nachgiebigen Halter – brauchen jedoch etwas länger, um diese Lektion zu verinnerlichen. Für sie kann die folgende Übung nützlich sein.

Halten Sie Ihren Hund an Geschirr und Leine und platzieren Sie etwas, das er gern hätte, knapp außerhalb seiner Reichweite. Ignorieren Sie alles, was er tut – sei es zerren, nach der Leine schnappen, jaulen oder bellen. Sagen Sie nichts, fassen Sie ihn nicht an, schimpfen Sie nicht und lassen Sie sich nicht wegziehen. Warten Sie ganz entspannt, bis er sich beruhigt hat. Dann lassen Sie ihn frei, damit er sich holen kann, was er haben wollte.

Üben Sie dies jeden Tag, indem Sie sich langsam voranarbeiten – von Dingen, die ihn weniger interessieren, hin zu Stücken, die er wirklich haben möchte. Anfangs üben Sie, wenn er gerade entspannt ist, später, wenn er aufgeregt ist. Sobald er zu Hause auch bei

Erregung geduldig auf etwas wartet, das er unbedingt haben möchte, absolvieren Sie die Übung an anderen Orten. Nutzen Sie außerdem jede Gelegenheit für diese Lektion, wenn sein Erregungsniveau hoch ist – wenn z. B. andere Welpen in der Nähe spielen und er mitmachen möchte. Warten Sie, bis Ihr Kleiner ganz ruhig ist, dann erst lassen Sie ihn frei. So lernt er, seine Impulse zu kontrollieren, wenn er seinen Willen nicht bekommt, und ist in der Lage, sich in jeder Situation zu beherrschen. Als Ergebnis haben Sie dann einen ruhigen Hund, der auf Wunsch geduldig ausharrt. Zu lernen, auf die Belohnung zu warten, bis sie angeboten wird, und mit dem damit verbundenen Gefühl der Frustration umzugehen, ist die Grundlage für Geduld, Höflichkeit und gutes Benehmen.

ANSPRINGEN

Von Natur aus hat Ihr Welpe den Wunsch, bei der Begrüßung möglichst nah an Ihr Gesicht heranzukommen. Sie anzuspringen, ist sein Versuch, das zu erreichen. Bekommt er dafür Aufmerksamkeit in irgendeiner Form, sei es durch Ansehen, Ansprechen oder Anfassen, lernt er, dieses Verhalten weiter zu zeigen, wenn er einen Menschen begrüßt. Das kann zu einer sehr ärgerlichen Gewohnheit werden, vor allem wenn der Kleine zu einem großen oder ungestümen (und manchmal schmutzigen) Vierbeiner herangewachsen ist.

Um dem vorzubeugen, erlauben Sie niemandem, auch nicht Ihren Familienmitgliedern, den Hund zu begrüßen, wenn nicht alle vier Pfoten auf dem Boden stehen. Springt er hoch, beachten Sie ihn einfach nicht. Wenden Sie sich ab und bleiben Sie ruhig stehen, bis er sich fallen lässt. Gehen Sie jetzt in die Hocke und beugen Sie sich zu ihm, sodass er Sie richtig begrüßen kann (vielleicht leckt er Ihnen das Gesicht, bleiben Sie also außerhalb seiner Reichweite, wenn Sie das nicht wollen). Ist er sehr klein, müssen Sie irgendwie auf seine Höhe kommen, um ihn zu begrüßen.

Sollte er versuchen, Sie anzuspringen, obwohl Sie nah bei ihm sind, stehen Sie sofort auf. Setzen Sie dieses Auf und Ab konsequent fort, bis er lernt: »Alle vier Pfoten auf dem Boden bedeutet, mein Mensch bleibt dicht bei mir.« Allerdings brauchen Sie ein gutes Timing und müssen schnell sein beim Aufstehen und Wiederhinhocken, sobald er sich beruhigt hat. Alternativ haken Sie einen Finger in sein Geschirr oder Halsband und halten ihn so vom Hochspringen ab. Wird Anspringen nie belohnt, lernt Ihr Hund, es sein zu lassen.

Zu Beginn dieses Trainings überschütten Sie ihn mit Aufmerksamkeit, sobald es ihm gelingt, bei der Begrüßung mit den Pfoten am Boden zu bleiben. Nach und nach verlängern Sie die Zeit, die er warten muss, bis Sie ihn begrüßen – auch bei Ihrer Heimkehr, selbst wenn er Sie nicht anspringt. Falls Sie ihn einmal nicht gleich begrüßen können, etwa weil Sie Einkaufstaschen tragen, sagen Sie ihm verbal Hallo, damit er weiß, dass alles in Ordnung ist, und warten dann, bis der richtige Moment für die Begrüßung gekommen ist.

Welpen sind niedlich, deshalb werden viele Menschen Ihren Kleinen begrüßen wollen. Wenn sie das Anspringen erlauben (oder den Hund gar dazu ermuntern), machen sie aber schnell Ihre ganze Arbeit zunichte. Haben Sie deshalb immer ein Auge auf den Hund, wenn er neuen Menschen begegnet. Entweder Sie verhindern das Anspringen, indem Sie ihn am

ÜBUNG

MENSCHEN BEGRÜSSEN

1

Halten Sie den Welpen an der Leine, wenn Sie jemanden begrüßen, um ihn zu kontrollieren. Gehen Sie mit ihm auf den Besucher zu und legen Sie ihm drei, vier Leckerchen vor die Füße. Das Schnüffeln und Fressen dämpft die Erregung – der Hund kann sich beruhigen. Interessiert er sich jedoch mehr für den Besuch als für die Häppchen, geben Sie ihm seine absoluten Lieblingsleckerchen, denen er normalerweise nicht widerstehen kann. Oder warten Sie mit der Begrüßung, bis er sich beruhigt hat – oder wirklich hungrig ist.

2

Sobald der Hund die Leckerchen verspeist hat, bitten Sie Ihren Besuch, in die Hocke zu gehen, um den Kleinen zu begrüßen – allerdings nur, wenn er ruhig und mit allen vier Pfoten am Boden bleibt. Will der Hund den Besucher anspringen, muss dieser sofort aufstehen und sich wegdrehen. Er darf sich erst wieder hinhocken, wenn sich der Welpe beruhigt hat.

3 Vielleicht braucht Ihr Besuch bei dieser Übung Hilfe. Wenn er nicht schnell genug aufstehen kann, sobald der Welpe ihn anspringt, müssen Sie eingreifen. Schieben Sie schnell einen Finger unter das Halsband oder das Geschirr und halten Sie den Hund zurück.

4 Hat alles geklappt, bekommt der Kleine vom Besucher Leckerchen, damit er mit der Begrüßung etwas Gutes verbindet. Danach gehen Sie mit dem Hund kurz weg, bevor Sie den Ablauf wiederholen.

Sobald Ihr Welpe »Sitz« gelernt hat, können Sie ihm beibringen, sich vor der Begrüßung des Besuchs hinzusetzen. Werfen Sie ein paar Leckerchen auf den Boden, wenn der Hund sich zunächst beruhigen muss. Nun fordern Sie ihn auf, sich zu setzen. Wenn nötig, locken Sie ihn (siehe S. 212), dann belohnen Sie ihn. Sitzt der Hund ruhig, darf er den Besuch höflich begrüßen.

Rufen Sie Ihren Welpen erst zu sich zurück, bevor er einen Fremden oder einen anderen Hund begrüßen darf.

Halsband halten. Oder Sie bringen der Person die Übung auf den Seiten 100–101 bei, falls es jemand ist, der den Welpen häufig sieht. Sie werden sich manchmal schnell zu dem Kleinen hinunterbücken müssen, denn nicht jeder Mensch fragt, ob er Ihren Hund begrüßen darf.

Achten Sie besonders darauf, wie Ihr Kleiner Kinder begrüßt. Bei Kindern sind Welpen oft sehr aufgeregt und springen sie leicht an. Behalten Sie die Lage im Blick, damit das keine Gewohnheit wird, und bringen Sie Ihren Kindern bei, wie sie sich verhalten sollen, wenn sie der Welpe beim Spielen anspringt: Arme verschränken, ganz ruhig dastehen und geradeaus blicken, nicht den Hund ansehen. Wenn sie sich nicht bewegen, wird er bald das Interesse verlieren und davonziehen. Seien Sie immer in der Nähe, um eingreifen zu können, wenn Ihr Welpe die Kinder anspringen will, sobald sie von ihm weggehen.

MENSCHEN BEGRÜSSEN

Mit der Übung auf den Seiten 100–101 lernt Ihr Hund, wie man Menschen höflich begrüßt. Nach ein paar Wiederholungen sollte er dabei deutlich ruhiger sein. Behalten Sie aber trotzdem während der gesamten Welpenzeit alle Begegnungen im Auge. Trainieren Sie fleißig an der Haustür, damit der Kleine lernt, sich gut zu benehmen, wenn Besuch kommt. Lassen Sie am besten mehrmals alle Familienmitglieder unbemerkt vom Hund hinausgehen und an der Tür klingeln, um wie Besuch hereingebeten zu werden.

ÜBERMÄSSIGES BELLEN

Mit etwa sechs bis sieben Monaten entwickeln Junghunde ihren Schutz- und Wachtrieb. Ist sich der Halter dessen nicht bewusst und ermuntert den Welpen womöglich sehr früh zu bellen, hat er am Ende ein Tier, das beim geringsten Anlass kläfft. Das ist nicht nur lästig, sondern auch schwer zu korrigieren. Motivieren Sie daher niemals einen Welpen zu bellen. Wenn Sie ihn gut sozialisiert haben, wird er entspannt sein und vertraute Geräusche oder Besucher gar nicht erst als Bedrohung betrachten. Das heißt nicht, dass er später eine ernste Gefahr für Sie oder Ihr Zuhause ignorieren wird. Gut sozialisierte erwachsene

Hunde wissen, wann sie die Familie oder das Revier beschützen müssen– sie werden es tun, ohne dass man es ihnen beibringt.

Wenn Ihr Welpe etwas anbellt, das er als Bedrohung für seine Sicherheit oder sein Revier empfindet, heizen Sie die Situation nicht an, indem Sie ihn anschreien, dass er ruhig sein soll. Sagen Sie ihm stattdessen sanft, dass Sie alles unter Kontrolle haben. Nehmen Sie ihm die Angst, indem Sie ruhig mit ihm sprechen und ihm zeigen, dass Sie nicht besorgt sind. Hat er vor etwas Angst, gehen Sie mit ihm von dort weg oder bringen ihn in ein anderes Zimmer, damit er zur Ruhe kommt. Sobald sich die Aufregung gelegt hat, lenken Sie seine Aufmerksamkeit auf eine andere Aktivität, die ihn interessiert und beruhigt.

Für manche Hunde, vor allem kleinere Rassen, ist es ganz normal, bei Aufregung zu bellen. Belohnen Sie das nie mit Aufmerksamkeit – also nicht ansprechen, anschreien oder anfassen. Das würde das Verhalten nur verstärken. Überlegen Sie stattdessen, was das Bellen ausgelöst hat und wie Sie den Hund belohnen können, wenn er ruhig ist. Nehmen wir z. B. an, Ihr Welpe bellt aufgeregt, weil er denkt, dass Sie gleich mit ihm spazieren gehen. Fahren Sie auf keinen Fall mit den Vorbereitungen auf den Spaziergang fort, solange er noch Lärm macht. Bleiben Sie stehen, ignorieren Sie ihn und vermeiden Sie Blickkontakt. Nach draußen geht es erst, wenn er ruhig ist.

Lassen Sie Ihren Hund möglichst nicht bellen, wenn er in den Garten läuft – es könnte die Nachbarn stören und sich zu einer schlechten Gewohnheit entwickeln. Bellt er, weil er aufgeregt ist und gleich in den Garten darf, nehmen Sie ihn an die Leine und gehen erst

Bestärken Sie Ihren Hund nie darin zu bellen. Denn im übertriebenen Maß ist es nicht nur lästig, sondern lässt sich später nur noch schwer abstellen.

los, wenn er ruhig ist. Begleiten Sie ihn hinaus und stoppen Sie ihn sofort, wenn er grundlos bellt. So lernt er, dass er sich draußen still zu verhalten hat und nur bellen darf, wenn es wirklich einen Grund dafür gibt. Irgendwann werden Sie ihn allein in den Garten lassen können, aber nur, wenn er sich dort ruhig verhält.

FUTTER ANNEHMEN

Anfangs ist der Welpe noch etwas ungeschickt mit dem Maul (wie ein Kleinkind, das etwas mit den Fingern greifen will) und zwickt vielleicht unabsichtlich mit seinen spitzen Milchzähnen in Ihre Finger, wenn Sie ihn füttern. Je öfter Sie ihm ein Leckerchen ruhig hinhalten können und ihm erlauben, es zu nehmen, desto schneller entwickelt er seine motorischen Fähigkeiten, bis er Sie nicht mehr versehentlich beißt. Ist das für Sie zu schmerzhaft, legen Sie die Leckerchen anfangs auf die flache Hand und nehmen Sie sie erst nach einer Weile in die Finger. Oder tragen Sie einen alten Lederhandschuh, bis der Hund gelernt hat, das Futter behutsam zu nehmen.

ÜBUNG

FUTTER VORSICHTIG ANNEHMEN

1

Halten Sie das Leckerchen zwischen Daumen und Zeigefinger. Machen Sie eine lockere Faust, bevor Sie dem Welpen den Handrücken anbieten. Wenn er sich nähert, um das Futter zu nehmen, wird er gegen Ihren Handrücken stupsen.

2

Er wird zunächst zögern. Daraufhin öffnen Sie die Faust und halten ihm das Futter auf Ihrer Handfläche hin. Er wird es nehmen, ohne in Ihre Finger zu beißen. Mit der Zeit lernt er, sich zu nähern und zu warten, bis Sie die Hand öffnen und ihm das Futter zeigen.

3

Bringen Sie ihm nun bei, das Futter sanft aus Ihren Fingern zu nehmen. Halten Sie dazu ein Leckerchen in den Fingern der anderen Hand und achten darauf, dass er ruhig wartet. Dann reichen Sie ihm das Häppchen.

Kleinen Kindern kann man beibringen, Leckerchen auf der flachen Hand anzureichen (achten Sie darauf, dass sie den Daumen anlegen und die Finger zusammenhalten). Ihre Finger sind empfindlich, und sie neigen dazu, die Hand schnell wegzuziehen. Dann schnappt der Welpe beim nächsten Mal hastiger nach dem Leckerchen, damit man es ihm nicht wieder wegnimmt. Vermeiden Sie unbedingt Situationen, in denen Ihr Vierbeiner einem kleinen Kind, das herumläuft und isst, das Essen wegschnappen kann. Lassen Sie die Kinder entweder sitzen oder bringen Sie den Hund in ein anderes Zimmer oder in seinen Welpenauslauf, bis das Essen beendet ist.

Welpen gewöhnen sich schnell daran, nach Futter zu schnappen, wenn Sie die Hand mit dem Leckerchen zurückziehen. Halten Sie die Hand daher ruhig, wenn Sie Futter anbieten – so entwickelt der Kleine ein besseres Gefühl dafür, mit den Zähnen gezielt und vorsichtig zuzugreifen. Necken Sie den Kleinen niemals mit Futter, denn das animiert ihn nur dazu, sich darauf zu stürzen, was zu einem unbeabsichtigten Biss führen kann. Seien Sie beim Futteranreichen nicht zu zögerlich, damit er nicht lernt, danach zu schnappen. Macht er das bereits, versuchen Sie die Übung links.

UM FUTTER BETTELN

Wenn Sie Ihren Welpen während des Essens oder direkt danach füttern, wird er bald sabbernd neben Ihnen sitzen und warten. Dagegen hilft die einfache Hausregel, dass niemand ihm während der Mahlzeiten etwas vom Tisch geben darf. Futter ist eine wertvolle Belohnung, besonders bestimmte Lebensmittel für Menschen. Daher müssen Sie während der gesamten Welpenzeit konsequent bleiben, damit Ihr Hund das bisher Erlernte nicht durch einen einzigen Ausrutscher vergisst. Bekommt er nie etwas vom Tisch, wird er sich daran gewöhnen, die Menschen beim Essen zu ignorieren.

Leckereien genau auf Schnauzenhöhe – das geht nicht gut. Räumen Sie daher jegliche Versuchungen weg, denen Ihr Hund nicht widerstehen könnte.

Welpen sollten Ihrem Essplatz auch deshalb nicht zu nahe kommen, damit sie nicht durch etwas belohnt werden, das vom Tisch gefallen ist, oder durch Häppchen, die ihnen die Kinder absichtlich geben. Fordern Sie Ihren Hund auf, während der Mahlzeiten in seinem Bett liegen zu bleiben. Bringen Sie es in das Zimmer, in dem gegessen wird, damit er bei der Familie sein kann, und geben Sie ihm ein leckeres Stück zum Kauen oder ein mit Futter gefülltes Spielzeug. So ist er gut beschäftigt. Für den Fall, dass er frühzeitig fertig ist, halten Sie weitere Stücke zum Kauen oder Spielen bereit. Sollte er aufstehen und an den Tisch kommen, bringen Sie ihn jedes Mal wieder zurück zu seinem Liegeplatz. Vielleicht müssen Sie anfangs viel auf ihn achten, doch er wird bald lernen, auf seinem Platz zu bleiben, anstatt unter dem Tisch oder zwischen den Füßen der Menschen nach Häppchen zu suchen oder zu betteln. Sie können ihn auch mit einem Treppengitter vom Essplatz fernhalten. So sieht er Sie bei den Mahlzeiten und gewöhnt sich daran, sich hinzulegen und geduldig zu warten, bis Sie fertig sind.

RUHIG AUF SEINEM PLATZ

Bringen Sie Ihrem Kleinen bei, sich ruhig hinzulegen, wenn Sie ihn einmal nicht einbeziehen können – z. B. bei einem Ausflug zu einem Besuch, in ein Café oder wenn Sie selbst Gäste empfangen. Ein Hund, der sich in einer neuen Umgebung sofort hinlegt, macht Eindruck und ist fast überall willkommen.

Das kuschlige Bett neben dem Essplatz und etwas Schönes zu kauen – es besteht keine Veranlassung, bei Tisch zu betteln.

Ein Welpe muss ganz sicher sein, dass der Mensch an seiner Seite ihn immer und überall beschützt.

Üben Sie zunächst zu Hause, wenn Ihr Welpe etwas schläfrig ist. Nehmen Sie ihn an die Leine und gehen Sie mit ihm zu einem Stuhl, neben dem sein Bett steht. Setzen Sie sich hin und stellen Sie den Fuß auf die Leine, sodass der Hund weder auf Ihren Schoß springen noch zu weit von seinem Bett weglaufen kann. Streuen Sie ein paar Leckerchen auf sein Bett und lassen Sie ihn danach suchen. Lehnen Sie sich zurück und atmen Sie durch. Nachdem der Kleine das letzte Leckerchen gefunden hat, sollte er sich ebenfalls entspannen. Beachten Sie ihn nicht, sondern lassen Sie ihn zur Ruhe kommen. Steht er da und schaut Sie an, ignorieren Sie ihn. Sehen Sie ein paar Minuten fern oder lesen Sie. Ist Ihr Welpe dann immer noch wach, beenden Sie die Übung und wiederholen Sie sie später. Schläft er ein, bleiben Sie ruhig neben ihm sitzen, nehmen die Leine ab und lassen ihn schlafen.

Üben Sie weiter, bis der Welpe in dieser Situation schnell zur Ruhe kommt. Fangen Sie mit ein paar Minuten an und steigern Sie die Dauer langsam, bis Ihr vierbeiniger Liebling etwa eine halbe Stunde ruhig liegen kann, während Sie mit etwas anderem beschäftigt sind. Absolvieren Sie die Übung anfangs nur mit ihm, wenn er müde ist, später auch bei größerer Erregung. Arbeiten Sie ebenfalls daran, dass er sich auch in anderen Teilen des Hauses und im Garten entspannt hinlegt.

Sobald es zu Hause gut klappt, können Sie auch unterwegs üben – bei privaten Besuchen, im Café, in öffentlichen Verkehrsmitteln oder wo auch immer Ihr Hund lernen soll, sich friedlich hinzulegen. Ist es an dem Ort gerade besonders unruhig und er dadurch abgelenkt, geben Sie ihm etwas zu kauen; dann wird er schneller zur Ruhe finden.

DEN BEDÜRFNISSEN GERECHT WERDEN

Ihr Hund wird im Zusammenleben viel angenehmer sein, wenn Sie dafür sorgen, dass all seine Bedürfnisse erfüllt werden. Der Körper eines Welpen strebt, genau wie der des Menschen, danach, permanent im Gleichgewicht zu sein – z. B. durch ausreichend Futter, Wärme, körperliche Auslastung und alles Weitere, was für ein gesundes Leben erforderlich ist. Welpen verhalten sich so, dass sie innere Defizite ausgleichen. Wenn Sie dafür sorgen, dass die Bedürfnisse Ihres Kleinen gedeckt sind, bevor er versucht, sie selbst zu erfüllen, ersticken Sie unerwünschtes Verhalten im Keim.

Die verhaltensbezogenen Bedürfnisse eines Hundes unterteilen sich in drei Kategorien: Sicherheit, Sozialverhalten und Körperpflege.

Sicherheit

Welpen müssen sich sicher fühlen. Sie verlassen sich zuerst auf ihre Mutter und später auf ihren neuen Halter, dass ihnen bei Gefahr geholfen wird. Fühlt sich der Welpe bei Ihnen sicher und beschützt, wird er weder abweisend sein noch knurren oder beißen und auch sonst kaum unerwünschtes Verhalten zeigen, das mit Furcht in Verbindung steht.

Soziale Bedürfnisse

Soziale Bindungen sind sehr wichtig für den kleinen Hund. In einer Menschenfamilie wird er sich am wohlsten fühlen, wenn er ein oder zwei enge Bezugspersonen hat, mit denen er eine starke und dauerhafte Bindung eingehen kann. Diese Menschen müssen genug Zeit haben, um ihm regelmäßig über den ganzen Tag viel Liebe und Aufmerksamkeit schenken zu können. Werden die sozialen Bedürfnisse eines Welpen nicht befriedigt, zeigt er wahrscheinlich aufmerksamkeitsheischendes Verhalten, ist in Gegenwart von Menschen überdreht oder zieht sich völlig zurück. Ein Hund, der sich geliebt und mit seinen besonderen Menschen verbunden fühlt, ist ruhiger und umgänglicher als einer, der sich dessen nicht sicher ist oder keine Bezugsperson hat.

Körperliche Bedürfnisse

Ein Welpe muss schlafen, spielen, sich bewegen, erkunden, fressen, trinken, es warm haben und viel kauen können. Kommt etwas davon zu kurz, führt das zu Verhaltensproblemen. Der Kleine hat einen inneren Antrieb, den Körper ins Gleichgewicht zu bringen, und wird versuchen, das zu bekommen, was er braucht.

Fehlt es ihm z. B. an geeigneten Kausnacks, wird er gegen Ihren Willen das Nächstbeste anknabbern, das er in Ihrem Haushalt findet. Selbst etwas so Einfaches, wie ihn über den Tag in vielen kleinen Portionen zu füttern, damit er nicht vor der einzigen Mahlzeit des Tages stundenlang heißhungrig (und somit »schwierig« und reizbar) ist, kann das Verhalten entscheidend verändern. So kommt es häufig vor, dass ein Welpe, dem nicht in ausreichendem Maß Spiel, Bewegung und Erkundung angeboten werden, im Haus Pflanzen zerbeißt, Menschen ungestüm anspringt oder sich vollkommen überdreht verhält.

Junge Hunde brauchen einen ruhigen Platz, wo sie sich entspannen und viel Schlaf bekommen können.

Manchmal ist es offensichtlich, was Ihr Welpe braucht, aber nicht immer. So kann etwa zu langes Hungern dazu führen, dass der Kleine wild in Ihre Hände zwickt und ganz unruhig ist. Im Zweifel holen Sie sich lieber die Unterstützung eines Verhaltensprofis (siehe S. 115).

Schlaf

Achten Sie darauf, dass Ihr Hund genug Ruhezeiten bekommt. Ein Welpe verzichtet gern auf Schlaf, wenn um ihn herum lauter spannende Dinge passieren. Sorgen Sie also dafür, dass er regelmäßig »Auszeiten« an einem ruhigen, friedlichen Ort mit einem bequemen Bett wahrnimmt, weg von den Familienaktivitäten – vor allem wenn es in Ihrem Haushalt eher turbulent zugeht. Im Alter von acht Wochen braucht ein Welpe alle paar Stunden Schlaf. Warten Sie, bis er von selbst aufwacht. Wenn Sie sehen, dass er sich regt, gehen Sie mit ihm zum Löseplatz. Ist der Kleine abends reizbar und schnappt, bekommt er tagsüber vielleicht nicht genug Schlaf. Achten Sie dann darauf, dass er öfter ein Nickerchen macht.

Im Lauf der Monate braucht der Hund zwar weniger Schlaf, aber dennoch viel Zeit, um sich auszuruhen. Wenn es in Ihrer Familie lebhaft zugeht, sollte sich während dieser Ruhephasen niemand in dem Raum aufhalten, in dem das Hundebett steht. Ist das Routine geworden, können Sie die Regeln etwas lockern. Wichtig ist, dass die Kinder den Welpen nicht stören, wenn er schläft. Sie können warten, bis er von selbst aufwacht. Dann gehen alle mit ihm nach draußen zum Löseplatz, und danach wird zusammen gespielt.

Bewegung

Jeder Welpe braucht unterschiedlich viel Bewegung, doch ein langer Spaziergang ist noch nicht gut für Knochen und Gelenke. Bieten Sie dem Kleinen lieber viel Freilauf in abgesperrten Bereichen, wo er sich in kurzen Spieleinheiten mit Spielzeugen austoben darf.

Es gibt keine Formel dafür, wie viel Bewegung Ihr Vierbeiner benötigt, weil dies für jeden Hund und je nach Alter unterschiedlich ist. Gehen Sie danach, wie viel Ihr Kleiner beim Freilauf umherrennt, und beobachten Sie, wie lange er braucht, bis er langsamer wird. Anfangs geht das wahrscheinlich schnell, vielleicht in wenigen Minuten. Doch sobald er größer und kräftiger ist, hält er länger durch.

Wenn Sie damit beginnen, Ihren Welpen an der Leine auszuführen, denken Sie daran, wie aufregend so ein Ausflug ins Unbekannte für ihn ist. Er läuft dann möglicherweise viel länger, als wenn er allein unterwegs wäre. Ohne Leine würde er auch eher langsam laufen und sich mal hierhin, mal dorthin bewegen und häufig anhalten, um Gerüche oder sonstige interessante Stellen zu erkunden. Spaziergänge an der Leine im Tempo des Menschen sollten erst stattfinden, wenn Ihr Hund mindestens sechs Monate alt ist. Achten Sie aber selbst dann noch darauf, dass Sie nicht zu lange unterwegs sind, damit der im Wachstum befindliche Körper keinen Schaden nimmt.

Ist Ihr Welpe im Haus sehr ungestüm und voller überschüssiger Energie, braucht er mehr Auslastung – sowohl körperlich als auch mental. Das gilt besonders, wenn es längere Phasen gibt, in denen Sie anderweitig beschäftigt sind (etwa wenn Sie im Homeoffice arbeiten). Versuchen Sie, über den Tag verteilt mehr geistig anregende Aktivitäten einzuplanen, und sorgen Sie für zusätzliche Gelegenheiten zum Spielen, Laufen und Erkunden.

Ein Übermaß an körperlicher Bewegung kann aber auch den gegenteiligen Effekt haben – Ihr Welpe wird überdreht und findet gar nicht mehr zur Ruhe. Halten Sie deshalb Laufaktionen kurz und planen Sie ruhigere Schnüffelspiele ein, um zu hohe Erregung zu

Hunde brauchen körperliche und geistige Auslastung. Nur so sind sie entspannt und ausgeglichen.

reduzieren. Suchen Sie nach einer Bewegungsmöglichkeit, die Ihrem Hund Spaß macht und ihn auslastet. Wenn Sie sich unsicher sind, erkundigen Sie sich am besten beim Tierarzt.

Geistige Anregung

Junge Hunde brauchen nicht nur körperliche Bewegung, sondern auch ein gewisses Maß an geistiger Anregung – diese ermüdet sie oft sogar mehr als wildes Herumtoben. Solche mentalen Aktivitäten helfen Ihrem Welpen, sich zufrieden und ausgeglichen zu fühlen, stärken Ihre Beziehung und fördern sein Verständnis für die Welt um ihn herum. Spaziergänge zur Sozialisierung, kurze Trainingseinheiten, Spielphasen sowie die Möglichkeit, frei zu laufen und die Umgebung zu erkunden, tragen dazu bei, dass er seine geistige Energie sinnvoll nutzt.

Nehmen Sie sich über den Tag verteilt alle paar Stunden Zeit für kurze Spieleinheiten oder Lernaktivitäten (siehe Kapitel 9, S. 117). Manche Hunde brauchen mehr geistige Anregung als andere – spielen Sie also möglichst so viel mit Ihrem Welpen, dass er zwischen diesen Einheiten zufrieden zur Ruhe kommt.

BEWÄHRTE BEZUGSPERSON

Wenn Ihr Hund älter wird und in etwa weiß, was Sie von ihm erwarten, wird es Momente geben, in denen Ihre Wünsche nicht mit seinen eigenen übereinstimmen. Außerdem wird es mit zunehmendem Alter schwieriger, ihn von unerwünschtem Verhalten abzulenken und seine Aufmerksamkeit auf das zu richten, was Sie von ihm möchten. Haben Sie sich bis dahin aber als verlässliche Bezugsperson bewiesen, werden Sie vermutlich auch die turbulente Pubertätsphase des Hundes gut zu meistern wissen – eine Zeit, in der das Verhalten des Vierbeiners nicht unbedingt den Vorstellungen der Familie entspricht.

Eine vertrauensvolle Beziehung

Wenn Ihr Welpe eine respektvolle Beziehung zu Ihnen aufgebaut hat, so will er Ihnen gefallen und von Ihnen lernen – ähnlich wie Kinder von einem Lehrer lernen, den sie mögen und schätzen. Ein Hund, der die Wünsche der Menschen als wichtiger ansieht als seine eigenen, ist wesentlich umgänglicher. Er lässt sich leichter trainieren und hat ein besseres Benehmen. Ein gut erzogener, kooperativer Hund ist generell viel zufriedener als einer,

Eine Beziehung, die auf Vertrauen und Respekt basiert, ist die Grundlage für gutes Verhalten.

der sich in ständigem Konflikt mit seinen Haltern befindet.

Das Leben mit einem Vierbeiner, der seine eigenen Entscheidungen trifft und nicht auf seine Menschen hört, ist anstrengend und schwierig. Solche Hunde lassen sich oft nicht kontrollieren, weil sie sich weigern, etwas zu tun, das sie nicht selbst wollen. Da ihre Halter dann entnervt reagieren und ihnen nicht mehr die nötige Zuwendung schenken, zeigen die Tiere oft problematisches Verhalten, z. B. wenn Besuch ins Haus kommt. Dann suchen sie nach Wegen, auf inakzeptable Weise Aufmerksamkeit zu erhaschen. In unserer Gesellschaft kann sich niemand leisten, einen unkontrollierbaren Vierbeiner zu haben – und ein Hund, der nicht auf Menschen hört, hat oft ein unglückliches oder gar kurzes Leben.

Den Respekt Ihres Welpen können Sie nicht erzwingen. Sie gewinnen ihn durch gut durchdachtes Training.

Eine Frage des Respekts

Sich den Respekt eines Welpen zu verdienen, ist leicht, denn er erwartet von Natur aus Führung von Ihnen. Achten Sie darauf, dass dies auch so bleibt, wenn er älter wird und in die Pubertät kommt. In dieser Phase wird Ihr bislang so folgsamer Welpe nämlich mutiger, und sein Wunsch, gegen Ihren Willen zu handeln, wird stärker. Die meisten Hunderassen wurden über viele Generationen so gezüchtet, dass sie fügsam sind und mit Menschen zusammenarbeiten. Daher empfinden die meisten Familienhunde echte Freude, mit ihren Bezugspersonen zu kooperieren und harmonisch mit ihnen zusammenzuleben. Jeder Hund profitiert davon, die Anliegen seines Menschen über seine eigenen Wünsche zu stellen – schließlich muss er lernen, sich unserer Welt anzupassen, nicht umgekehrt.

Klare Strukturen im Alltag helfen Ihrem Welpen, sich sicher zu fühlen und respektvolles Verhalten zu entwickeln.

Gute Eltern schubsen andere Familienmitglieder nicht herum oder zwingen sie, sich anzupassen. Stattdessen verschaffen sie sich Respekt, indem sie klug und mutig handeln und geschickt ihren Willen durchsetzen, ohne dass es zum Konflikt kommt. Die besten Eltern sind in der Regel gütig und tolerant, können aber auch streng und kompromisslos sein, wenn es nötig ist. Sie bleiben standhaft, wenn es sein muss, aber die meiste Zeit sind sie gute Freunde. Gute Eltern stellen wenig Forderungen und schikanieren niemanden.

Sicherheit für die Familie

Eltern müssen mutig und klug sein, um Ärger von Familienmitgliedern fernzuhalten und Probleme schnell und effizient zu lösen, wenn jemand in Gefahr ist. Junge Welpen empfinden die unterschiedlichsten Situationen als Bedrohung, vor allem wenn sie nicht gut sozialisiert wurden. Sie als »Welpenelternteil« müssen Ihren Kleinen stets im Blick haben und dafür sorgen, dass er sich immer und überall gut und sicher fühlt – und notfalls eingreifen, wenn es nötig ist. Nur so wird Ihr Hund Sie als »gute Bezugsperson« wahrnehmen und respektieren (siehe Kapitel 6, Sozialisierung, S. 64, und Kapitel 10, Spielbeißen und Aggressionsprävention, S. 140).

Ressourcen kontrollieren

Als Hundehalter treffen Sie in der Regel wichtige Entscheidungen, die das Leben und das Wohlbefinden Ihres Welpen betreffen – etwa wie oft und wie viel er zu fressen erhält, wann er spielen darf und wie viel Bewegung und Zugang zur Außenwelt er bekommt. Wenn Sie alle Ressourcen kontrollieren, lernt Ihr Kleiner, dass Sie sehr wichtig sind, weil er alles, was er zum Überleben und für sein Wohlbefinden braucht, von Ihnen erhält. Allerdings müssen Sie dafür sorgen, dass seine Bedürfnisse rechtzeitig erfüllt werden – bevor er selbst tätig wird und Fehlverhalten ausprägt.

Gute (Welpen-)Eltern haben vier Eigenschaften. Sie ...

- **sorgen für Sicherheit**
- **kontrollieren die Beschaffung und Verteilung der Ressourcen**
- **können gut kommunizieren**
- **setzen sich durch, ohne Konflikte oder Groll zu erzeugen**

Indem Sie Ihren Welpen mit notwendigen Ressourcen dafür belohnen, dass er Ihren Forderungen nachkommt, und selbst bestimmen, wann und wo er Zugang zu diesen wichtigen Dingen erhält, legen Sie den Grundstein für ein verlässliches Miteinander. So übernehmen Sie die Kontrolle über sein Leben und sein Handeln. Ihr Welpe wird das bemerken und seine Einschätzung, wessen Wünsche Vorrang haben, daran orientieren. Wenn Sie ihm hingegen Ressourcen zu freigiebig oder auf sein Verlangen hin gewähren, könnte es ihn in der Meinung bestärken, dass seine Wünsche oberste Priorität haben.

Lassen Sie beim gemeinsamen Spiel nicht immer nur den Hund gewinnen. So lernt er Selbstbeherrschung.

Richtig kommunizieren

Gute Eltern geben sich Mühe, verständlich mit den anderen Familienmitgliedern zu kommunizieren. Ihrem Welpen fällt es von Natur aus schwer, gesprochene Wörter zu verstehen, doch er reagiert auf Ihre Gesten und die Körpersprache. Sind Sie ein geduldiger Lehrer, bei dem das Lernen Spaß macht, gewinnen Sie eher den Respekt Ihres Hundes, als wenn Sie unverständliche verbale Befehle brüllen, die Angst verbreiten und verwirren.

WARUM KÖRPERLICHE STRAFEN NICHTS BRINGEN

Es ist weder notwendig noch wünschenswert, körperliche Strafen anzuwenden, um einem Hund gutes Benehmen beizubringen. Strafen sind nicht nur unnötig, sondern auch äußerst unschön für den Welpen. Überdies können sie zu Ablehnung und Angst Ihnen gegenüber führen und sogar zu einem allgemeinen Misstrauen gegenüber Menschen. Strafmaßnahmen werden nur die Bindung zwischen Ihnen schwächen und jede Freundschaft, jedes Vertrauen, das er einmal hatte, zunichtemachen. Hundehalter, die körperliche Strafen anwenden, um ihre Vierbeiner zu disziplinieren, haben oft aggressive Tiere, während die Hunde von Haltern, die völlig gewaltfrei agieren, nur sehr selten aggressiv sind.

Setzen Sie Ihre Hände zur Bestrafung ein, wird der Welpe handscheu. Sieht er später eine Hand auf sich zukommen – wenn z. B. ein Kind die Hand nach ihm ausstreckt,

Ressourcen, die Sie kontrollieren

- **Essen: Mahlzeiten, Leckerchen**
- **Spielen: Spielzeuge**
- **Kontakt: Lob, Schimpfen, Streicheln**
- **Zugang nach draußen oder zu Erkundungsorten und Spaziergängen**

um ihm den Kopf zu streicheln –, beißt er womöglich, um sich zu verteidigen. Lernt der Welpe dagegen, dass Menschenhände ihm nie wehtun und ihm manchmal Belohnungen reichen, gibt es für ihn keinen Grund zu beißen.

Leider flüchten sich manche Hundehalter in körperliche Strafen, wenn etwas schiefgeht. Es ist viel einfacher, als mit Bedacht zu handeln – mittlerweile gibt es sogar viele Hilfsmittel zu diesem Zweck auf dem Markt. Traurigerweise scheint Bestrafung manchmal schnell zu wirken, was manch einen Hundehalter darin bestärkt, darauf zurückzugreifen. Es scheint so effektiv zu sein, weil die Symptome des Problems behandelt werden, nicht aber die Ursache.

Nehmen wir z. B. einen Hund, der mangels Sozialisierung Angst vor Fremden hat und knurrt, wann immer sich jemand nähert. Wenn ihn der Halter jetzt bestraft, lernt der Hund bald, nicht zu knurren, weil er zu große Angst vor den Konsequenzen hat. Der Halter wird denken, seine Methode hätte funktioniert, und wird sie seinen Freunden empfehlen. Die wahre Ursache für das Problem – die Angst vor Fremden – wurde jedoch nicht behandelt. Fühlt sich der Hund dann eines Tages ernsthaft bedroht, beißt er ohne Vorwarnung zu.

Verständnis ist der Schlüssel zum Erfolg. Was hat Ihr Hund von dem Verhalten, das Ihnen missgefällt? Finden Sie alternative Verhaltensweisen, die ihn auf ähnliche Art belohnen. So schaffen Sie die Bedingungen, unter denen er dieses gewünschte Verhalten stattdessen zeigt. Ihr Vorgehen löst das Problem aus der Sicht des Vierbeiners, da er das neue Verhalten als mindestens ebenso lohnend empfindet als das vorherige– und schon haben Sie eine dauerhafte Lösung für beide Seiten.

Viele Hunde werden dafür bestraft, dass sie nicht verstehen, was der Mensch von ihnen verlangt. Training ist ein langwieriger Prozess. Viele Menschen begreifen nicht, dass eine Übung sehr oft wiederholt werden muss, bis der Hund ein Signal verinnerlicht hat. Sie erwarten zu schnell zu viel von ihm. Bestrafung hilft dem Hund niemals, rascher zu lernen.

SOLL ICH »NEIN« SAGEN?

Das ist ein viel diskutiertes Thema. Meiner Ansicht nach ist ein »Nein« oder jede Form von negativer Korrektur bei einem sehr

Liebevolle Nähe und spielerische Momente vertiefen die Bindung und fördern harmonisches Zusammenleben.

jungen Welpen kontraproduktiv, und die Zeit ist besser investiert, wenn Sie ihm geduldig ein alternatives Verhalten beibringen. Es ist so wichtig, von Anfang an eine gute Beziehung zu ihm aufzubauen, die auf Liebe und Vertrauen basiert. Jede Form von Bestrafung – sei sie noch so mild – wird sie beschädigen.

Hat sich eine gesunde Beziehung entwickelt und kommt Ihr Welpe in die Pubertät, wird es, wenn er gute Gewohnheiten gelernt und eine liebevolle Bindung zu Ihnen aufgebaut hat, ohnehin kaum Korrekturbedarf geben. Allerdings ist kein Hund (und kein Mensch!) perfekt, daher mag es sein, dass es ab und zu einfacher und schneller geht, leichte Missbilligung für eine Handlung zu zeigen, als den Welpen abzulenken und ihm eine Alternative anzubieten. Geschieht das nur selten, sanft und mit einer klaren Botschaft, kann es das Kommunikationsrepertoire zwischen Ihnen und dem Welpen sinnvoll erweitern.

Beachtet Ihr Hund es nicht, wenn Sie ihn für unerwünschtes Verhalten rügen, sollten Sie prüfen, ob all seine Bedürfnisse erfüllt sind. Halten Sie ihn von dem unerwünschten Verhalten ab und achten Sie darauf, dass er dadurch nicht belohnt wird. Fördern Sie stattdessen ein anderes Verhalten. Überlegen Sie gut, wie Sie Ihr Training und Ihre Beziehung verbessern können – was gerade während der Pubertät nicht immer ganz leicht ist.

VERHALTENSPROBLEME

Manchmal kommt ein Welpe von einem fragwürdigen Züchter mit beträchtlichen Ängsten oder Problemen zu Ihnen. Und mitunter entwickeln sich Verhaltensprobleme auch erst, wenn Ihr Hund sich bei Ihnen eingelebt hat. Fast alle Welpenbesitzer kämpfen mit der einen oder anderen Herausforderung, wenn der Hund heranwächst – selbst die erfahrendsten Halter. Wenn Sie Schwierigkeiten haben, ist es besser, sich frühzeitig professionellen Rat zu holen als abzuwarten, ob sich das Problem von selbst »auswächst«. Das geschieht jedoch nur selten. Vielmehr muss man sich mit Problemen, die im jungen Welpenalter in kurzer Zeit gelöst wären, im Erwachsenenalter womöglich jahrelang beschäftigen. Es ist keine Schande, um Hilfe zu bitten. Einen Welpen gut zu trainieren, ist herausforderd, und ich persönlich fand die Unterstützung von Kollegen, denen ich vertraut habe, sehr tröstlich. Achten Sie nur darauf, wen Sie fragen.

Zunächst müssen Sie entscheiden, ob Sie einen Hundetrainer oder einen Verhaltensexperten benötigen. Ein Trainer hilft Ihnen, dem Welpen beizubringen, auf Signale zu reagieren. Er löst oft die eher grundsätzlichen Probleme, wie etwa Spielbeißen oder fehlende Stubenreinheit. Ein ernsteres Problem, z. B. große Furchtsamkeit oder Aggression, erfordern die Hilfe eines Verhaltensprofis.

Wie Sie einen guten Hundetrainer finden, steht auf S. 223. Wenn Sie einen Verhaltensexperten brauchen, erkundigen Sie sich in Ihrem Umfeld, wer infrage kommen könnte. Bitten Sie vor allem in Ihrer Tierarztpraxis um eine Empfehlung. Suchen Sie sich einen qualifizierten Experten für Tierverhalten, der Erfahrung hat und schon einige Jahre eine gut besuchte Praxis führt. Derjenige sollte auch Partner oder rechenschaftspflichtig gegenüber einer der größeren Organisationen sein, die sich mit Tierverhalten beschäftigen. In Europa ist das z. B. die International Association of Animal Behavior Consultants (iaabc.org).

KAPITEL 9

Spiele und gemeinsame Aktivitäten

Spiele und andere Unternehmungen sind nicht nur eine gute Möglichkeit, mit Ihrem Hund Spaß zu haben – gemeinsame Aktivitäten schweißen auch zusammen. In diesem Kapitel finden Sie Vorschläge, wie Sie die jugendliche Energie Ihres Welpen so nutzen können, dass er mit Spiel und Spaß Wichtiges für sein Leben lernt – und gleichzeitig Ihre Beziehung zu ihm gefestigt wird.

WARUM SPIELEN SO WICHTIG IST

Gemeinsame Erlebnisse vertiefen die Freundschaft und schaffen gegenseitiges Vertrauen. Wenn Ihr Welpe Ihnen wirklich gefallen möchte und gern mit Ihnen zusammen ist, strengt er sich mehr an, Ihre Wünsche zu erfüllen. Das erleichtert das Training ungemein. Daher gilt: Je mehr schöne Unternehmungen Ihr Hund mit Ihnen erlebt, desto interessanter werden Sie für ihn. Und je mehr er mit Ihnen zusammen sein will, desto mehr Einfluss haben Sie auf sein Verhalten. Durch gemeinsame Aktivitäten werden Sie zum Mittelpunkt seiner Welt. Er wird aufmerksamer und fügsamer, was besonders wichtig wird, wenn er in die schwierige Phase der Pubertät eintritt.

Bleibt Ihr Welpe z. B. beim Spaziergang in Ihrer Nähe, weil er auf etwas Schönes wartet, wird er nicht allein losziehen und Unfug treiben. Und wenn er mit Ihnen spielen will, erfindet er nicht seine eigenen »Spiele«, indem er z. B. Kinder oder Jogger jagt. Da Sie so interessant für ihn sind, kehrt er gern zu Ihnen zurück, wenn Sie ihn rufen. Vielleicht haben Sie sich ja wieder etwas Tolles für ihn ausgedacht? Dann rennt er nicht weiter herum, und Sie müssen ihn nicht mühsam einfangen.

Mit dem Welpen zu spielen, macht nicht nur viel Spaß, sondern ist auch die beste Möglichkeit, eine feste Bindung aufzubauen und das Vertrauen zu vertiefen.

Junge Hunde sind von Natur aus verspielt. Sie sollten schon früh erfahren, dass sie auch mit Spielzeug viel Freude haben können.

Welpen, die gelernt haben, mit Spielzeug zu spielen, betrachten Menschen als Quelle des Vergnügens. Solche Hunde sind umgänglich und kontaktfreudig. Wahrscheinlich ist das Leben unter Menschen für sie einfacher als für Vierbeiner, die nur daran gewöhnt sind, mit anderen Artgenossen zu spielen. Spiel ist auch ein gutes Ventil für den Jagdinstinkt. Wenn Sie den Drang Ihres Hundes, Beute aufzuspüren, zu hetzen und zu töten, in Spiel und Spaß umlenken, verhindern Sie, dass er diesen Trieb auf unerwünschte Weise auslebt.

Beim Spielen baut der Welpe überschüssige Energie ab, sodass er danach ruhig und entspannt ist. Bekommt er jedoch zu wenig Gelegenheit, sich körperlich und geistig auszupowern, können schnell Langeweile und Frust auftreten – besonders in der Zeit, wenn er in die Pubertät kommt. Ein Übermaß an Energie ist häufig die Ursache für unerwünschtes Verhalten. Da junge Hunde – besonders große, schwere Rassen – keine langen Spaziergänge machen sollten, sind kontrollierte Spiele daher eine ideale Möglichkeit, um »Dampf abzulassen« und sich auszutoben.

Manche Hunde, vor allem Arbeitshunderassen, wurden dazu gezüchtet, den ganzen Tag körperlich aktiv und geistig wach zu sein. In einem Privathaushalt brauchen sie daher viele unterschiedliche Spiele und regelmäßige gemeinsame Unternehmungen. Wenn Sie mehrere interessante Aktivitäten über den Tag verteilen, ist Ihr Hund zufrieden und freut sich auf das nächste Mal, wenn Sie ihm wieder ein spannendes Abenteuer bieten.

Mehrere kurze Aktivitäten über den Tag verteilt sind besser als eine lange Spieleinheit. Spielen Sie am besten mit dem Welpen, wenn er sich ruhig und angenehm verhält – selbst wenn er nur daliegt und sich ausruht. So belohnen Sie sein gutes Benehmen und erhöhen die Wahrscheinlichkeit, dass er es wiederholt. Erhält er dagegen nur Aufmerksamkeit, wenn er gerade unangenehm auffällt, wird sich sein Verhalten allgemein verschlechtern.

Die Gene Ihres Welpen bestimmen sein Lieblingsspiel. Rassen wie dieser Staffordshire Bullterrier bevorzugen Zerrspiele.

SCHNÜFFELSPIELE

Welpen lieben Aktivitäten, bei denen sie mithilfe ihres hoch entwickelten Geruchssinns Gegenstände oder Menschen suchen können. Dabei verbrauchen sie viel Energie, sodass sie danach entspannt und zufrieden sind. Gegenstände erschnüffeln ist für Hunde ein ganz natürlicher Vorgang: Das Suchen belohnt den entsprechenden Teil ihres Gehirns (wie bei uns, wenn wir shoppen gehen), und beim Finden werden reichlich Glückshormone ausgeschüttet (wie bei uns, wenn wir den ersehnten Artikel entdecken).

Schnüffelspiele führt der Welpe meist allein aus, nachdem Sie alles vorbereitet und ihm gezeigt haben, was zu tun ist. Sie eignen sich daher gut für Zeiten, in denen Sie müde

Verschiedene Aktivitäten zum Ausprobieren:

- **Schnüffelspiele**
- **Interaktives Spielzeug**
- **Spielen mit Spielzeug**
- **Körperliche Auslastung**
- **Erkundungsmöglichkeiten**
- **Schnüffelspaziergänge**

sind. Da Ihr Hund Sie aber mit der Freude zu Beginn und am Ende des Spiels in Verbindung bringt, stärken diese Spiele dennoch die Bindung zwischen Ihnen.

Spielzeug entdecken

Bei diesem Spiel soll der Welpe mit seiner feinen Nase ein verstecktes Spielzeug finden. So kann er sich z. B. geistig austoben, bevor Sie aus dem Haus gehen und ihn allein lassen. Das Spiel lässt sich sowohl drinnen als auch draußen durchführen. Hat Ihr Hund es einmal gelernt, wird er viel Freude daran haben.

Halten Sie den Welpen zunächst fest und lassen Sie ihn zusehen, wie Sie draußen ein Plüschspielzeug in hohes Gras werfen. Oder eine zweite Person versteckt es im Haus hinter einem Sessel. Lassen Sie ihn dann frei, rufen Sie motivierend »Such« und begleiten Sie ihn, wenn er losläuft. Sobald er das Spielzeug findet, loben Sie ihn und fordern ihn auf, es aufzuheben und zum Ausgangspunkt zurückzutragen. Nehmen Sie ihm das Spielzeug erst ab, wenn er es freiwillig hergibt.

Nach einer Weile werfen Sie das Spielzeug, ohne dass der Welpe zuschauen darf. Stellen Sie sich vor dem Wurf so hin, dass er nicht sehen kann, wo es landet. Bis er verstanden hat, worum es geht, verwenden Sie ein Spielzeug, das ein Geräusch macht, wenn es aufschlägt (etwa ein Plastikspielzeug auf hartem Boden). So weiß der Hund, dass da etwas liegt. Im Haus verstecken Sie das Spielzeug zunächst unter einer Ecke eines Handtuchs. Schieben es dann nach und nach weiter darunter. Am Ende soll Ihr Welpe es in der Mitte erschnüffeln.

Bald wird er bei dem Signal »Such« wissen, dass irgendwo in der Nähe ein Spielzeug versteckt ist. Loben Sie ihn und spielen Sie mit ihm und seinem Spielzeug, wann immer er es »findet«. Helfen Sie ihm, wenn nötig, indem Sie ihm die richtige Richtung weisen. Üben Sie weiter, bis er jedes Spielzeug finden kann, das im Haus versteckt ist. Beginnen Sie mit einfachen Funden und steigern Sie die Schwierigkeit allmählich.

Futter verstreuen

Wenn Sie nicht viel Zeit haben, bietet sich ein einfaches Suchspiel an. Verteilen Sie Futter auf einer sauberen Grasfläche, weit weg vom Löseplatz. Verwenden Sie kleinere Häppchen auf gemähtem Rasen und größere in hohem Gras. Geben Sie dem Welpen viel Zeit, um alle Stücke aufzuspüren. Für sehr aktive Welpen kann es besser sein, sie grundsätzlich

Viele Terrier mögen Quietschspielzeug, weil das Geräusch den Lauten ihrer Beute ähnelt.

Riechspiele im Freien bereiten Welpen und Kindern großen Spaß. Schon bald ist das Verstecken und Suchen eines Familienmitglieds ein Highlight des Tages.

zu füttern, indem man ihr Futter verstreut, anstatt es ihnen in einem Napf hinzustellen. Setzen Sie den Großteil der Futtermenge als Belohnung für gutes Verhalten und Training ein, und verstreuen Sie den Rest, damit Ihr Hund es suchen kann.

Schnüffelspiele draußen

Draußen können Sie Spielzeuge nicht nur in hohem Gras verstecken, sondern auch im Gehen fallen lassen (während der Welpe vorausläuft und Sie nicht beachtet). Dann fordern Sie ihn auf, Ihrer Duftspur zurück zu dem Spielzeug zu folgen. So lernt er, Dinge zu finden, die Sie verloren haben. Sie können Ihrem Hund auch beibringen, Familienmitglieder zu »suchen«, die sich hinter Bäumen oder Büschen versteckt haben – es ist ein Riesenspaß, wenn er sie »findet«. Lassen Sie den Welpen aber niemals einfach allein, indem Sie sich verstecken, wenn er gerade nicht hinschaut. Plötzlich an einem unbekannten Ort die Bezugsperson zu verlieren, versetzt ein Jungtier in Angst und Schrecken – das ist nicht lustig. Spielen Sie nur Verstecken, wenn Sie beim Spaziergang mindestens zu zweit sind.

Wenn Sie das Schnüffelspiel draußen durchführen, denken Sie an die Windrichtung. Es ist einfacher, wenn der Wind den Geruch des Spielzeugs oder des Menschen zum Welpen hinträgt. Berücksichtigen Sie also anfangs den Wind und erschweren Sie das Suchspiel erst allmählich im Verlauf des Übens.

Nasenarbeit & Co.

Es gibt verschiedene Sportarten und Kurse für erwachsene Hunde, die mit dem Geruchssinn zu tun haben, wie etwa Nasenarbeit (in der Regel die Suche nach Katzenminze oder Waffenöl, ähnlich dem Training von Drogenspürhunden), Fährtenarbeit oder Mantrailing.

Dabei werden Sie sehr viel über den Geruchssinn Ihres Hundes lernen – und darüber, wie Luftströme, Temperatur und Wetterbedingungen seine Fähigkeit, Gerüche wahrzunehmen und zu erkennen, beeinflussen.

INTERAKTIVES SPIELZEUG

Es gibt einige interaktive, meist runde oder kegelförmige Spielzeuge, etwa aus Hartgummi oder Silikon, die Sie mit Leckereien füllen oder bestreichen können. Ihr Welpe wird damit spielen, um das Futter aufzulecken oder es herausfallen zu lassen. Diese Spielzeuge sind sehr nützlich, wenn sich Ihr Hund hinlegen soll, weil Sie gerade anderweitig beschäftigt sind. Befüllen Sie das Spielzeug mal mehr, mal weniger und wählen Sie zunächst eines mit einer großen Öffnung, sodass es Ihrem Welpen anfangs leichtfällt, das Futter herauszubekommen. Sonst ist der Kleine frustriert und gibt auf. Später können Sie das Spiel schwieriger machen, damit er mehr tun muss und länger braucht, um das Behältnis zu leeren. Wenn es wichtig ist, dass das Spiel halbwegs ruhig verläuft, nehmen Sie ein Modell, das nicht rollt. Soll der Kleine sich dagegen mehr bewegen, eignet sich eines in Kegel- oder Kugelform.

Es gibt auch Matten aus Gummi oder Silikon mit Vertiefungen oder Rillen, die Sie mit Futter bestreichen können. Es dauert eine Weile, bis der Welpe die Matte saubergeleckt hat. Alternativ können Sie einen Schnüffelteppich mit Fleecefransen anfertigen oder kaufen, in denen sich Leckerchen verstecken lassen. Mit dem Suchen ist Ihr Hund gut beschäftigt.

Wo sind nur die leckeren Häppchen? Hat Ihr Welpe seine »Beute« entdeckt, ist das die schönste Belohnung – und eine gute Möglichkeit, ihn mental zu fordern.

Dieses robuste interaktive Spielzeug eignet sich gut für Anfänger. Es hat eine breite Öffnung, sodass der Welpe leicht an die Futterstücke herankommt.

Diese »Spielzeuge« eignen sich hervorragend dazu, den Welpen auszulasten, während Sie relativ wenig Aufwand damit haben. Behalten Sie aber im Blick, wie viel Futter Sie dabei verwenden, denn es ist schnell zu viel, wenn Sie sehen, wie viel Spaß Ihr Welpe damit hat.

Im Fachhandel finden Sie auch Futterpuzzles, meist aus Hartplastik und mit befüllbaren Futterspendern. Aus diesen kann Ihr Welpe fressen, indem er die Deckel mit der Schnauze aufschiebt oder darauf drückt. Wählen Sie zunächst einfache Modelle und zeigen Sie Ihrem Hund, wie er an die Häppchen herankommt. Lassen Sie ihn ruhig eine Weile üben, sodass er lernen kann, wie es funktioniert. Aber helfen Sie ihm rechtzeitig, bevor es zu lange dauert und er frustriert aufgibt. Sie können auch Ihr eigenes Puzzle fertigen – z. B. aus einem Muffinblech, indem Sie in jeder Vertiefung ein Leckerchen unter einem Tennisball verstecken. Ihr Welpe kann dann die Bälle wegrollen und sich die Häppchen herausholen.

UNTERSCHIEDLICHE SPIELZEUGARTEN

Ein Spielzeug kann alles sein, was nicht giftig ist und nicht splittert oder sonst einen Schaden anrichtet – z. B. eine alte Socke, die mit anderen alten Socken ausgestopft ist, oder ein Stück robuster Fellstoff. Wenn Sie Spielzeug kaufen, bedenken Sie, dass Welpen weiche Dinge bevorzugen, die sich ähnlich anfühlen wie ihre Wurfgeschwister. Beginnen Sie also mit großen, weichen Plüschspielzeugen. Lange Spielzeuge helfen, die Hände von den scharfen Milchzähnen fernzuhalten, und sind daher gut geeignet, wenn kleine Kinder mit dem Welpen spielen. Ein Spielzeug muss so groß und robust sein, dass es nicht verschluckt werden kann, und es sollte entsorgt werden, bevor es in kleinere Teile zerbricht.

Verschiedene Hunderassen wurden zu unterschiedlichen Zwecken gezüchtet und haben daher meist an Spielen Freude, die der Arbeit ähneln, für die sie ursprünglich vorgesehen waren. Die meisten Welpen mögen jedes

Spiel, doch auch sie haben mitunter schon Vorlieben. Wenn Ihr Hund älter wird und ein bestimmtes Spiel bevorzugt, schaffen Sie am besten entsprechendes Spielzeug an. Es ist z. B. viel einfacher, Jagdspiele mit Gegenständen zu spielen, die sich leicht werfen lassen, als ein Spieltau zu schleudern. Andersherum ist es einfacher, ein Spieltau aus dem Maul eines zerrenden Hundes zu lösen, als zu versuchen, einen Ball dort herauszubekommen.

Beim Spielzeug für Abwechslung zu sorgen, führt dazu, dass weder Sie noch der Welpe die Lust verlieren. Was das angeht, sind Welpen wie Kinder – sie werden ab und zu ein neues Spielzeug oder ein anderes Spiel zu schätzen wissen. Manchmal macht ein neues Spielzeug (oder das Wiederentdecken eines alten) das Spielen für beide Seiten wieder interessanter.

Kurze Spiele mit weichem Plüschspielzeug sind auch während des Spaziergangs eine willkommene Abwechslung.

LIEBLINGSSPIELE

- **Jagdspiele: mögen viele Rassen, vor allem Hüte- und Jagdhunde (wenngleich Letztere im Erwachsenenalter meist nur Interesse daran haben, lebende Tiere zu jagen; doch wenn sie als Welpe daran gewöhnt wurden, mit Spielzeug zu spielen, behalten sie das bei)**
- **Besitzspiele: schätzen die meisten Hunde, die gern das Spielzeug ergattern und behalten, ganz besonders Jagdhunde, die damit im Maul umherlaufen, wenn sie sehr aufgeregt sind**
- **Zerrspiele: werden allgemein von Wachhunden bevorzugt**
- **»Totschüttel«-Spiele (Spiele mit Quietschspielzeug): werden liebend gern von Terriern gespielt**

Nehmen Sie auf den Spaziergang stets ein Spielzeug mit. Mit ihm statt mit Stöcken zu spielen, verhindert, dass sich Ihr Vierbeiner im Maul, an den Augen oder im Gesicht verletzt. Das passiert oft, wenn ein Ende des Stocks im Boden stecken bleibt, der Welpe nicht rechtzeitig zum Stehen kommt und ins andere Ende läuft. Beachten Sie Ihren Hund nicht, wenn er einen Stock aufhebt; dann wird er schnell lernen, dass es mehr Spaß macht, mit dem Spielzeug zu spielen, das Sie dabeihaben.

AUF AUGENHÖHE

Alle Spiele mit Tieren sollten einvernehmlich stattfinden, und beide Parteien sollten auf Augenhöhe spielen. Das heißt, Sie sind sich Ihrer Rolle als vertrauensvolle Bezugsperson bewusst und unterdrücken jeden Drang, das

Das Spiel mit Spielzeug sollte stets fröhlich sein und sowohl dem Menschen als auch dem Hund Spaß machen. Der Fantasie sind dabei keine Grenzen gesetzt.

Spiel zu stark zu dominieren. Passen Sie sich stattdessen dem Welpen an, damit es ihm Spaß macht und er die Chance hat, das Spielzeug genauso oft zu ergattern wie Sie.

Laden Sie ihn mit sanfter Stimme und in fröhlichem Ton zum Spielen ein. Begeben Sie sich auf seine Höhe, seien Sie fröhlich (aber nicht so übertrieben, dass Sie ihn einschüchtern) und wedeln Sie mit einem Plüschspielzeug hin und her. Lehnt der Hund Ihre Einladung ab, indem er sich nicht bewegt oder sich zurückzieht, wedeln Sie langsamer. Oder Sie starten erneut mit einem anderen Spielzeug. Kommt noch immer keine Reaktion, versuchen Sie es später noch einmal. Auch ein Welpe ist nicht immer in Spiellaune. Vielleicht ist er müde, fühlt sich nicht wohl oder es ist ihm gerade zu viel. Geben Sie ihm Zeit und Raum – später klappt es bestimmt wieder.

Zeigt der Welpe Interesse, wedeln Sie mit dem Spielzeug ein paar Sekunden, verstecken es kurz hinter Ihrem Rücken oder einem Möbelstück und lassen es dann wieder auftauchen. Bewegen Sie es schnell flach über den Boden, damit der Hund in seiner Spielfreude nicht danach springt und sich dabei verletzt. Nach ein paar Sekunden der Jagd lassen Sie das Spielzeug langsamer werden, damit Ihr Kleiner es fangen kann. Entweder darf er es jetzt haben und damit spielen, oder Sie ziehen ein paarmal sachte daran, bevor Sie es loslassen. Achten Sie darauf, nicht zu heftig zu zerren, vor allem wenn der Welpe gerade zahnt.

Wenn Sie mit Lob seinen »Sieg« feiern, wird er mit der Rute wedeln, stolz mit seiner Trophäe umherlaufen und dann zu Ihnen kommen. Berühren Sie zu diesem Zeitpunkt weder seinen Kopf noch das Spielzeug, sonst denkt er, Sie möchten es stehlen, und geht weg. Loben Sie ihn stattdessen weiter und streicheln Sie seinen Rücken und die Seiten, bis er das Interesse an dem Spielzeug verliert und es fallen lässt. Dann können Sie es nehmen und das Spiel von vorn beginnen.

Gehen Sie nach diesem Muster vor, wird Ihr Welpe Sie als wunderbaren Spielpartner betrachten. Wenn Sie dagegen darauf bestehen, dass er mit Ihnen spielt, indem Sie ihm das Spielzeug ins Gesicht drücken, oder es nicht hergeben, zu grob sind oder nie zulassen, dass er es bekommt, wird er bald die Lust verlieren. Bewähren Sie sich also als guter Spielpartner, dann haben Sie einen Freund fürs Leben.

Versuchen Sie, sich beim Spielen nicht zu ärgern und schimpfen Sie nicht mit dem Welpen. Wenn etwas nicht so klappt, wie Sie es sich vorgestellt haben, beenden Sie das Spiel. Überlegen Sie in Ruhe, was schiefgelaufen ist und wie Sie dies beim nächsten Mal vermeiden können. Zwingen Sie sich nie zum Spielen. Wenn Sie dabei gereizt sind, verliert auch der Hund die Lust und lernt, dass er Ihnen nicht vertrauen kann. Hören Sie daher am besten immer dann auf zu spielen, wenn es Ihnen beiden noch Spaß macht, bevor entweder Sie oder der Welpe müde werden.

Spiele sollten für beide Parteien Unterhaltung und Erholung sein. Gehen Sie mit Spaß ans Werk, so genießt auch Ihr Hund das Miteinander – und Ihre Bindung wird stärker.

SPIELZEUG SICHER VERWAHREN

Stellen Sie Ihrem Hund immer ein paar härtere Spielzeuge und Kausnacks zur Verfügung, womit er sich jederzeit beschäftigen kann. Dann bleiben wertvolle Dinge in Ihrem Haushalt verschont. Benutzen Sie diese Dinge aber nicht, wenn Sie mit Ihrem Welpen spielen. Verwenden Sie dafür andere Gegenstände, die Sie sonst gut verwahren. Diese Spielzeuge sind für Ihren Vierbeiner besonders spannend, weil sie nur gelegentlich verfügbar und weich sind. So lernt er, dass diese »ganz besonderen« Spielzeuge mit viel Spaß und gemeinsamer Zeit mit Ihnen verbunden sind.

Solches Spielzeug kann empfindlicher sein als das, was immer zur Verfügung steht. Quietschendes oder plüschiges Spielzeug z. B. hält länger, wenn nur in Ihrem Beisein damit gespielt wird. Es wäre schnell völlig zerkaut, wenn der Welpe in der Zahnungsphase damit allein wäre. Hundehalter sagen oft, ihr Vierbeiner hätte kein Spielzeug, weil er es, sobald er ein neues bekommt, sofort vergräbt, zerkaut oder versteckt. Wenn Sie dem Welpen robustes Spielzeug geben, mit dem er allein spielen kann, und die empfindlichen Dinge unter Verschluss halten, haben Sie immer ein paar »besondere« und interessante Spielzeuge für gemeinsames Spiel zur Hand.

ERSTES APPORTIEREN

»Bring«-Spiele sind sehr einfach und bereiten Ihrem Welpen mit Sicherheit große Freude. Außerdem ist das Apportieren die Grundlage für viele andere Spiele und nützliche »Tricks«, die Sie dem Hund beibringen können, wenn er älter ist: z. B. die Post holen oder verlorene Schlüssel für Sie suchen. Ihr Vierbeiner sollte das Apportieren möglichst früh lernen – und zwar bevor er damit beginnt, Menschen aus dem Weg zu gehen, sobald er das Spielzeug hat. Wenn es Schwierigkeiten gibt, suchen Sie sich einen erfahrenen Trainer, der Ihnen helfen kann, Ihre Technik zu perfektionieren.

ÜBUNG

APPORTIEREN LERNEN

1

Begeistern Sie Ihren Hund für das Spielzeug, bevor Sie es auf den Boden werfen. Wenn Ihr Welpe hinterherrennt, sagen Sie Ihr Wortsignal – z. B. »Bring!«. So verknüpft er dieses Signal mit dem Loslaufen, um etwas aufzuheben.

2

Hat er das Spielzeug gepackt, loben Sie ihn und ermuntern ihn, zu Ihnen zurückzukehren. Wenn Sie spannend genug klingen, wird er zu Ihnen laufen – mit dem Spielzeug im Maul und wedelnder Rute. Halten Sie Ihre Hände ruhig, damit er nicht denkt, Sie wollten ihm das Spielzeug wegnehmen. In diesem Fall könnte er versuchen, Ihnen aus dem Weg zu gehen, und sich irgendwo anders damit hinlegen.

3

Kommt er zu Ihnen, fassen Sie nicht das Spielzeug an, sondern streicheln ihn, aber nicht am Kopf. Wenn Sie gleich nach dem Spielzeug greifen, wird er künftig nicht mehr zu Ihnen kommen. Hatte er das Spielzeug ein paar Minuten im Maul (seien Sie geduldig!), lässt er es wahrscheinlich von sich aus fallen. Sobald er das macht, sagen Sie das Wortsignal »Aus!« und nehmen das Spielzeug. Loben Sie ihn und lassen Sie ihn das Spielzeug noch einmal »jagen«.

Haben Sie Kinder immer im Blick, wenn sie mit dem Welpen spielen. So lernen beide Seiten, richtig miteinander umzugehen.

SPIELEN MIT KINDERN

Welpen und Kinder spielen meist vergnügt miteinander – für beide Seiten ist es ein lehrreicher Spaß. Allerdings kann ein Welpe genauso leicht das Falsche lernen wie das Richtige. Deshalb sollte ein Erwachsener stets das Spiel beaufsichtigen.

Bedenken Sie, dass alles, was Ihr Welpe lernt, solange er jung ist, das Muster für sein späteres Verhalten vorgibt. Kinder wollen dem Welpen keinen Schaden zufügen, aber vielleicht können sie die Folgen ihres Handelns noch nicht einschätzen. Beobachten Sie das Geschehen genau. Beginnt der Hund, etwas Ungeeignetes zu tun, lenken Sie ihn mit einem Spielzeug ab oder zeigen Sie den Kindern, wie sie gemeinsam etwas Passenderes spielen können.

SPANNENDE MOMENTE

Welpen wollen spielen, wenn sie etwas besonders spannend finden, und haben in solch aufregenden Momenten oft ein Lieblingsspiel: Ein Labrador trägt z. B. einen Pantoffel, wenn Sie nach Hause kommen, ein Terrier schnappt nach der Zeitung, die durch den Briefschlitz fällt, und manche Hunde zerren an der Leine, bevor sie zum Spaziergang starten. Nutzen Sie dieses Verhalten, um einen zurückhaltenden Welpen zum Spielen zu ermuntern: Holen Sie Spielzeug hervor, wann immer er wegen irgendetwas aufgeregt ist.

Legen Sie z. B. ein Spielzeug griffbereit in die Nähe der Tür und spielen Sie damit, sobald Sie nach Hause kommen. Wenn Sie all die spannenden Ereignisse des Tages mit dem

Auftauchen des Spielzeugs verbinden, wird schließlich schon allein dieses Auftauchen spannend. Kein Grund also für den Welpen, ungeeignete Spiele zu erfinden, wenn er aufgeregt ist.

KONTROLLE ÜBER DAS SPIEL

Versuchen Sie, die Spiele anfangs nicht zu stark zu kontrollieren oder zu viele Regeln aufzustellen. Nichts schreckt einen Welpen mehr vom Spielen ab als ein Partner, der alles bestimmen will. Wecken Sie zunächst die Begeisterung für das Spiel und sorgen Sie erst danach für gemäßigte Kontrolle.

Sobald Ihr Welpe mit Freude spielt, beginnen Sie behutsam damit, ihm Regeln beizubringen. Lektionen, die er im Spiel lernt, sind von unschätzbarem Wert – so gewinnen Sie im Alltag und in Krisensituationen Kontrolle über Ihren Hund. Das ist besonders wichtig, wenn Ihr Vierbeiner einer großen oder sehr kräftigen Rasse angehört.

Stellen Sie sich z. B. vor, wie Ihr erwachsener Hund der Nachbarskatze hinterherjagt, die auf eine verkehrsreiche Straße zusteuert, oder wie er über eine Viehweide läuft. Wie groß ist Ihre Chance, ihn dann erfolgreich zurückzurufen, wenn Sie ihn nicht einmal stoppen können, sobald er in vollem Tempo einem Ball nachrennt? Wenn Sie nicht dafür sorgen können, dass er bei einem Zerrspiel sofort loslässt, was ist, wenn er sich in dem Kunstfellbesatz an der Kapuze eines panischen Kindes festgebissen hat und Sie mit ihm ringen müssen, bis er endlich davon ablässt?

Beenden Sie ein Spiel immer unverzüglich, wenn der Welpe etwas tut, das er als erwachsener Hund nicht tun soll. Stellen Sie sich vor, er ist voll ausgewachsen und spielt mit einem Kind. Was, wenn er mit seinen Zähnen unachtsam ist und versehentlich in einen Finger beißt und nicht in das Spielzeug? Was, wenn er sich beim Tauziehen am Spieltau vorbeimogelt und dem Kind in die Finger zwickt, um es zum Loslassen zu bringen? Was, wenn der

Ist ein Welpe aufgeregt, möchte er sein Lieblingsspiel spielen. Dieser hier schnappt sich dann gern einen Pantoffel.

Hund auf das Kind zurennt und versucht, ihm ein Spielzeug aus der Hand zu reißen?

Bedenken Sie: Alles, was Ihr Hund jetzt lernt, ist sein normales Verhalten, wenn er erwachsen ist. Ersticken Sie inakzeptables Verhalten im Keim, indem Sie das Spiel ruhig beenden und mit dem Spielzeug davongehen. Ihr Welpe wird schnell begreifen, was der Grund für das Spielende ist, und das Verhalten künftig nicht mehr zeigen, damit das Spiel weitergeht.

Wenn Sie Ihrem Welpen für das gemeinsame Spiel ein paar Wortsignale beibringen, um ihn zu kontrollieren, können Sie ihn auch in aufregenden oder stressigen Situationen besser steuern. Behalten Sie die Kontrolle über das Spiel, so haben Sie sie auch über den Hund. Erwarten Sie anfangs keine Wunder. Denken Sie daran, dass Ihr Hund noch sehr jung ist und es Zeit braucht, um Selbstbeherrschung zu lernen. Professionelle Unterstützung von einem erfahrenen Trainer, der positive Methoden anwendet, kann dabei hilfreich sein und Sie motivieren, mit dem Training fortzufahren.

JAGDSPIELE

Die Kontrolle über Jagdspiele zu behalten, ist besonders wichtig, wenn Ihr Hund später sehr schnell, groß oder kräftig sein wird. Er muss lernen, auch abgeleint nicht hinter etwas herzujagen, zu warten, wenn Sie ihn dazu auffordern, auf Ihren Ruf hin zurückzukommen oder sofort anzuhalten. Dem Hund dies beizubringen, ist wirklich schwierig – hier empfiehlt sich professionelle Hilfe ganz besonders.

Warten auf die Erlaubnis zu jagen

Schieben Sie während einer Spielrunde ab und zu ein kurzes Stück Leine unter das Geschirr Ihres Welpen. Halten Sie beide Enden der Leine fest und sagen Sie »Warte«, dann werfen Sie das Spielzeug. Ihr Hund wird sofort versuchen loszurennen, schafft es aber nicht, weil Sie ihn halten. Warten Sie, bis er es ruhig akzeptiert, festgehalten zu werden. Loben Sie ihn sanft, dann lassen Sie ein Ende der Leine los, um ihn freizugeben, sagen Ihr Signal »Bring« und fordern ihn auf, das Spielzeug zu holen. Wiederholen Sie diese Übung mehrmals. Belohnen Sie den Welpen und loben Sie ihn, wenn er ruhig bei Ihnen bleibt, indem Sie die Leine

Halten Sie den Welpen mit einer Kordel am Halsband fest, wenn Sie den Ball werfen. Hat er sich entspannt, darf er hinterherjagen.

festhalten und sein Lieblingsspielzeug vor ihm fallen lassen, anstatt es zu werfen. Wenn er nie weiß, ob er losrennen darf, um sich das Spielzeug zu holen, oder ob er es von Ihnen bekommt, lernt er zu warten, bis Sie entscheiden, was er tun soll.

Wartet er verlässlich, wenn Sie ihn dazu auffordern, müssen Sie ihn nicht mehr festhalten. Machen Sie es erst wieder, wenn es nötig ist. Bedenken Sie, dass zu viel Kontrolle die Spielfreude bremst. Wenn Sie also merken, dass Ihr Hund zögert loszurennen, haben Sie es mit der Übung übertrieben und sollten ihm öfter erlauben, das Spielzeug direkt zu jagen.

Später können Sie diese Übung erweitern, indem Sie einen interessanteren Gegenstand wählen. Dass der Welpe ein vertrautes Spielzeug, das über den Boden rollt, nicht jagen soll, ist eine Sache; von ihm zu verlangen, dass er einem Kaninchen, das er gerade aus dem hohen Gras gescheucht hat, nicht nachstellt, eine andere. Es ist jedoch möglich, mehr Spannung zu simulieren. Vielleicht gelingt es, indem Sie den Welpen anfeuern und sein Lieblingsspielzeug ganz weit wegwerfen. Oder Sie sehen, dass er bei einem spannenden Spiel mit anderen Hunden oder Ihren Kindern mitmachen möchte. Dann können Sie ihn auffordern zu warten, wenn sie an ihm vorbeitoben. Erst danach erlauben Sie es ihm, mitzuspielen.

Seien Sie erfinderisch und beobachten Sie Ihren Vierbeiner. Sie werden schnell etwas Spannendes finden, mit dem Sie ihn auf eine reale Situation vorbereiten können. Durch diese Übung lernt Ihr Welpe auch, auf Ihre Anweisung zu warten, selbst wenn er sich im Zustand höchster Erregung befindet. Diese Lektion ist von unschätzbarem Wert!

Muss der Welpe ein paar Sekunden warten, bis Sie das Spielzeug werfen, lernt er Selbstbeherrschung und gutes Benehmen.

BESITZSPIELE

Besitzspiele werden meist allein gespielt und sind hier erwähnt, um Ihnen bewusst zu machen, wie wichtig es für manche Hunde ist, das Spielzeug für eine kleine Weile behalten zu dürfen. Wird ihnen das erlaubt, sind sie eher bereit, sich anzustrengen, um sich das Spielzeug wieder zu verdienen.

Manche Hunde, z. B. Hütehunde, lieben das Hetzen und werden Ihnen das Spielzeug vor die Füße legen, kaum dass sie es zurückgebracht haben – in der Hoffnung, dass Sie es schnell wieder werfen. Andere Vierbeiner halten das Spielzeug sorgfältig fest und weichen allen Versuchen, es ihnen wegzunehmen, aus. Ihnen den Moment mit dem Spielzeug geduldig zu gönnen, auch wenn es viele Minuten dauert, erhöht ihre Bereitwilligkeit, sich beim nächsten Mal schneller davon zu trennen.

Für alle Hunde, die Besitzspiele mögen, ist es wichtig, dass sie ein Prinzip lernen: »Hände kommen, um zu geben, nicht, um zu nehmen.« Dies verhindert, dass sie in Bezug auf Besitz nicht aggressiv werden (siehe S. 152).

ZERRSPIELE

Gehen Sie bei Zerrspielen besonders behutsam vor. Denken Sie daran, dass die Zähne Ihres Welpen entweder kurz vor dem Ausfallen sind oder gerade neu wachsen. Zerren Sie also nicht zu wild. Überlassen Sie dem Hund das Ziehen. Sie sind der Anker und machen das Spiel interessant, indem Sie ab und an sachte an dem Spielzeug zupfen. Wenn Sie es zurückhaben wollen, heben Sie es nicht samt dem Welpen hoch und warten, bis er herunterfällt – das ist nicht gut für sein Maul. Lassen Sie stattdessen einfach los und ermuntern Sie ihn, Ihnen das Spielzeug zu geben, indem Sie ihn loben. Fassen Sie dabei weder seinen Kopf noch das Spielzeug an, sondern streicheln Sie sanft seinen Rücken und die Seiten. Warten Sie, bis er sich beruhigt hat, dann spielen Sie weiter.

Beenden Sie das Spiel, bevor Ihr Welpe zu aufgeregt wird. Zu wildes Zerren kann zu übermäßiger Erregung und möglicherweise Spielbeißen führen. Halten Sie das Spiel also ruhig und lassen Sie es erst wilder werden, wenn Ihr Vierbeiner Selbstbeherrschung gelernt hat.

Sobald Sie Ihren Hund für Zerrspielzeug begeistert haben, sollte er lernen, auf Ihr Signal hin mit dem Zerren aufzuhören. Folgen Sie den Schritten 1 und 2 auf den Seiten 134–135. Beginnen Sie allmählich, das Signal bei eher wildem Spiel einzusetzen. Ziehen Sie zuerst das Spieltau zu sich, sodass Sie es möglichst ruhig halten können, wenn Sie das Signal geben. Arbeiten Sie langsam darauf hin, dass Sie »Aus« sagen, wenn der Welpe sich sehr anstrengt, um das Spielzeug zu bekommen. Lässt er nicht sofort los, üben Sie an einem weniger aufregenden Punkt des Spiels weiter.

»TOTSCHÜTTEL«-SPIELE

Hunde, die stark auf das Quietschen in einem Spielzeug reagieren und versuchen, es zu zerreißen und zu »töten«, haben ein ausgeprägtes Beuteverhalten. Da ihr Umgang mit Quietschspielzeug zeigt, wozu sie fähig sind, sollte man Kleintiere unbedingt vor ihnen schützen.

Es ist nicht bewiesen, dass das Spielen mit Quietschspielzeug das Beuteverhalten fördert (Gene für Beutefangverhalten sind fest verankert, wenngleich sie sich stärker entfalten, wenn man den Hund auf die Jagd mitnimmt). Nehmen Sie das Quietschspielzeug am Ende jeder Spieleinheit in Verwahrung, so bleibt es nicht nur länger heil, sondern Sie haben es auch zur Hand, wenn Sie den Hund im Wald von einem Eichhörnchen ablenken müssen.

Die Gene, die für ein ausgeprägtes Jagdverhalten verantwortlich sind, werden erst mit etwa sechs Monaten aktiv. Es kann also sein, dass ein Hund, der sich anfangs gegenüber Kleintieren friedfertig verhielt, sein Verhalten später ändert. Manche sanftmütigen Welpen, die von Anfang an gut an Kleintiere gewöhnt wurden, sehen sie als »Teil der Familie« und tun ihnen nichts. Letztlich hängt es wohl von konsequentem Training und den Genen ab.

ACHTUNG!

Bei manchen Hunden ist der Beutetrieb stark ausgeprägt. Man sollte sie nie mit Kleintieren wie Hamstern, Meerschweinchen oder Kaninchen allein lassen.

SONSTIGE SPIELE

Hat Ihr Welpe erst einmal gelernt, mit Spielzeug zu spielen, sind den gemeinsamen Unternehmungen keine Grenzen gesetzt. Die bisher geschilderten Spiele gelten als Grundbausteine für all jene Aktivitäten erwachsener Hunde, die am Ende dieses Kapitels aufgelistet sind. Sie können jedes dieser Spiele an Ihre eigenen Vorlieben und die des Welpen anpassen – oder sich etwas Neues ausdenken. Je mehr Erfahrung Ihr Hund hat, desto komplexer können die Spiele werden – was sie für beide Seiten interessanter macht.

KÖRPERLICHE AUSLASTUNG

Wie bereits erwähnt, sind lange Spaziergänge nicht gut für Welpen (siehe S. 109). Es gibt andere Möglichkeiten, ihnen die Bewegung zu verschaffen, die sie brauchen, um einen gesunden Körper zu entwickeln und gleichzeitig ihren Geist und ihr Wissen zu erweitern.

Erkundungen

Welpen lieben es, ihr Umfeld zu erkunden – und stärken damit auf natürliche Weise ihre Kraft, ihren Gleichgewichtssinn und ihr Selbstvertrauen. Suchen Sie mit Ihrem Hund sichere Orte abseits von Straßenverkehr oder anderen Gefahren auf. So bieten z. B. Wälder mit all ihren Gerüchen viele Erkundungsmöglichkeiten, und auf eingezäunten Hundewiesen kann Ihr Vierbeiner ohne Leine herumstromern. Sorgen Sie am besten für viel Abwechslung.

Ist es schwierig, mit dem Welpen hinauszugehen (oder als Ergänzung zu Erkundungen draußen), können Sie im Haus einen Parcours aus Hindernissen und Gegenständen anlegen – zum Darüberklettern oder Darunter-Durchkriechen. Besonders spannend wird dieser Abenteuerplatz, wenn Sie an verschiedenen Stellen Leckerchen verstecken oder kleine weiche Tücher, an denen der Geruch verschiedener Oberflächen oder von Haustieren haftet. Bauen Sie Treppchen, Schaukeln oder Hängematten ein. Achten Sie darauf, dass alles sicher und einfach ist, aber immer eine etwas andere Herausforderung darstellt. Errichten Sie diesen Abenteuerpfad auch draußen im Garten oder in einem anderen eingezäunten Bereich. Wie kommt Ihr Welpe damit zurecht? Helfen Sie ihm, all die spannenden Dinge zu finden, die er nicht bemerkt hat. Dieser Pfad bleibt auch weiterhin spannend und kann stets aufs Neue benutzt werden, wenn Sie die Reihenfolge ändern oder Leckerchen und Dufttücher immer wieder austauschen.

Schnüffelspaziergänge

Hat der Welpe den vollen Impfschutz und der Tierarzt für die ersten Ausflüge grünes Licht gegeben, können Sie ihn endlich mit Geschirr und Leine nach draußen führen. Passen Sie sich dabei seinem Tempo an. Manche Welpen sind scheu und zögern sogar, den Vorgarten oder die Türschwelle zu verlassen. Andere sind selbstbewusst und gehen gern hinaus. Wenn Sie die Leine locker halten und dem Welpen erlauben, das Tempo zu bestimmen, wird er oft stehen bleiben und schnüffeln – vor allem im Gras und an Baumstämmen, an denen andere Hunde oder Tiere vorbeigelaufen sind. Gehen Sie hinter ihm her, ohne ihn zu drängen, und geben Sie ihm Zeit, seine

ÜBUNG

ZERRSPIELE – DAS SIGNAL »AUS!«

1

Nehmen Sie zwei Spieltaue. Halten Sie eines so, dass der Welpe es nicht sehen kann, und laden Sie ihn mit dem Tau, das er weniger mag, zum Spielen ein. Vollführen Sie das Tauziehen dabei stets auf Bodenniveau oder auf der Höhe seines Kopfes. Nach ein paar Sekunden ziehen Sie das Tau zu sich heran und halten es möglichst ruhig dicht an Ihrem Körper oder Bein. Wenn Sie dem Welpen ein Leckerchen unter die Nase halten, lässt er vielleicht schneller los, aber wenn nicht, warten Sie einfach ab. Sobald er locker lässt, sagen Sie Ihr Wortsignal »Aus«.

2

Wenn er das Tau fallen lässt, geben Sie ihm das Leckerchen, loben ihn und bieten ihm ein Spiel mit seinem Lieblingsspieltau an. Wiederholen Sie diese Übung oft und in kurzen Einheiten, bis Ihr Hund auf das Signal »Aus« hin zuverlässig das Spieltau loslässt. Belohnen Sie ihn jedes Mal, wenn er das macht.

3

Mit der Zeit sollte Ihr Welpe lernen, dass das Spiel, mit dem er gerade beschäftigt ist, uninteressant wird, sobald Sie »Aus« sagen. Lässt er das Spielzeug los, bekommt er ein Leckerchen, Lob von Ihnen und ein spannenderes Spiel mit einem anderen Spielzeug. Am Ende sollte er auf das Signal »Aus« hin sofort alles loslassen, was er gerade im Maul hält.

Umgebung zu erkunden. All diese Gerüche aufzunehmen, um herauszufinden, was in den letzten Stunden passiert ist, muss für ihn ähnlich spannend sein wie ein Zeitraffervideo für uns. Es würde interessante Dinge zeigen, die sich in unserer Nachbarschaft ereignet haben.

Diese Schnüffelspaziergänge sind für Sie nicht so spannend, aber der Welpe kann dabei viel über seine Umgebung erfahren und gleichzeitig Energie verbrauchen und zur Ruhe kommen. Suchen Sie mit ihm am besten Orte auf, an denen auch Sie sich etwas ansehen können und er viel erschnüffeln kann. Ein Park, ein Wald oder ein Feld sind dafür besser geeignet als die Innenstadt. Wenn Sie irgendwo hingehen, wo viel Platz ist, nehmen Sie eine lange Leine mit. So kann der Welpe eine größere Fläche um Sie herum entdecken.

Schauen Sie unterwegs möglichst nicht auf Ihr Handy, sondern widmen Sie sich ganz Ihrem Vierbeiner. Sehen Sie sich an, was er entdeckt hat, oder animieren Sie ihn, an einer anderen Stelle zu schnüffeln. Es sollte eine gemeinsame Aktivität sein, die auch Ihnen mehr Freude macht, wenn es ein echtes Miteinander gibt.

Trainingsspaziergänge

Da der Welpe erst mit etwa 18 Monaten so weit ist, dass ihm körperliche Bewegung über einen längeren Zeitraum nicht schadet, sollten Spaziergänge anfangs kurz sein – aber nicht ereignislos. Sie dürfen den Hund ruhig müde machen. Füllen Sie die Gassirunden daher mit Aktivitäten, durch die Ihr Hund etwas lernt und gleichzeitig geistig wie körperlich ausgelastet wird. Planen Sie dafür Unternehmungen, die dem Welpen Spaß bringen, und berei-

Hunde haben die perfekten Voraussetzungen, um Spielzeug in hohem Gras zu suchen. Deshalb fällt es ihnen leicht und macht ihnen auch großen Spaß.

Im Folgenden finden Sie Vorschläge für Trainingsspaziergänge – lassen Sie sich ruhig von Ihrer Umgebung inspirieren. Jeder Spaziergang sollte viel Abwechslung bieten:

- **Suchspiel: Spielzeug im hohen Gras suchen oder eines im Gehen fallen lassen**
- **Kurze Trainingseinheiten: sollen Spaß machen und einfach sein**
- **Jagdspiel mit Spielzeug: nur kurz und nicht zu wild**
- **Rückrufübung: Belohnen Sie jeden Erfolg, wenn der Rückruf klappt.**
- **Verstecken: Jemand versteckt sich, und der andere fordert den Welpen auf, die Person zu suchen.**
- **Objekte zum Darüberklettern, Darunter-Durchkriechen etc.**
- **Umdrehen und das Signal »Hier« üben: ist nützlich, wenn Sie einen fremden Hund in der Ferne sehen**

ten Sie sie gut vor. Nehmen Sie alles mit, was Sie brauchen. Auch ein Schnüffelspaziergang (siehe S. 133) lässt sich gut darin integrieren, damit Ihr Liebling viel Zeit hat, zu schnüffeln und sich selbst zu beschäftigen.

ALLES IN ORDNUNG?

Ein Welpe wird, wenn er an der langen Leine läuft, oft zu Ihnen zurückkehren, um zu sehen, ob Sie noch da sind. Diese Kurzbesuche nehmen ab, wenn er älter und selbstbewusster wird. Deshalb ist es gut, ihn zu belohnen, wann immer er zu Ihnen läuft – etwa mit Aufmerksamkeit oder indem Sie ihn herbeirufen, um ihm Leckerchen zu geben oder mit ihm zu spielen. Dann kommt er öfter zurück und bleibt auch auf den spannendsten Spaziergängen mit Ihnen in Verbindung. Ebenso wird er zu Ihnen laufen, wenn ihn irgendetwas verunsichern sollte. Ergreifen Sie dann geeignete Maßnahmen gegen seine Angst.

Dank der gründlichen Sozialisierung, die Sie Ihrem Vierbeiner ermöglichen, wird er sich freuen, neuen Menschen und Hunden zu begegnen. Bestimmt sind aber einige darunter, die er besser nicht begrüßen sollte – etwa Leute, die Angst vor Hunden haben oder sie nicht mögen oder ein Artgenosse, der möglicherweise aggressiv ist. Deshalb sollte Ihr Welpe lernen, jedes Mal zu Ihnen zurückzukehren, wenn ein Mensch oder ein Hund in der Ferne auftaucht. So können Sie entscheiden, ob eine Begegnung sinnvoll ist oder nicht.

Um Ihrem Welpen das beizubringen, rufen Sie ihn zu sich, sobald Sie einen Menschen oder einen Hund auf sich zukommen sehen. Folgt Ihr Liebling Ihnen, belohnen Sie ihn gut. Nun kann er mit geeigneten Personen oder Artgenossen spielen, während Sie ihn von anderen fernhalten. Lassen Sie ihn nur wenige Menschen und Hunde begrüßen und die übrigen einfach vorbeigehen. Dabei sollte seine Aufmerksamkeit stets Ihnen gelten. Sobald die Menschen oder die Hunde vorbeigegangen sind, belohnen Sie Ihren Kleinen erneut – mit einem Leckerchen oder einem Spiel.

So lernt er, entspannt an Ihrer Seite an anderen Menschen und Hunden vorbeizugehen, anstatt wild an der Leine zu ziehen, weil er jeden begrüßen will. Mit der Zeit wird er von selbst zu Ihnen zurückkehren, sobald er Personen oder Hunde auf sich zukommen sieht.

Ihr Welpe soll zu Ihnen Kontakt aufnehmen, wenn ein fremder Mensch oder Hund in Sicht kommt. Belohnen Sie ihn fürstlich dafür, bis er dieses Verhalten zuverlässig verinnerlicht hat.

SOZIALISIERUNGSAUSFLÜGE

In Kapitel 6 (S. 64) erfahren Sie, mit welchen Maßnahmen Sie Ihren Welpen sozialisieren können. Versuchen Sie, diese mehrmals täglich umzusetzen – idealerweise bei Sozialisierungsausflügen. Suchen Sie mit Ihrem Hund Orte auf, an denen er neue Erfahrungen sammeln kann: z. B. Haus und Garten von Freunden, den Bahnhof, ein Café, einen Kinderspielplatz, eine Bushaltestelle oder den Tierpark.

Wie bei jeder neuen Erfahrung halten Sie zunächst Distanz und geben Ihrem Welpen Zeit, mit Nase, Augen und Ohren erste Eindrücke zu sammeln. Sprechen Sie aufmunternd mit ihm, damit er sich wohlfühlt und das Erlebnis angenehm für ihn ist. Zeigt er Zeichen von Angst, ziehen Sie sich mit ihm zurück und lassen ihm ausreichend Zeit, sich an die unbekannte Situation zu gewöhnen. Halten Sie das Erlebnis kurz und fröhlich, dann bringen Sie ihn nach Hause, damit er schlafen und dabei seine guten Erinnerungen festigen kann.

Diese Ausflüge helfen dem Welpen nicht nur, sich an alles in seiner Umgebung zu gewöhnen, bis er es gelassen hinnehmen kann. Sie fördern auch das Vertrauen zu Ihnen, da Sie die Erlebnisse mit ihm teilen. Außerdem wird Ihr Hund dadurch auch geistig gefordert – und somit ausgelastet und zufrieden.

HUNDESPORT

Mit etwa 18 Monaten ist Ihr Junghund körperlich voll ausgereift. Bis dahin sollte er weder springen noch längerer körperlicher Anstrengung ausgesetzt sein. Deshalb geben die meisten Hundesportarten ein Mindestalter vor, ab dem ein Hund mit dem Training beginnen und an Wettkämpfen teilnehmen darf.

Es gibt zahlreiche Angebote für Hundesport. Hier sind einige Vorschläge. Informieren Sie sich im Internet über Vereine und Trainer in Ihrer Nähe:

- **Agility**
- **Bikejöring und Dogscooting**
- **Canicross**
- **Dog Frisbee**
- **Hundeparcours**
- **Flyball**
- **Jagdhund-Trial (unbedingt auf positive Trainingsmethoden achten)**
- **Heelwork to Music (Dogdancing oder Canine Freestyle)**
- **Sheepdog Trials für Hütehunde (Sheepball oder Treibball sind tierfreundlicher)**
- **Hoopers (wenig Belastung, daher gut für Welpen, Hunde mit Verletzungen oder ältere Vierbeiner)**
- **Mantrailing**
- **Obedience (unbedingt auf positive Trainingsmethoden achten)**
- **Rally-Obedience**
- **Nasenarbeit**
- **Fährtenarbeit**
- **Wasserrettung**
- **Arbeitshunde-Trial**

Trotzdem kann Ihr Welpe schon erste Grundlagen der Sportarten lernen, wenn Sie wissen, was zu tun ist. Oder Sie lassen ihn ein fundiertes Grundlagentraining bei einem erfahrenen Trainer absolvieren und später mit dem Sport oder der Aktivität Ihrer Wahl weitermachen.

Hundesportvereine, die Kurse anbieten und Veranstaltungen organisieren, eignen sich gut dafür, um Gleichgesinnte zu treffen. Jeder Sport zieht einen bestimmten Menschentyp an. Wenn Sie also feststellen, dass eine Sportart nicht zu Ihnen passt, versuchen Sie es mit einer anderen, bis Sie etwas finden, das Ihnen und Ihrem Hund gefällt. Gemeinsames Training macht Spaß, ist gesellig und hat den Vorteil, dass Sie auch motiviert bleiben, sich beim Hundetraining besonders viel Mühe zu geben. Achten Sie darauf, dass alle Trainer im Kurs nur positive Methoden anwenden, und brechen Sie sofort ab, wenn Ihnen etwas missfällt.

Agility-Training ist schnell und rasant. Hunde lieben es.

KAPITEL 10

Spielbeißen und Aggressionsprävention

Spielbeißen ist ein Verhalten, das viele Welpen zeigen. Mit dem richtigen Ansatz lässt es sich leicht in andere Formen des Spielens umlenken, die für Sie als Spielpartner weniger schmerzhaft sind. Entscheidend ist zunächst zu verstehen, was dahintersteckt. Zudem sollten Sie die Gründe kennen, die Ihren Welpen möglicherweise aggressiv werden lassen, denn dann können Sie dem rechtzeitig vorbeugen.

SPIELBEISSEN

Wenn Sie Ihren Welpen zu sich holen, kennt er vom Kontakt mit seinen Wurfgeschwistern zwei Arten des Spiels: Rangeln und Spielbeißen. So gehen Welpen von Natur aus miteinander um. Hat sich Ihr vierbeiniger Neuzugang bei Ihnen eingewöhnt und Sie kennengelernt, wird er mit Ihnen spielen wollen. Da Sie zum Rangeln zu groß sind, fordert er Sie zum Spielen auf, indem er in Ihre Hände zwickt oder andere bewegliche Körperteile wie Füße, Arme oder Haare. Je selbstbewusster der Kleine ist, desto wahrscheinlicher wird er auf diese Weise mit Ihnen spielen wollen.

Hinter spielerischen Bissen steckt also keineswegs Aggression, sondern lediglich der Versuch, Sie zum Spielen zu verführen. Allerdings haben Welpen unglaublich spitze Zähne und manche noch dazu kräftige Kiefer – ihr Biss kann also sehr schmerzhaft sein und sogar die Haut verletzen. Deshalb muss das Hundekind unbedingt lernen, Spielzeug zu benutzen.

Ein großes, flauschiges Spielzeug verheißt ein spannendes Spiel. Dicht über den Boden bewegt, wird die »Beutejagd« besonders interessant für den Hund.

Halten Sie Spielzeug nah am Boden, damit Ihr Welpe nicht hochspringen muss, um es zu packen. Ziehen Sie außerdem nur sachte daran und lassen Sie es häufig los.

In den ersten Wochen sollten Sie daher immer ein großes Plüschspielzeug griffbereit halten, wenn Sie Zeit mit Ihrem Welpen verbringen wollen. Bewahren Sie mehrere davon überall im Haus auf, wo sie für den Kleinen unerreichbar sind – vor allem dort, wo Sie ihn begrüßen, wenn Sie heimkommen, oder sich mit ihm beschäftigen. Sind Sie mit ihm draußen unterwegs, sollten Sie ebenfalls ein passendes Spielzeug dabeihaben, etwa in der Tasche mit den Leckerchen für das Training und den Kotbeuteln. Ist Spielzeug überall und für jedes Familienmitlied erreichbar, lässt sich das Spielbeißen rasch reduzieren, denn bald wird Ihr Vierbeiner das Spielzeug bevorzugen.

Sollte er dennoch an Ihren Händen kauen oder in die Finger beißen, ballen Sie die Hand zur Faust, um ihm das Beißen zu erschweren. Halten Sie die Faust möglichst ruhig und lenken Sie den Hund sofort ab, indem Sie ihm mit der anderen Hand ein Spielzeug anbieten.

Machen Sie das Spielzeug spannend: Wedeln Sie mit ihm über den Boden oder rollen Sie es hin und her. Wenn Sie es werfen, wird Ihr Hund nicht wissen, wo es geblieben ist, denn sehr junge Welpen müssen das erst lernen. Anfangs versucht der Kleine vielleicht, an Ihren Händen zu knabbern und nicht am Spielzeug. Halten Sie durch, er wird bald merken, wie viel Spaß es macht, sich mit seinem Spielzeug zu beschäftigen.Wenn Ihr Hund einen kräftigen Biss hat oder Ihre Haut sehr empfindlich ist, tragen Sie anfangs besser Lederhandschuhe. Befolgen Sie die Regeln für das Spielen aus Kapitel 9 (S. 129), dann wird Ihr Welpe schnell lernen, mit Spielzeug zu spielen, anstatt in Ihre Hände zu zwicken.

Bringen Sie ihm bei, dass jeder Biss in die Finger das sofortige Ende des Spiels zur Folge hat. Wenn er Sie zwickt, nehmen Sie ihm das Spielzeug sanft weg und stehen für ein paar Sekunden auf, bevor Sie das Spiel fortsetzen.

Aua, das tut weh! Ihr Hundekind muss schnellstmöglich lernen, dass es nur sein Spielzeug zwicken darf, nicht aber jemanden aus der Familie.

Spielen Sie nur weiter, wenn er sich beruhigt hat und geduldig wartet. So lernt er bald, dass er mit seinen Zähnen vorsichtiger sein muss.

Es dauert sicherlich einige Tage, bis der Welpe vom Spielbeißen ablässt und zur Beschäftigung mit dem Spielzeug übergeht. Falls er schon älter oder aber sehr geübt im Spielbeißen ist, kann das Zwicken vielleicht sogar noch länger anhalten. Bessert sich die Lage nach einer Woche nicht deutlich, sollten Sie sich von einem Trainer oder Verhaltensexperten professionelle Hilfe holen (siehe S. 115).

WENN DAS SPIELBEISSEN ANDAUERT

Manche Welpen beißen fester und entschlossener zu als andere, vor allem wenn dieses Verhalten im Spiel mit den Wurfgeschwistern gefördert wurde. Vielleicht hat auch jemand aus der Familie den Kleinen dazu ermuntert oder ist schreiend weggelaufen. Beides steigert die Erregung des Vierbeiners und somit sein Beißverlangen. Lebt der Welpe mit Kindern zusammen oder mit Menschen, die empfindliche Haut haben, ist es besonders dringend erforderlich, das Spielbeißen rasch zu beenden.

Neuer Anlauf

Versuchen Sie es noch einmal mit der oben und in Kapitel 9 (S. 132) geschilderten Methode. Sie müssen erreichen, dass es für den Welpen spannender ist, sich mit dem Spielzeug zu beschäftigen, als in Ihre Haut zu beißen. Nehmen Sie ein größeres, längeres Plüschspielzeug, um versehentliches Zwicken zu vermeiden. Wedeln Sie damit schnell und möglichst unvorhersehbar über den Boden. Ihre freie Hand und den Körper halten Sie dabei so ruhig wie möglich – tragen Sie notfalls Handschuhe oder dicke Jeans und Stiefel. Lassen Sie den Welpen öfter an das Spielzeug herankommen und es in Besitz nehmen. Dieses Spiel sollte auf kurze Einheiten beschränkt sein. Hören Sie auf, bevor der Welpe zu stark erregt ist, weil das nur dazu führt, dass er die Selbstbeherrschung verliert und zuzwickt.

Schluss mit dem Spiel!

Stellt sich keine Besserung ein, stehen Sie unverzüglich auf, sobald Sie die Zähne Ihres Welpen auf der Haut spüren. Nehmen Sie das Spielzeug, wenn Sie es leicht bekommen können, und halten Sie es außer Reichweite oder stecken Sie es in Ihre Tasche. Sagen Sie nichts und fassen Sie den Hund nicht an, sondern verschränken Sie die Arme und schauen Sie weg, sodass das Spiel und der soziale Kontakt beendet sind. Verlassen Sie aber nicht das Zimmer, denn das erhöht für den Welpen den Spaß, wenn er Ihnen hinterherrennt – außerdem kann er nichts von Ihnen lernen, wenn Sie in einem anderen Raum sind. Nach kurzer

Mithilfe der Hausleine lässt sich verhindern, dass ein älterer Welpe beim Spielbeißen versehentlich Ihre Hände erwischt.

Zeit, sobald sich der Welpe beruhigt hat, begeben Sie sich auf seine Höhe und nehmen das Spiel wieder auf.

Dies machen Sie jedes Mal, wenn er Sie zwickt. In der Regel begreift der Welpe innerhalb weniger Tage, dass das Spiel stoppt, wenn er beißt. Er hört dann bald damit auf. Spielen Sie mehrmals täglich mit ihm, sonst wird sein Drang zu spielen übermächtig, und er wird so übererregt, dass er nicht mehr gut lernen kann.

Manche Welpen können sich schlecht beherrschen, wenn das Spiel vorbei ist, und versuchen dann, in Ihre Füße zu beißen, sobald Sie aufstehen. Falls das passiert, beenden Sie ein Spiel, bevor Ihr Vierbeiner zu wild wird. Hat er sich nach ein paar Minuten etwas entspannt, nehmen Sie das Spiel wieder auf. Wenn er immer noch nicht damit aufhört zu zwicken, befestigen Sie eine Hausleine an seinem Geschirr oder Halsband, damit Sie ihn auf Abstand halten können, bis er sich beruhigt hat.

Einsatz einer Hausleine

Beißt Ihr Welpe weiterhin übermäßig oft zu? Das gilt besonders, wenn er damit Aufmerksamkeit sucht oder nach kleinen Kindern, alten Menschen oder Ihren Füßen schnappt, während Sie vorbeigehen. Auch hier hilft die Hausleine, um ihn davon abzuhalten. Ein neues Spiel mit einem Spielzeug gibt es erst dann, wenn er sich beruhigt hat.

Tritt das übermäßige Spielbeißen regelmäßig zu bestimmten Tageszeiten auf, finden Sie heraus, was es auslöst. Halten Sie den Welpen dann schon im Vorfeld zurück, damit er sich nichts Falsches angewöhnt. Zwickt er z. B. vor Begeisterung die Kinder, wenn sie nach Hause kommen, oder schnappt er nach Ihnen, weil er Ihre Aufmerksamkeit will, wenn Sie gerade lesen? In diesen Fällen setzen Sie ihn zuvor in seinen Auslauf oder nutzen ein Treppengitter oder eine Hausleine, um ihn daran zu hindern. Achten Sie darauf, dass er zu anderen Zeiten genug Gelegenheiten zum Spielen und zu sonstigen Beschäftigungen bekommt (Vorschläge dazu siehe Kapitel 9, S. 118).

Spielbeißen in Kleidung, Füße und Knöchel

Für die meisten jungen Welpen ist es ein Anreiz zum Spielen, wenn sie zwei Füße sehen, die an ihnen vorbeilaufen – vor allem wenn darüber ein Rock oder Hosenbeine flattern. Und besonders spannend ist das, wenn all das zu spielenden Kindern gehört. Angesichts einer solchen Versuchung laufen die Hunde oft darauf zu und versuchen, mit den Knöcheln zu rangeln, so wie sie es gemacht haben, wenn eines ihrer Wurfgeschwister an ihnen vorbeigelaufen ist. Da das schmerzhaft ist, die Kleidung leidet oder gar Menschen ins Stolpern geraten könnten, muss dieses Verhalten schnellstmöglich unterbunden werden.

Halten Sie den Welpen mit einer Hausleine in Schach. Stoppen Sie ihn, bevor er sich festklammert, damit er nicht lernt, wie viel Spaß das macht. Üben Sie zu zweit: Eine Person hält den Hund, während die andere langsam an ihm vorbeigeht. Macht er keine Anstalten, den Knöchel zu umfassen, loben Sie ihn und bieten ihm ein kurzes Spiel mit einem Spielzeug an. Versucht er, den Knöchel zu packen, gehen Sie etwas langsamer und probieren es noch einmal. Wenn Sie es oft genug üben, können Sie bald schnell an ihm vorbeigehen, ohne eine Reaktion zu provozieren.

Alternativ können Sie den Welpenauslauf auch in einen Raum stellen, in dem geschäfti-

Welpen, die lernen, dass es Spaß macht, mit Menschen und Spielzeug zu spielen, sind umgänglicher. Gleichzeitig stärken gemeinsame Spiele auch die Bindung.

ges Treiben herrscht. Da der Welpe nicht aus seinem »Gefängnis« hinauskann, wird er sich an vorbeilaufende Füße gewöhnen und bald lernen, dass es nur dann ein Spiel gibt, wenn sein Mensch ein Spielzeug hervorholt.

Sind alle Bedürfnisse des Welpen befriedigt und bekommt er reichlich Spielangebote, auch ruhige Beschäftigungen wie Schnüffelspiele (siehe Kapitel 9, S. 118), wird sein Drang nach dem Spielbeißen rasch nachlassen.

»Aua« und Spielbeißen ins Gesicht

Reaktionen, bei denen man quiekt oder »Aua« ruft, sind nicht zu empfehlen. Aus dieser Art von Kommunikation lernen Welpen nur, wenn das Geräusch sehr laut ist, weil dann ihr Angstzentrum im Gehirn aktiviert wird. Wenden Sie das zu oft an, kann es dazu führen, dass Ihr Welpe entweder eine Angst vor lauten Geräuschen entwickelt oder vor der Person, die sie von sich gibt – beides ist nicht hilfreich. Manche Welpen werden durch den Laut sogar noch wilder und beißen dann fester zu.

Allerdings sollten Sie Ihr Missfallen ausdrücken, wenn die Zähne des Welpen Ihr Gesicht berühren. Ihr Hund muss lernen, dass das Gesicht tabu ist. Halten Sie es beim Spielen möglichst von ihm fern und binden Sie lange Haare zusammen, damit er nicht versucht, danach zu schnappen. Für den unwahrscheinlichen Fall, dass er Sie doch einmal ins Gesicht zwickt, müssen Sie ihm klarmachen, dass Sie das strikt ablehnen. Vermitteln Sie ihm mit dem Ton Ihrer Stimme, dass Sie verletzt sind und nicht fröhlich. Dann stehen Sie auf und gehen davon. Kurz darauf sollten Sie ihm aber zeigen, dass Sie noch immer Freunde sind.

Pusten Sie dem Hund nie ins Gesicht oder ermuntern ihn auf andere Weise, spielerisch

Ab und zu hat ein Welpe seine »verrückten fünf Minuten«. Dabei verbraucht er überschüssige Energie und trainiert all seine Muskeln.

nach Ihrem Gesicht zu schnappen. So lernt er nur ein Verhalten, das er keinesfalls zeigen sollte, wenn er größer wird.

Im Lauf der Zeit, wenn sich Ihre Beziehung vertieft und Ihr Hund älter wird, versteht er immer besser, was Sie von ihm möchten. Jetzt können Sie ihm auch leichter Ihr Missfallen zeigen, wenn er etwas getan hat, das Sie nicht gut fanden. Ein Hund mit einer innigen Beziehung zu seinem Menschen möchte diesen nicht verärgern – er lernt aus solchen Momenten. Setzen Sie diesen Ausdruck von Missbilligung aber maßvoll ein. Er kann hilfreich sein, wenn Ihr Welpe Ihnen versehentlich wehtut, weil er etwas ungestüm war. Doch übertreiben Sie es nicht. Gehen Sie schnell darüber hinweg – hin zu etwas, das ihm Erfolg und Lob einbringt.

Rangeln mit Menschen

Für alle Jungtiere ist Spielen eine wichtige Möglichkeit, um Fähigkeiten und Strategien auszuprägen. Welpen lernen sehr viel durch das Spiel, daher ist es wichtig, dass sie das Richtige lernen. Ein erwachsener Hund greift auf diese Fähigkeiten zurück. Wenn Sie also nicht wollen, dass Ihr Hund weiß, wie man Menschen beißt, sollte er das nicht als Welpe von Ihnen lernen. Es ist auch wichtig, ihm beizubringen, dass es überhaupt keinen Grund gibt zu beißen (siehe S. 140). Am besten ist es jedoch, Sie lenken sein Beißverhalten von vornherein ganz auf Spielzeug um.

Hat der Welpe verinnerlicht, wie man mit Menschen spielt, ist es nicht ratsam, mit seinen natürlichen Spielen wie Beißen und

Rangeln fortzufahren. Ein Welpe, der zu spielerischem Rangeln mit Menschen ermuntert wird oder in Arme und Beine zwicken darf, bekommt viel Übung darin. Wenn er bei Stress oder Erregung schnell reagieren muss, wird er auf das zurückgreifen, was er im Spiel gelernt hat. Selbst sanftmütige Hunde können unter bestimmten Umständen beißen, z. B. wenn sie bei einem Unfall verletzt wurden und starke Schmerzen erleiden. Nun wird aber so ein Biss weniger schlimm ausfallen, wenn der Vierbeiner keine klare Vorstellung davon hat, wie er es anstellen soll.

»Verrückte fünf Minuten«

Welpen haben gelegentlich ihre »verrückten fünf Minuten« – dann ziehen sie die Rute ein und flitzen wie die Wilden umher. So können sie Dampf ablassen, das ist vollkommen normal. Wenn der Hund dabei an Familienmitgliedern vorbeirast und sie beißt, ist das allerdings nicht akzeptabel. Sollte dies passieren, gehen Sie aus dem Zimmer und lassen Ihren Hund allein oder bringen ihn aus dem Raum. So lernt er, dass ihm dieses Verhalten nicht die erhoffte Aufmerksamkeit verschafft. Sollte er weitermachen, überdenken Sie erneut, wie viele Gelegenheiten er bekommt, um mit Spielzeug zu spielen und sich auszutoben, sowohl körperlich wie mental. Bieten Sie ihm mehr Auslastung, wenn nötig. Achten Sie darauf, dass Ihr Hund lernt, mit Spielzeug zu spielen, ohne zu knurren oder zu beißen, und lassen Sie ihn nie mit Menschen spielerisch rangeln.

AGGRESSIONSPRÄVENTION

Probleme mit aggressivem Verhalten – vor allem wenn Aggression bereits häufiger gezeigt wurde – sind nur schwer und mit großem Zeitaufwand zu beheben. Daher ist es viel besser, jede Situation zu vermeiden, in der Ihr Welpe das Bedürfnis verspürt, aggressiv zu werden. So lernt er erst gar nicht, wie wirkungsvoll es sein kann, Aggression einzusetzen. Die beste Prävention ist, Ihren Vierbeiner gegen Situationen zu wappnen, in denen Hunde sich unwohl fühlen. Nutzen Sie die folgenden Informationen, damit er lernt, solche Momente zu erdulden oder gar zu genießen. Außerdem ist es wichtig, auf seine Angstsignale zu achten (siehe S. 31), Warnungen zu erkennen (etwa Körperhaltung, Knurren und Zähnefletschen) und einen Weg zu finden, ihm die Unsicherheit zu nehmen.

WARUM HUNDE BEISSEN

Bis sie ein Alter von etwa sieben Monaten erreicht haben, beißen Welpen nur selten im Ernst; wenn sie es tun, haben sie entweder große Angst und fühlen sich stark provoziert oder ihre genetische Veranlagung macht sie hochreaktiv. Solange sie noch sehr jung sind, haben sie meist wenig Vertrauen in ihre eigenen Fähigkeiten und verlassen sich eher auf andere Strategien, wie Weglaufen oder Beschwichtigung.

Treten junge Hunde dann allerdings in die Pubertät ein, nehmen Selbstvertrauen und Erfahrung zu. Nun versuchen sie eher einmal, Probleme durch Aggression zu lösen. Hundehalter merken es oft erst, dass etwas schiefläuft, wenn ihr Liebling heranwächst und in der Pubertät aggressiv wird. Deshalb sollte man verstehen, warum Hunde beißen. Achten Sie auf frühe Signale und nehmen Sie wahr, wenn etwas nicht stimmt. So lässt sich meist am ehesten verhindern, dass Ihr Vierbeiner die Sache selbst in die Hand (oder ins Maul!) nimmt und sich zu einem Beißer entwickelt.

Viele Menschen denken, Hunde beißen, weil sie das halt machen. Doch tatsächlich sind die meisten Vierbeiner unglaublich tolerant und werden nur ernsthaft aggressiv, wenn sie einen guten Grund haben. In der Regel ist Aggression für den Hund schlicht der letzte Ausweg aus einer Stresssituation. Befindet er sich in einer Zwangslage, aus der er nicht fliehen kann, hat er nicht die Möglichkeit mitzuteilen, was ihn so stresst. Er kann nur über seine Körpersprache um Hilfe bitten. Allzu oft ignorieren Menschen aber diese Zeichen, weil sie sie nicht lesen können. Und schließlich greift der Hund auf Aggression zurück, um die Lage zu klären.

Oft knurren oder fletschen Hunde die Zähne, bevor sie beißen. Leider verbieten viele Halter ihrem Vierbeiner dieses Verhalten oder werden selbst aggressiv, um es ihm abzugewöhnen. Sie erkennen nicht, dass ihr Hund unter Stress steht und sie etwas tun sollten, um ihm zu helfen. Hat ein Hund erst einmal gelernt, dass er nicht knurren oder die Zähne fletschen darf, beißt er ohne Vorwarnung zu. Das kann sehr gefährlich sein. Daher sollte man auf Knurren oder andere Stresssignale achten – nicht um zu strafen, sondern um herauszufinden, warum sich das Tier nicht wohlfühlt. Nur dann kann man es ändern.

Die Rasse und frühe Erfahrungen haben großen Einfluss auf die Aggressionsschwelle eines Hundes. Manche Vierbeiner muss man mächtig provozieren, bis sie beißen, andere

Seitliche Körperhaltung, Hockstellung, Kopf und Blick abgewandt: Erst jetzt wagt sich der scheue Welpe an den Menschen heran. Für ältere Hunde oder Welpen, die bereits aggressiv sind, wird diese Technik nicht empfohlen.

reagieren sehr schnell. Doch kein Hund setzt Aggression leichtfertig ein, und oft belastet es ihn sehr, genau wie es einen Menschen belastet, der kämpfen muss. Hunde lernen aber, damit umzugehen, und werden sehr gut darin, Aggression als Lösung in Stresssituationen einzusetzen.

Zu viel Stress

Genau wie bei uns Menschen können sich auch bei Hunden Stressfaktoren aufstauen. Ein Welpe, dem es nicht gut geht, reagiert vielleicht gereizt. Wenn dann an dem Tag noch ein anstrengender Tierarztbesuch, laute Musik, Trubel im Haus und ein Kind dazukommen, das ihn anfassen möchte, kann dies leicht zu Knurren und Schnappen führen. Dieses Verhalten wäre ausgeblieben, hätten sich die Stressoren nicht so geballt. Behalten Sie also gut im Kopf, was Ihr Welpe in den letzten 48 Stunden erlebt hat, und geben Sie ihm viel Zeit, sich von stressigen Ereignissen zu erholen.

Ein Hund wird eher aggressiv, wenn er übererregt ist, etwa nach zu wilden Spielen oder einer Furcht einflößenden Situation, die sein Herz rasen lässt und seinen Körper mit Adrenalin vollpumpt. Das könnte z. B. ein anderer Hund sein, der an einem Gartenzaun plötzlich auf ihn zuschießt und ihn aggressiv anbellt.

Ebenso spürt ein Hund auch, wenn ein Familienmitglied, sei es ein Mensch oder ein anderer Hund, gestresst oder aufgeregt ist. Die Spannung kann so weit ansteigen, dass ein bereits beunruhigter oder aufgeregter Vierbeiner in aggressives Verhalten hineinrutscht.

Wenn Sie verstehen, dass Ihr Hund bei zu großer Erregung vielleicht beißt, können Sie darauf achten, dass er sich erst beruhigt, bevor er der nächsten Stresssituation ausgesetzt ist. Gönnen Sie ihm Zeit und Raum in einer ruhigen Umgebung, dann wird er sich abregen und in seinen normalen ausgeglichenen Zustand zurückfinden.

Revierverhalten wie Bellen am Gartentor beginnt meist, wenn der Junghund erwachsen wird. Nun hat er mehr Selbstbewusstsein entwickelt.

AGGRESSION GEGENÜBER MENSCHEN

Es gibt verschiedene Gründe für Aggression gegenüber Menschen. Um dies zu verhindern, ist es zunächst wichtig, sich aller Ursachen bewusst zu sein. Wenn Sie dafür sorgen, dass Ihr Welpe von Anfang an nur gute Erfahrungen bei der Begegnung mit Menschen macht, hat er gar keinen Anlass, plötzlich zu beißen.

Aggression infolge von Angst

Angst ist der Hauptgrund, weshalb Hunde Menschen beißen – fremde wie vertraute. Meist wurde in diesen Fällen ihre Toleranzschwelle deutlich überschritten. Doch warum sind so viele Hunde ängstlich? Das liegt häufig nicht daran, dass sie bereits viele schlechte Erfahrungen mit Menschen gemacht haben. Oft wurden sie einfach nicht ausreichend sozialisiert – sie lernten im Welpenalter zu wenige Menschen kennen und konnten daher nicht genug positive Erfahrungen sammeln.

Sozialisierung, Schutz vor unangenehmen Erlebnissen sowie positive Trainingsmethoden sind der Schlüssel, um Aggressionsverhalten vorzubeugen, das auf Ängsten beruht. Zwingen Sie daher Ihren Welpen nie in eine Situation, in der er sich sichtlich unwohl fühlt, nur weil Sie ihn hochheben oder herumziehen können. Geben Sie ihm Zeit, eigene Entscheidungen zu treffen, Mut zu fassen, sich vorzuwagen und Neues zu erkunden. Gestalten Sie all diese Erfahrungen mithilfe von Spielen und Leckerchen stets angenehm. Wird er durch die Leine eingeschränkt oder in die Enge getrieben, müssen Sie einschreiten und die Quelle seiner Angst beseitigen. Sonst lernt er, das Problem durch Aggression zu lösen. Denken Sie daran: Es ist Ihre Verantwortung, Ihren Familienmitgliedern in schwierigen Situationen zu helfen – auch wenn Sie dazu einen Menschen, der es gut mit Ihrem Welpen meinen würde, bitten müssen, den Kleinen in Ruhe zu lassen.

Familienmitglieder, die den Welpen durch Gewalt und Bestrafung zu erziehen versuchen, wird der Hund mit Misstrauen betrachten – genau wie Kinder, die ihn ärgern oder quälen. Sie könnten leicht gebissen werden, wenn der Vierbeiner sich nicht anders zu wehren weiß.

Solange Welpen noch jung und scheu sind, reagieren sie auf Angst mit Beschwichtigung, Verstecken oder Flucht. Nur entsprechend veranlagte Welpen können schon früh anfangen zu beißen. Mit zunehmendem Alter werden Junghunde jedoch viel selbstbewusster in ihrer Fähigkeit, sich zu verteidigen. In besonderen Stresssituationen, aus denen sie nicht entkommen können (weil sie beispielsweise angeleint sind), zeigen sie dann möglicherweise Drohverhalten, um die potenzielle Gefahrenquelle zu vertreiben. Sobald sie herausfinden, wie wirkungsvoll dies ist, drohen sie aggressiver. Werden ihre Warnsignale ignoriert oder wird die Situation zu schnell zu angespannt, kann es zum Schnappen in die Luft oder zu echten Bissen kommen.

Bei scheuen Welpen ist die Entfernung zur Stressquelle entscheidend. Achten Sie daher stets auf die feinen Signale, mit denen Ihr Hund anzeigt, dass er sich nicht wohlfühlt. Nun ist schnelles Handeln angesagt, um ihn aus der Situation zu nehmen, vor der er sich fürchtet. Geben Sie ihm genug Zeit und Raum, damit er sich in seinem eigenen Tempo wieder annähern kann, und zwingen Sie ihn zu nichts. Führen Sie ihn weg, wenn eine Begegnung ihn stresst. Beschützen Sie ihn auch vor anderen Hunden und wohlmeinenden Menschen, indem Sie sie auf Distanz halten. Geben Sie Ihrem Welpen viele Gelegenheiten, auf sichere und angenehme Weise gute Kontakte zu knüpfen, und holen Sie sich notfalls frühzeitig professionellen Rat, wenn Sie in dieser Angelegenheit Unterstützung brauchen.

Sorgen Sie auch dafür, dass alle unvermeidbaren negativen Erlebnisse durch viele positive, entspannte Erfahrungen in vergleichbaren Situationen ausgeglichen werden. Wenn ein Hund alle Menschen als Quelle von Spaß, Leckerchen und Spielen betrachtet, hat er keinen Anlass, sie durch Drohen zu vertreiben. Siehe dazu auch Kapitel 6, Sozialisierung (S. 64).

Aggression gegenüber Kindern

Die Ursache dafür ist in der Regel ebenfalls Angst. Kinder, vor allem Kleinkinder, sehen so ganz anders aus als Erwachsene und verhalten sich auch anders – aus der Sicht eines Welpen sind sie manchmal Furcht einflößend. Gute Sozialisierung mit Kindern in vielen unterschiedlichen Altersstufen ist auch hier der beste Weg, um Problemen vorzubeugen.

Hat Ihr Welpe bereits viele angenehme Begegnungen mit Kindern unterschiedlichen Alters erlebt, wird er sich durch eine gelegentliche schlechte Erfahrung nicht gleich bedroht fühlen. Ein gut sozialisierter, ausgeglichener Hund ist in der Lage, mit einem einmaligen unschönen Vorfall umzugehen, ohne gleich aggressiv zu werden.

Zeigt Ihr Welpe Angst vor Kindern – vor allem nach unangenehmen Begegnungen –, so holen Sie sich am besten frühzeitig Rat bei einem guten Verhaltensexperten (siehe S. 115).

TERRITORIALE AGGRESSION

Auch die territoriale Aggression ist eine Form der angstinduzierten Aggression. In ihrem eigenen Revier treten Hunde selbstbewusster auf als anderswo, wenn es darum geht, eine potenzielle Bedrohung zu vertreiben. Auf heimischem Boden sind sie auch viel motivierter, die dortigen Ressourcen zu verteidigen. Allerdings wird ein Hund nur versuchen, Besucher zu vertreiben, wenn er sie als Bedrohung ansieht. Gute Sozialisierung sorgt auch in diesem Fall dafür, dass sich Ihr Welpe über

Hunde, die ihren Besitz beschützen, sind angsteinflößend. Sie können im schlimmsten Fall Familienmitglieder oder Besucher ernsthaft verletzen.

Besuch freut. Trotzdem wird er Alarm geben. Die meisten Hunde bellen, wenn sich ein Besucher nähert, und die meisten erwachsenen und selbstbewussten Vierbeiner, vor allem Hütehunde, verteidigen ihr Revier gegen Menschen, die sich verdächtig benehmen.

Leider scheinen sich Post- und Paketzusteller aus der Sicht eines Hundes oft »außerordentlich verdächtig« zu benehmen. Sie betreten nicht nur das Gebiet, in dem sich der Hund besonders selbstbewusst fühlt, sondern sie tun auch »seltsame Dinge« (Pakete tragen oder etwas scheppernd in den Briefkasten werfen). Und dann »laufen sie weg«, sobald der Vierbeiner anfängt zu bellen (obwohl sie einfach nur weggegangen sind, weil sie das Paket oder die Briefe zugestellt haben). Unter unglücklichen Umständen (z. B. schlecht sozialisierter, selbstbewusster Hütehund mit niedriger Reizschwelle, der mit Bestrafung erzogen wurde und an dem Ort kürzlich mehrere beängstigende Erfahrungen gemacht hat) können Zusteller gebissen werden. Dies geschieht meist, wenn sie sich abwenden und das Grundstück verlassen wollen.

ACHTUNG!

- **Wenn Ihr Welpe bereits aggressives Verhalten zeigt, bitten Sie einen erfahrenen Verhaltensexperten um Hilfe. Riskieren Sie keinesfalls, dass Sie oder jemand anderes gebissen wird (siehe S. 115).**

Um Aggression gegenüber Zustellern zu verhindern, sorgen Sie dafür, dass Ihr Welpe ihnen oft begegnet. Bitten Sie die Zusteller, Leckerchen anzubieten und ein Spielzeug zu werfen, wenn sie die Zeit haben. Die meisten werden sich gern mit Ihrem Vierbeiner anfreunden, aber respektieren Sie ihre Wünsche, wenn sie Hunde nicht mögen oder nicht mitmachen möchten. Viele Zusteller sind gern dazu bereit, denn das ist allemal besser, als sich bei jeder Zustellung einem aggressiven Hund gegenüberzusehen (selbst wenn es nur auf der anderen Seite der Tür ist). Ihr Welpe wird trotzdem Alarm geben, wenn er älter ist und jemand an die Tür kommt, aber es wird ihn nicht mehr beunruhigen, wenn Post zugestellt wird. Daher wird er auch nicht aggressiv sein.

Aggression im Auto

Kleine Reviere – besonders solche mit klaren Grenzen – lassen sich leichter verteidigen. Das ist einer der Gründe, warum manche Hunde im Auto aggressiv werden. Auch dieses Problem beruht auf Angst. Der Hund beschützt weniger das Auto als sich selbst. Er hat keine Fluchtmöglichkeit und muss deshalb potenzielle Eindringlinge bedrohen, um sie auf Abstand zu halten. Da das Auto ein kleiner und leicht zu verteidigender Raum ist, traut er sich das zu. Eine gute Sozialisierung ist hier ebenfalls die beste Prävention. Wenn Ihr Welpe keine Angst vor Menschen hat, fühlt er sich auch nicht bedroht, wenn sich jemand nähert.

FUTTERAGGRESSION UND BESITZVERHALTEN

Besitzergreifendes Verhalten lässt sich leicht verhindern, wenn man früh genug damit beginnt. Es ist einfacher bei Welpen, die schon im Wurf einzeln gefüttert wurden und genug

Dinge zum Spielen und Erkunden bekommen haben. Welpen hingegen, die um das Futter aus einem gemeinsamen Napf oder um Besitztümer kämpfen mussten, haben früh gelernt, Dinge zu bewachen. Sie lassen sich etwas schwieriger trainieren.

Futteraggression entsteht durch die Notwendigkeit, eine lebenswichtige Ressource zu schützen. Sie ist ein natürliches Verhalten, aber bei einem Familienhund nicht akzeptabel, denn sie hat nichts mit dem Rang in einem Rudel wild lebender Hunde zu tun. Ein untergeordnetes oder jüngeres Tier verteidigt oft ein Futterstück gegenüber einem ranghöheren, stärkeren oder älteren Tier. Es scheint das Besitzrecht zu gelten: Wer etwas hat, darf es behalten.

Hunde, die in ihrem Leben bereits gehungert haben, neigen eher dazu, Futter zu bewachen, als die, die immer genug zu fressen bekamen; sie haben gelernt, die Ressource zu verteidigen, um zu überleben. Futteraggression oder besitzergreifendes Verhalten eskaliert schnell, wenn man jedes Knurren oder Schnappen bestraft, sobald ein Welpe versucht, seinen Schatz zu bewachen. Um Futteraggression vorzubeugen, muss der Welpe also lernen, dass Menschen, die sich nähern, ihm nicht das Futter wegnehmen wollen, sondern ihm stattdessen etwas noch Köstlicheres zu fressen bringen (siehe die Übung auf S. 154–155).

Knochen und Kauartikel

Auch in Bezug auf Knochen und Kauartikel muss der Welpe lernen, dass sich Hände nähern, um zu geben, nicht um zu nehmen (siehe S. 156–157). Wenn Sie diese Übung durchführen, geben Sie den Knochen oder die Kausnacks immer sofort zurück. So erfährt Ihr Hund, dass er Ihnen vertrauen kann und es keinen Grund gibt, diese Dinge zu bewachen. Sorgen Sie dafür, dass sich jeder in Ihrer Familie dem Vierbeiner nähern kann, wenn er mit Knochen oder Kauartikeln beschäftigt ist – ohne Widerstand oder Misstrauen auszulösen.

Haben Sie Kinder, beaufsichtigen Sie diese Übungseinheiten sorgfältig, bis Ihr Welpe es gern zulässt, dass auch sie sich nähern. Achten Sie darauf, dass sie immer besonders köstliche Leckerchen für den Hund haben und dass er die Erfahrung genießt und keine Angst hat.

ÜBUNG

FUTTERAGGRESSION VORBEUGEN

1 Geben Sie Futter in einen Napf und stellen Sie ihn vor Ihrem Welpen auf den Boden. Gehen Sie einen Schritt zurück und lassen Sie ihn fressen.

2 Hat er den letzten Bissen geschluckt, gehen Sie zum Napf und geben einen kleinen Nachschlag hinein. Wieder ziehen Sie sich zurück und lassen den Welpen fressen. Während er frisst, gehen Sie zum Napf und legen ein paar besonders tolle Leckerbissen (z. B. Huhn oder Leber) hinein. Ziehen Sie sich anschließend erneut zurück.

3 Wiederholen Sie Schritte 1–2 über mehrere Übungseinheiten. Mit der Zeit wird Ihr Hund von seinem Futternapf aufschauen, um zu sehen, ob Sie etwas Leckeres für ihn haben.

4 Sobald er sich freut, wenn Sie sich seinem Napf nähern, und zurückweicht, damit Sie mehr hineintun können, verstecken Sie die Leckerbissen in Ihrer Hand. Legen Sie dann Ihre Hand in den Napf und öffnen Sie sie, damit er die Köstlichkeit nehmen kann. Machen Sie das aber nur, wenn er zurückweicht. Wiederholen Sie dies einige Male, dann lassen Sie ihn in Ruhe zu Ende fressen.

5 Nach einigen Wiederholungen wird Ihr Hund erwartungsvoll aufschauen, zurückweichen und mit der Rute wedeln, wenn Sie herankommen. Heben Sie nun ab und zu den Napf an, legen Leckerbissen hinein und stellen ihn sofort wieder auf den Boden.

6 Sobald Ihr Welpe alle Familienmitglieder in die Nähe seines Futters lässt, üben Sie dies auch mit anderen Personen. Wiederholen Sie die Einheiten jeden Tag, bis Ihr Hund jedes Mal, wenn sich jemand nähert, aufschaut und mit der Rute wedelt, um zu sehen, was noch im Angebot ist. Üben Sie kontinuierlich mehrere Male pro Woche weiter, bis Ihr Vierbeiner schließlich erwachsen ist.

ÜBUNG

KNOCHEN UND KAUARTIKEL

1 Geben Sie Ihrem Welpen einen nicht so begehrten Kauartikel und warten Sie, bis er sich damit langweilt. Gehen Sie nun ruhig auf ihn zu, mit einem duftenden Leckerbissen in den Fingern. (Sollte Ihr Hund in Bezug auf Kausnacks oder anderen Besitz bereits aggressives Verhalten zeigen, holen Sie sich professionelle Hilfe, bevor Sie diese Technik anwenden.)

2 Geben Sie Ihrem Hund Zeit, bis er erschnüffelt hat, wie gut Ihr Leckerbissen ist, und ihn ansieht. Dann locken Sie ihn damit weg von seinem Kauartikel. Warten Sie, bis er damit beschäftigt ist, den Leckerbissen aus Ihren Fingern zu nehmen. Sobald er seinen Kausnack nicht mehr im Blick hat, heben Sie es mit Ihrer freien Hand auf.

3

Geben Sie ihm nun den Leckerbissen und unmittelbar danach den Kauartikel.

4

Wiederholen Sie die Schritte 1–3 über mehrere Übungseinheiten. Ihr Welpe sollte danach aufschauen, wenn Sie herankommen, und mit einem Leckerbissen rechnen, statt um seinen Kauartikel zu fürchten. Wenn Sie ihm stets einen attraktiven Tausch anbieten, lernt er, wegen seines Kausnacks nicht aggressiv zu reagieren. Führen Sie diese Übung auch mit Spielzeug und Knochen aus.

Bringen Sie Ihren Kindern bei, andere Hunde mit Knochen ausnahmslos zu respektieren und sich ihnen nicht zu nähern – denn nicht alle Vierbeiner sind so gut erzogen wie Ihrer.

Spielzeug und andere Gegenstände

Auf ähnliche Weise bringen Sie Ihrem Hund bei, dass Sie ihm nicht einfach so sein Spielzeug wegnehmen. Bieten Sie ihm anfangs immer etwas noch Schöneres zum Tausch an, wenn Sie ihm etwas wegnehmen – etwa ein Leckerchen oder ein Spiel mit einem noch begehrteren Spielzeug. Mit der Zeit reduzieren Sie die Belohnungen und lassen ihn im Unklaren, ob er im Tausch etwas Besseres bekommt oder nicht. Auf diese Weise lernt er, sich zu freuen, wenn Sie ihm etwas wegnehmen – er wird nicht versuchen, Ihnen aus dem Weg zu gehen, aggressiv zu sein oder wegzulaufen, damit Sie das Stück nicht bekommen.

AGGRESSION INFOLGE VON SCHMERZEN

Hunde beißen häufig, wenn sie Schmerzen haben. In dem Versuch, ihnen zu helfen, fügen wir ihnen möglicherweise kurzfristig noch mehr Schmerzen zu – und dann beißen sie, weil sie uns abwehren wollen. Es gibt kaum Möglichkeiten, dies zu verhindern. Sie können lediglich versuchen, Ihren Liebling bestmöglich vor Krankheiten und Verletzungen zu schützen, indem Sie ihn regelmäßig zum Tierarzt bringen – was Sie als verantwortungsbewusster Hundehalter mit Sicherheit ohnehin machen. Üben Sie außerdem häufig Körperpflegemaßnahmen. So stärken Sie das Vertrauen zu Ihnen, und Ihr Hund lässt sich bei einem Unfall vielleicht eher helfen. Tipps, wie Sie ihn an das Tragen eines Maulkorbs gewöhnen können, falls dies einmal erforderlich sein sollte, finden Sie auf S. 177.

Aggression zwischen angeleinten Hunden tritt häufig auf. Die Ursachen sind oft Angst und unzureichende Sozialisierung. Vermeiden Sie solche Begegnungen an der Leine und ermöglichen Sie Ihrem Vierbeiner viele entspannte Kontakte zu freundlichen Artgenossen.

AGGRESSIVES JAGDVERHALTEN

Angst ist häufig der Auslöser für aggressives Jagdverhalten, das junge Welpen zeigen. Sie rennen dann Autos, anderen lauten Objekten oder Dingen nach, die plötzlich von hinten auftauchen oder unerwartet hervorspringen. Leicht erregbare Welpen bellen Dinge an, die sie erschreckt haben, und attackieren sie, weil sie sich wegbewegen sollen. Das geschieht vor allem, wenn sie angeleint sind und sich nicht selbst aus der Situation befreien können.

Bemerken Sie Anzeichen, dass Ihr Hund Angst vor sich schnell bewegenden Objekten hat, bringen Sie ihn an einen Ort, von dem aus er sich in sicherer Entfernung daran gewöhnen kann. Setzen Sie Spielzeug und Leckerchen ein, um positive Assoziationen zu schaffen. Über viele Übungseinheiten hinweg arbeiten Sie sich so immer näher an die störenden Objekte heran, wobei Ihr Welpe das Tempo vorgibt. Holen Sie professionellen Rat ein, wenn das Verhalten nicht aufhört (siehe S. 115).

Aggressives Jagdverhalten kann auch auftreten, wenn ein Hund seinen Trieb auslebt, allem hinterherzulaufen, was sich schnell bewegt. Das Verfolgen ist meist Lohn genug, sodass der Vierbeiner stehen bleibt, wenn die Bewegung stoppt. Manchmal springt er jedoch das Objekt an oder packt es, um es am Fortbewegen zu hindern. Gehetzte, verängstigte Tiere reagieren dann schnell aggressiv – und der Jogger oder Radfahrer wehrt sich gegen den Hund. Passiert dies mehrfach, lernt der Hund, beim Einholen seiner »Beute« zuerst zu beißen, damit er nicht selbst angegriffen wird.

Damit Ihr Welpe keine Freude an ungeeigneten Jagdspielen entwickelt, lassen Sie ihn nie unbeaufsichtigt mit potenziellen Beutetieren – seien es Nutztiere oder Wildtiere. Achten Sie außerdem darauf, dass er sich beim Spaziergang nie weit von Ihnen entfernt. Bringen Sie ihm bei, in der Nähe von Autos, Joggern, Radfahrern und allen anderen sich schnell bewegenden Dingen ruhig zu bleiben. Verbringen Sie Zeit mit ihm in ausreichender Entfernung, sodass er sich ganz entspannt an diese schnellen Objekte gewöhnen kann.

Lenken Sie den Jagdtrieb Ihres Hundes auf Spielzeug und bringen Sie ihm zuverlässig den Rückruf bei. Ihr Vierbeiner sollte stets sofort zu Ihnen zurückkehren, wenn er unerwartet mit der Jagd beginnt. Lassen Sie sich dabei von einem professionellen Hundetrainer unterstützen (siehe S. 223).

AGGRESSION GEGENÜBER HUNDEN

Wenn Sie verstehen, warum es zu Aggression gegenüber anderen Hunden kommt, können Sie verhindern, dass Ihr Welpe später Probleme bei Begegnungen mit Artgenossen entwickelt.

Angstinduzierte Aggression

Aggression gegenüber Hunden wird häufig durch Angst auslöst. Auch hier liegt es an einer unzureichenden Sozialisierung, die zu fehlenden Erfahrungen mit Artgenossen führt. Möglicherweise sind auch negative Erlebnisse die Ursache dafür, dass ein Welpe Begegnungen mit anderen Hunden fürchtet.

Ein sehr ängstlicher Hund hält Artgenossen oft mit Aggression auf Abstand – vor allem wenn er angeleint ist. Denn er hat gelernt, dass es an der Leine keinen Fluchtweg mehr gibt. Im ungünstigsten Fall wird die Aggression durch den Hundehalter zusätzlich verstärkt, wenn er die Leine straff zieht und selbst nervös wird, sobald ein anderer Hund auf ihn zukommt.

Manche Hunde haben ein faltiges Gesicht, eine aufrechte Körperposition und eine aufgerichtete Rute. Sie wirken aufgrund dieser Körpermerkmale auf nicht gut sozialisierte Artgenossen aggressiv.

Abgeleint halten ängstliche Welpen Abstand zu anderen Hunden. Manchmal versuchen sie dennoch, sich dem Artgenossen zu nähern, merken dann aber schnell, dass sie der Situation nicht gewachsen sind. In solchen Momenten reagieren sie oft mit aggressivem Verhalten, um sich zu schützen. Welpen, die nicht gut sozialisiert wurden, senden zudem oft unbewusst die falschen Signale, weil sie die Körpersprache anderer Hunde nie richtig gelernt haben. Das führt mitunter dazu, dass ihr Gegenüber aggressiv reagiert – und die Lage weiter eskaliert.

Gute Sozialisierung und Schutz vor schlechten Erfahrungen können eine angstinduzierte Aggression gegen andere Hunde am besten verhindern. Sehr junge Welpen, die beängstigende Begegnungen hatten, bringen vielleicht nicht das Selbstbewusstsein auf, ihre Unsicherheit zu zeigen. Kommen sie dann aber in die Pubertät und gewinnen an Selbstsicherheit, werden sie möglicherweise aggressiv, um sich zu verteidigen. Sollte Ihr Kleiner von einem anderen Hund angegriffen oder in Angst versetzt werden, sorgen Sie unbedingt dafür, dass er viele erfreuliche Begegnungen mit freundlicheren Hunden in vergleichbaren Situationen hat. Nur so schafft er es, den unangenehmen Vorfall zu überwinden.

Zeigt Ihr Welpe Angst vor anderen Hunden oder aggressives Verhalten, holen Sie sich rechtzeitig professionelle Hilfe (siehe S. 115). Es ist viel einfacher, dies anzugehen, solange Ihr Hund noch jung ist. Man wird Ihnen zeigen, wie Sie auf Distanz bleiben und die Wahrnehmung Ihres Welpen gegenüber Artgenossen nach und nach verändern können. Vielleicht gibt es auch Kurse für besonders sensible Hunde, in denen Ihr Liebling lernt, sich unter Artgenossen sicher zu fühlen und darauf zu vertrauen, dass Sie ihn in jeder Situation beschützen.

Ruppiges Spiel und Raufereien

Manche Hunde kämpfen mit anderen, weil sie von klein an grobe Raufspiele gelernt haben. Das gilt vor allem für jene, die mit einem älteren, toleranten Hund aufgewachsen sind, der sie nicht zurechtgewiesen hat, oder die das Raufen in einem schlecht geführten Welpenkurs gelernt haben. Solche Hunde spielen häufig auch im Erwachsenenalter sehr ruppig. Als Reaktion darauf legt sich manch ein Spielpartner flach auf den Boden, völlig verängstigt durch das wilde Spiel. Ein anderer wird aggressiv, um zu verhindern, dass ihn der Rabauke bedrängt. Passiert das häufiger, ist es wahrscheinlich, dass der raue Spieler einen Verteidigungsangriff startet, sobald der andere verängstigte Hund aggressiv wird.

Um zu verhindern, dass Ihr Welpe an Raufereien Gefallen findet, brechen Sie das Spiel ab, sobald es außer Kontrolle gerät. Ihr Kleiner darf mit einem Hund, den er kennt, nichts anstellen, was ihm ein fremder Artgenosse nicht durchgehen ließe. Dazu gehört etwa, den anderen zu beißen, ihm die Pfoten auf den Rücken zu legen, ihn so weit niederzudrücken, dass er sich auf den Rücken rollt, sich über ihn zu stellen und alle Signale des anderen zu ignorieren, dass das »Spiel« keinen Spaß macht. Stoppen Sie Ihren Welpen in diesen Fällen sofort und richten Sie seine Aufmerksamkeit eine Weile auf sich. Warten Sie, bis er sich beruhigt hat – erst dann darf er wieder zu den Artgenossen. Ist er auch weiterhin zu ruppig, beenden Sie die Spieleinheit ganz.

Welpen oder junge Hunde sollten nie zu lange miteinander spielen. In einer solchen Situation wird der Stärkere schnell zu grob – was beide Vierbeiner bei künftigen Begegnungen negativ beeinflussen kann. Sorgen Sie dafür, dass Ihr Hund generell lieber und mindestens dreimal so oft mit Ihnen spielt als mit Artgenossen.

Professionelle Hilfe

Zeigt Ihr Welpe Anzeichen von Aggression – sei es Knurren, Lefzenkräuseln, Schnappen oder Beißen –, handeln Sie sofort, um die Lage zu entschärfen. Sind Sie unsicher, wie Sie vorgehen sollten, wenden Sie sich schnellstmöglich an einen erfahrenen Profi (siehe S. 115).

Jagdspiele unter Welpen sind meist harmlos. Behalten Sie das Geschehen dennoch lieber im Blick. Beide Hunde sollten Spaß haben und sich mit dem Jagen abwechseln.

KAPITEL 11

Kauen

Welpen kauen, weil sie zahnen, ihre Welt erkunden wollen, ihre Kiefer trainieren – oder einfach, weil es Spaß macht. Wenn Ihr Hund immer reichlich Kausnacks zur Verfügung hat und lernt, sich daran abzuarbeiten, anstatt Ihren Hausrat anzuknabbern, können Sie auf diese Weise teuren Schaden verhindern.

ZAHNEN

Bei Welpen vollzieht sich der Zahnwechsel im Alter von drei bis sechs Monaten. In dieser Zeit haben die Kleinen meist ein unangenehmes Gefühl im Maul und kauen, um es ein wenig zu lindern. Kauen erleichtert das Ausfallen der spitzen Milchzähne und den Durchbruch der größeren, stumpferen bleibenden Zähne. Die Kauartikel sollten schön hart sein; gekühlt oder gefroren, helfen sie gut bei Zahnungsschmerzen und sind deshalb besonders willkommen. Diese Phase ist relativ kurz. Vielleicht entdecken Sie Blut am Spielzeug oder winzige Zähne, die ausgefallen sind, wenngleich die meisten einfach verschluckt werden. Gehen Sie bei Zerrspielen besonders behutsam vor, wenn Ihr Welpe in dieser Phase ist. Bieten Sie nur ein klein wenig Widerstand, ohne selbst kräftig am Spieltau zu ziehen.

Junge Welpen wollen ihre Welt erkunden und tun das, indem sie ihr Maul einsetzen – genau wie Kinder ihre Hände gebrauchen. Deshalb nehmen sie alles, was für sie neu ist, ins Maul und knabbern darauf herum. Aus diesem Grund sollten Sie die Kausnacks regelmäßig wechseln, damit die Neugier erhalten bleibt und der Hund seine unterschiedlichen Kauartikel spannender findet als Ihren Hausrat.

Robustes Gummispielzeug, gefüllt mit Leckerchen, ist ein wunderbarer Kausnack. Es beschäftigt den Welpen stundenlang.

WAS GIBT ES ZU KAUEN?

Kauartikel müssen robust, sicher und so groß sein, dass sie nicht verschluckt werden können. Ersetzen Sie daher alles, was in verschluckbare Stücke zerkaut wurde. Geeignet sind:

- Luftgetrocknete (natürliche) Körperteile von Tieren: Hiervon gibt es eine große Auswahl, etwa Haut, Sehnen, Ohren, Schnauzen, Füße, Hufe, Eingeweide, Geweihe, Luftröhren und Schwänze. Großpackungen mit Hautstreifen sind meist die günstigste Option und reichen lange. Vermeiden Sie Frittiertes. Dadurch gelangt unerwünschtes Öl in die Ernährung Ihres Welpen, außerdem ist es nicht so lange haltbar und verursacht beim Fressen unnötige Verschmutzungen.

- Frische rohe Knochen: Achten Sie darauf, dass sie groß und hart sind – Rinderbeinscheiben eignen sich z.B. sehr gut. Sie dürfen nicht in das Maul Ihres Welpen passen, denn diese Knochen sind zum Knabbern da, nicht zum Hinunterschlucken. Passen Sie auf, dass keine Fliegeneier ins Knochenmark gelangen, wenn es warm ist, und legen Sie den Knochen sofort in den Kühlschrank, wenn Ihr Welpe mit dem Kauen fertig ist. Nehmen Sie ihm den Knochen weg, wenn seine Kiefer schon so stark sind, dass er ihn durchbeißen oder Stücke davon abbrechen könnte – oder wenn er anfängt, Abgebissenes zu schlucken. Harte Knochen mit ein bisschen Fleisch daran sind am besten, weil dann das Fleisch das Ziel ist, nicht der Knochen.

- Mit Futter befülltes Spielzeug: Kauartikel lassen sich auch gut selbst herstellen, indem man ein robustes Spielzeug aus Hartgummi oder einen sterilisierten Markknochen mit Hundefutter, Frischkäse, Erdnussbutter (ohne den für Hunde giftigen Süßstoff Xylit!) oder anderen Leckerbissen befüllt. Manche Spielzeuge sind genau dafür gemacht. Hat Ihr Welpe einen besonders kräftigen Biss, gibt es noch robustere Modelle. Die Öffnungen in dem Spielzeug dürfen nicht so groß oder so geformt sind, dass Ihr Hund mit dem Kiefer darin stecken bleiben könnte, wenn er versucht, die letzten Futterreste herauszulecken.

- Harte Kausnacks aus Gemüse: Sie halten meist nicht lange, können aber bedenkenlos in größeren Mengen verabreicht werden.

- Kauholz: Spezielle Kauartikel aus Holz, die nicht splittern, sind im Handel erhältlich.

NICHT GEEIGNET SIND:

- ✖ Gekochte Knochen: Sie splittern beim Kauen. Dabei entstehen scharfkantige Stücke, die beim Welpen innere Verletzungen verursachen können, wenn er sie frisst.

- ✖ Rohleder: Es sieht sauber und hygienisch aus, ist aber unter Einsatz starker Chemikalien verarbeitet. Durch Kauen wird es weich und geschmeidig, was beim Hinunterschlucken zum Ersticken führen kann.

Luftgetrocknete Haut und andere Körperteile von Tieren, Trockenfisch, Gemüsekausnacks und interaktives Spielzeug eignen sich gut als Kauartikel für zahnende Welpen. So bleibt Ihr Hausrat verschont.

Sie brauchen täglich mindestens zwei, drei verschiedene Dinge, auf denen Ihr Vierbeiner abwechselnd kauen kann. Das kostet Geld, ist aber langfristig günstiger, als angeknabberte Möbel zu ersetzen. Geben Sie dem Hund im Lauf des Tages eine Auswahl verschiedenartiger Kauartikel, bevor Sie sie verstauen und am nächsten Tag andere hervorholen. Sieht der Welpe nach einer Woche die ersten Kauartikel wieder, wird er sie spannend finden und daran knabbern, nicht an etwas anderem. Versuchen Sie, ihm in seinem ersten Lebensjahr die unterschiedlichsten Kausnacks anzubieten. Wechseln Sie sie häufig durch, damit sie interessant für ihn bleiben.

Achtung: Bei unerfahrenen Welpen besteht das Risiko, dass Kauartikel im Maul oder in der Kehle stecken bleiben. Haben Sie daher immer ein Auge auf Ihren Hund, wenn er an einem Stück knabbert. Wenn Sie noch einen zweiten Hund haben, trennen Sie die beiden, sobald sie mit Kausnacks beschäftigt sind. So vermeiden Sie Streit, und keiner der beiden schluckt hastig ein zu großes Stück hinunter, nur damit der andere es nicht bekommt.

KAULEKTIONEN

Um Flecken zu vermeiden, sollte der Welpe lernen, Kauartikel auf einem alten Handtuch zu kauen, das man danach waschen kann. Wenn Sie ihn daran gewöhnen, solange er klein ist, wird er sich bald freiwillig auf das Handtuch legen, wann immer Sie ihm etwas zu kauen geben. Das erreichen Sie, indem Sie ein großes altes Handtuch ausbreiten und ein leckeres Stück in die Mitte legen. Wenn Ihr Welpe hineinbeißt, halten Sie es fest und lassen ihn daran kauen, bis er sich hinlegt. Sobald er liegt und kaut, lassen Sie ihn in Ruhe, behalten ihn aber im Auge. Verlässt er das Handtuch, animieren Sie ihn, sich wieder daraufzulegen. Loben Sie ihn und lassen Sie ihn erneut in Ruhe, wenn er auf dem Handtuch liegt.

Bevor Sie Ihren Hund im Haus frei herumlaufen lassen, räumen Sie alle Kleinteile weg und holen Sie ein oder zwei Kauartikel hervor, die er schon länger nicht mehr hatte. Legen Sie sie auf alte Handtücher am Boden, wenn der Welpe im Zimmer ist. Legt er sich hin, um an einem Stück zu kauen, loben Sie ihn ausgiebig. Danach darf er in Ruhe weiternagen.

Ignoriert er jedoch die Kauartikel und läuft weiter, um etwas anderes anzuknabbern, müssen Sie ihn auffordern, zu seinen Kausnacks zurückzukehren. Bleiben Sie dabei ganz ruhig und schimpfen Sie nicht, selbst wenn er etwas sehr Wertvolles oder potenziell Gefährliches annagen wollte. Wenn Sie in großer Aufregung angerannt kommen, lernt der Welpe nur, dass ihm genau dieser Gegenstand Ihre Aufmerksamkeit garantiert. Noch schlimmer: Er könnte meinen, dass ein kleiner Gegenstand, etwa eine Büroklammer, den er gerade ins Maul genommen hat, so wertvoll ist, dass er ihn hinunterschluckt, um ihn sicher zu verwahren. Das könnte ihm aber schaden. Lenken Sie ihn daher lieber mit einem Leckerchen ab, damit er das, was er im Maul hat, freiwillig fallen lässt. Es wird dann einfach beseitigt. Wenn er sich oft über Dinge hermacht, die er nicht anknabbern soll, ersetzen Sie entweder die Kauartikel durch etwas Interessanteres oder bieten Sie ihm mehr Spiel, Bewegung und Erkundungsmöglichkeiten.

Damit Ihr Hund während der Zahnungszeit keinen größeren Schaden anrichtet, sollte er in unbeaufsichtigten Momenten keinen Zugang zu Orten mit wertvollen oder gefährlichen Dingen – etwa Stromkabel – haben. Die einfachste und letztlich günstigste Lösung ist ein Welpenauslauf, in dem er sich aufhält, wenn Sie ihn nicht im Blick haben (siehe S. 53). Stellen Sie ihm dort eine Auswahl an Dingen bereit, die er erkunden darf und an denen er auf sichere Weise seine Kiefer trainieren kann.

Bis Sie ihm ganz vertrauen können, lassen Sie Ihren Welpen nie unbeaufsichtigt im Haus frei laufen. Knabbert er etwas an, das er nicht anrühren sollte, ist es Ihr Fehler, nicht seiner: Sie haben ihm zu früh vertraut! Es wird Pannen geben, genau wie beim Stubenreinheitstraining, wenn Ihre Aufmerksamkeit einmal nachlässt. Bleiben Sie dennoch ruhig und schreien Sie Ihren Hund nicht an oder bestrafen ihn gar – egal, wie wertvoll der Gegenstand für Sie war. Das würde nur dazu führen, dass er Ihnen zunehmend misstraut. Passen Sie beim nächsten Mal einfach besser auf.

KAUEN ODER SPIELBEISSEN?

Wenn Sie sich mit Ihrem noch sehr jungen Welpen beschäftigen, wird er oft auf Ihren Fingern kauen. Manchmal ist das ein Versuch, mit Ihnen zu spielen. Bieten Sie ihm dann besser ein Spielzeug an (siehe S. 122). Sanftes Knabbern kann aber auch eine Form der Erkundung sein. Ist das für Sie zu unangenehm,

Robuste Hohlspielzeuge können mit Nassfutter befüllt werden. Das bedeutet stundenlange Beschäftigung und puren Genuss. Danach ist der Welpe entspannt und zufrieden.

geben Sie ihm etwas zu kauen. Wenn Sie Ihren Welpen festhalten und er sich nicht herauswinden kann, beißt er vielleicht aus Frustration in Ihre Hände. Gewöhnen Sie ihn in diesem Fall schrittweise daran, dass er sanft festgehalten wird (siehe Kapitel 12, S. 168).

KAUEN IN DER JUNGHUNDPHASE

Gegen Ende der Zahnwechsels setzt ein stärkerer Kaudrang ein. Diese Phase beginnt mit etwa sieben bis zehn Monaten und dauert rund ein halbes Jahr. Bei manchen Rassen ist dieser Drang besonders stark ausgeprägt, etwa bei Labradoren, die gezüchtet wurden, um etwas im Maul zu tragen.

Diese spätere Kauphase fällt in eine Zeit, in der ein Hund seine Aufmerksamkeit von Natur aus auf die Außenwelt richtet. Dürfte er frei umherlaufen, würde er seine Umgebung ausgiebig erkunden und alles kennenlernen wollen. Ist er im Haus eingesperrt, lebt er seinen Erkundungsdrang aus, indem er sich einmal durch den Hausrat knabbert. Da er keinen Sinn für den Wert eines Gegenstands und nun größere und kräftigere Kiefer hat als in der Zahnungsphase, kann er jetzt relativ rasch großen Schaden anrichten.

Diese Kauphase geht schneller vorbei, wenn Sie Ihrem Hund viele Artikel zum Kauen geben. Außerdem sollten Sie ihm die Möglichkeit bieten, sich geistig und körperlich auszulasten und die unterschiedlichsten Orte zu erkunden. Gelangweilte Vierbeiner, die sich nur an einem Ort aufhalten, stillen ihren Erlebnishunger, indem sie alles annagen. Befriedigen Sie also den Erkundungsdrang Ihres

Jeder Fund ein Fest: Mit Futter und Spielzeug in einer Pappbox lässt sich auch das Alleinsein gut überbrücken.

Verwandeln Sie einen Pappkarton in eine spannende Schnüffelbox, um Ihren Hund eine Weile zu beschäftigen. Verstecken Sie Leckerchen oder geeignete Kauartikel darin und lassen Sie ihn auf Entdeckungstour gehen.

Hundes beispielsweise mit Pappkartons oder leeren Müslipackungen. Auch alte Kisten und Holzteile, die er beknabbern und untersuchen kann, eignen sich gut. Verstecken Sie Leckerchen in diesen Gegenständen, damit sie für ihn spannend bleiben, und wechseln Sie sie möglichst oft. Behalten Sie Ihren Hund dabei aber stets im Auge, wenn er damit beschäftigt ist, und räumen Sie alles weg, was kaputt gegangen ist und ihm schaden könnte.

DAUER DER ZWEITEN KAUPHASE

Wie lange dieser Prozess dauert, hängt davon ab, wie aktiv Ihr Vierbeiner ist und wie gewissenhaft Sie sind. Manche Hunde haben einen stärkeren Kaudrang als andere, und einige lernen nicht so schnell. Am besten vertrauen Sie Ihrem Junghund erst vollständig, wenn er mindestens ein Jahr alt ist und beide Kauphasen durchlaufen hat. Bis dahin gehen Sie ganz konsequent vor – geben ihm täglich genug Kauartikel, räumen sie abends wieder weg und reichen ihm am nächsten Tag andere, damit sie stets interessant für ihn bleiben.

Wird Ihr Hund erwachsen, nimmt sein Kaudrang ab. Geben Sie ihm trotzdem weiterhin Knochen und Kausnacks, damit er seine Kiefer trainieren und die Zähne reinigen kann.

ALLEIN IM AUTO BLEIBEN

Selbst wenn ein Hund, der allein im Auto ist, nur ein bisschen an etwas knabbert, kann das schon einen teuren Schaden verursachen. Lassen Sie ihn daher nie lange allein, bis Sie sicher sein können, dass er nichts ankaut. Gewöhnen Sie ihn langsam daran, allein im Auto zu bleiben, damit er keine Angst bekommt (siehe S. 181). Lassen Sie Ihren Hund, egal ob Welpe oder bereits erwachsen, nie an einem sonnigen oder warmen Tag im Auto – oder wenn es sein könnte, dass er gestohlen wird.

KAPITEL 12

Berührung und Behandlung

Wir Menschen berühren und umarmen uns, um Zuneigung zu zeigen. Hunde dagegen umklammern sich untereinander fast nur im Kampf oder bei der Paarung. Sie müssen daher von klein an daran gewöhnt werden, von Menschen berührt zu werden. Selbst wenn Sie Ihren Vierbeiner nicht allzu oft anfassen möchten, sollte er darauf vorbereitet sein, dass er eines Tages von einem Tierarzt behandelt werden muss, ihn Kinder knuddeln oder ihm jemand den Kopf tätschelt.

Je vertrauter der kleine Hund mit Berührungen ist, desto weniger fühlt er sich dadurch bedroht und desto unwahrscheinlich ist es, dass er beißt, wenn man ihn anfasst. Das ist vor allem in Stresssituationen wichtig, etwa bei einer unangenehmen Behandlung beim Tierarzt. Wenn Sie Ihren Vierbeiner so berühren, festhalten und umarmen, dass es ihm gefällt, können Sie tiefes Vertrauen aufbauen, das sich auf Menschen auch außerhalb der Familie überträgt.

ENTSCHEIDUNG UND KONTROLLE

Darf der Vierbeiner mitentscheiden, wie und wann Sie ihn bei der Körperpflege berühren, ist das von Vorteil – und das völlige Gegenteil dessen, wie oft mit Hunden umgegangen wird. Manchmal muss sich der Hund von Menschen anfassen lassen, ob er es will oder nicht, etwa beim Tierarzt. Gerade für diese Fälle ist es gut, wenn er es duldet, festgehalten zu werden. Doch für alle sonstigen Berührungen ist es besser, wenn der Welpe eine Wahl hat, ob er sich darauf einlässt oder nicht.

Stellen Sie sich vor, wie es wäre, mit Wesen zu leben, die viel größer sind als Sie, mit denen Sie nicht sprechen können, die Sie immer wieder festhalten und zwingen, seltsame Prozeduren über sich ergehen zu lassen: Haareschneiden, Zähneputzen, Nagelpflege oder Baden. Uns erscheint all das notwendig und gerechtfertigt, doch aus Sicht des Welpen sind es wahrscheinlich befremdliche Eingriffe, die nicht nur überflüssig, sondern auch beängstigend wirken. Für einen Welpen, der so

Kinder wollen knuddeln. Mit der nebenstehenden Übung können Sie Ihren Hund daran gewöhnen, wenn er noch ganz jung ist.

behandelt wird, muss das Leben oft verwirrend sein: Die meiste Zeit sind die Menschen freundlich zu ihm, und es ist schön, bei ihnen zu sein. Doch manchmal tun sie unangenehme Dinge – und hören erst auf, wenn sie entschieden haben, dass es genug ist.

Es ist leicht nachvollziehbar, dass diese Art von unverständlichen Angriffen aus Sicht des Welpen das Vertrauen zwischen Ihnen und die gute Beziehung, die Sie aufgebaut haben, allmählich zerstört. Wenn Ihr Hund nicht bereitwillig bei den regelmäßigen Körperpflegemaßnahmen mitmacht, kann es dazu führen, dass er Sie zu bestimmten Zeiten meidet. Sieht er z. B. die Badeutensilien, deutet er sie als Zeichen für einen neuen baldigen »Angriff« – und flüchtet. Daher sollte er lernen, Berührungen zu dulden, und Sie sollten möglichst sensibel auf seine Wünsche reagieren.

Dem Hund bei der Körperpflege ein Mitspracherecht einzuräumen, erfordert ein gewisses Umdenken. Denn bisher waren Sie es vielleicht gewohnt, seinen Gehorsam – und sei es auf noch so sanfte Weise – zu erzwingen. Sobald er nun aber merkt, dass Sie seine Reaktionen beachten und darauf Rücksicht

ÜBUNG

BERÜHRUNGEN ZULASSEN

1 **Warten Sie, bis Ihr Welpe ganz entspannt und schläfrig ist. Setzen Sie sich neben ihn und bleiben Sie ruhig und reglos, bis er sich völlig entspannt. Dann berühren Sie ihn behutsam an Rücken und Brust. Machen Sie dabei fröhliche, ermunternde Laute, damit er merkt, dass Ihre Absichten freundlich sind. Stellen Sie ein Gefäß mit Leckerchen in die Nähe. Nach ein paar Berührungen füttern Sie Ihren Hund daraus, damit es für ihn eine schöne Erfahrung ist, angefasst zu werden.**

BERÜHRUNGEN ZULASSEN

FORTSETZUNG

2 Berühren Sie den Welpen und zählen Sie bis drei. Dann darf er sich wegbewegen und bekommt ein Leckerchen. Beobachten Sie ihn – wie hat er diese Berührung aufgenommen? War er entspannt oder gab es Anzeichen für Unbehagen? War er z. B. völlig starr, hat er sich von Ihnen wegorientiert oder wegbewegt, die Lefzen geleckt, verunsichert gewirkt, nach Ihren Händen geschnappt? War die Rute eingezogen oder sein Körper angespannt? Waren die Ohren angelegt? Wenn er eines dieser Signale gezeigt hat, bewegen Sie Ihre Hände langsamer. Oder berühren Sie besser zunächst nur einen kleineren Bereich, bis er es akzeptiert. Kommt er dichter an Sie heran, wenn Sie aufhören, sodass Sie mehr machen können? Wenn er Ihre Berührung entspannt akzeptiert, streicheln Sie ihn weiter.

3 Sobald Ihr Welpe sanfte Berührungen zulässt, fahren Sie über mehrere Übungseinheiten hin damit fort. Wenden Sie sich dann sensibleren Bereichen wie Gesicht, Pfoten und Bauch zu. Bewegen Sie Ihre Hände langsam und arbeiten Sie sich Schritt für Schritt in neue Körperzonen vor – stets in einem Tempo, mit dem er sich wohlfühlt. Zählen Sie weiter bei jeder Berührung bis drei. Tasten Sie sich behutsam voran, bis Ihr Hund sich entspannt. Andernfalls kehren Sie vorübergehend wieder in »sichere« Zonen zurück. Verteilen Sie weiterhin Leckerchen zur Belohnung.

4

Wenn sich Ihr Welpe nach tage- oder gar wochenlangem Üben überall gern berühren lässt, bereiten Sie ihn auf Untersuchungen beim Tierarzt vor. Schauen Sie in seine Ohren und ziehen Sie ihm die Lefzen hoch, um die Zähne zu prüfen. Öffnen Sie ihm behutsam das Maul und simulieren Sie Impfungen, indem Sie leicht in die Haut in seinem Nacken zwicken. Heben Sie sanft seine Rute an, ziehen Sie ihn auch mal mit einer Umarmung zu sich. Heben Sie ihn auf einen Tisch und wiederholen Sie die Übungen. Versüßen Sie ihm all das mit Leckerchen und zählen Sie weiter bei jeder Berührung bis drei. Gehen Sie langsamer vor, wenn er Anzeichen von Unbehagen zeigt.

5

Wenn Sie diese Schritte mehrmals täglich ein paar Minuten lang absolvieren, wird Ihr Welpe bald lernen, sich überall anfassen zu lassen. Nutzen Sie die Übungen auch dazu, ihm Liebe und ungeteilte Aufmerksamkeit zu schenken. Er wird es genießen und sich sogar darauf freuen, berührt und festgehalten zu werden.

Wenn sich Ihr Welpe beim Handling uneingeschränkt wohlfühlt – ganz egal, wer in Ihrer Familie die Handgriffe bei ihm vollführt –, erweitern Sie den Kreis. Fangen Sie mit Menschen an, die er gut kennt und mag, und arbeiten Sie sich bis zu völlig fremden Personen vor. Beobachten Sie ihn dabei aber genau und greifen Sie ein, sobald der Welpe verängstigt wirkt. Wenn Sie großzügig Leckerchen verwenden, wird Ihr Vierbeiner die Übungen nicht nur tolerieren, sondern sogar Freude daran haben. Beziehen Sie nach Möglichkeit auch Kinder in diese Übungen mit ein.

nehmen, wird er sich viel schneller entspannen. So kann er alle möglichen Prozeduren erdulden, weil das Vertrauen zu Ihnen wächst.

Auch Sie werden immer mehr Gespür dafür entwickeln, was Ihr Hund erträgt und was nicht, sodass Sie bei all Ihren Handgriffen noch mehr Achtsamkeit walten lassen. Nach einer Weile wird die Körperpflege für beide Seiten keine stressige Angelegenheit mehr sein, die man irgendwie über sich ergehen lassen muss, sondern Teil seiner täglichen geistigen Beschäftigung. Genau wie Sie kann er nun das harmonische Miteinander genießen.

SANFTES FESTHALTEN

Ihr Welpe hätte sehr viel Glück, wenn er durchs Leben käme, ohne jemals gegen seinen Willen festgehalten oder behandelt zu werden. Das Personal einer Tierarztpraxis, aber auch Hundefriseure, Gassigeher und die Leiter einer Hundepension müssen ihre Arbeit in angemessener Zeit erledigen und können es sich nicht immer leisten, darauf zu warten, dass Ihr Hund eine Entscheidung trifft. Das heißt aber nicht, dass sie unsensibel wären, sie wissen einfach, wie man effizient mit Tieren umgeht – und schon muss Ihr Hund plötzlich etwas gegen seinen Willen geschehen lassen.

Aus diesem Grund ist es am besten, wenn Sie Ihren Vierbeiner zu Hause ganz behutsam damit vertraut machen, festgehalten und angefasst zu werden. So lernt er, dass ihm dabei nichts Schlimmes passiert. Gleichzeitig kann er sich in stressfreier Umgebung und im Beisein seiner Bezugsperson an das Gefühl gewöhnen, keine Kontrolle zu haben und

Da Ihr Hund sicher einmal vom Tierarzt untersucht werden muss, sollte er frühzeitig lernen, sich festhalten zu lassen.

nicht entkommen zu können. Das ist für ihn angenehmer, als wenn er diese Erfahrung mit einer fremden Personen machen würde.

Beginnen Sie, daran zu arbeiten, sobald Sie die Übungen zur Berührungstoleranz durchgeführt haben (siehe S. 169–171) und der Welpe bereits Vertrauen zu Ihnen aufgebaut hat. Wenn Sie dies ohne entsprechende Vorbereitung angehen, könnten Ihre Handgriffe Angst und Panik bei Ihrem Hund auslösen – vor allem, wenn er sehr scheu ist. Doch davon würde er sich nur schwer erholen.

Halten Sie den Welpen anfangs auf eine Art fest, die er widerstandslos duldet. Legen Sie z. B. einen Arm um seine Brust und ziehen Sie mit dem anderen Arm seinen Körper leicht zu sich heran, während seine Pfoten am Boden bleiben. Halten Sie ihn sanft und achten Sie darauf, dass er bequem aufrecht steht. Schon nach ein paar Sekunden lassen Sie ihn wieder los und belohnen ihn.

Wenn Sie den Welpen hochheben oder auf andere Art bewegen, achten Sie auf flache Hände. Sonst bohren Sie ihm die Finger in den Körper, und das ist unangenehm – ein Grund für ihn zu versuchen, sich aus Ihrem Griff herauszuwinden. Mit flachen Händen ist der Druck gleichmäßig verteilt, und die Übung wird für Ihren Hund angenehmer.

Üben Sie stets in kurzen Einheiten. Halten Sie den Hund sanft und sicher, aber drücken Sie ihn nicht zu fest. Dabei ergreifen Sie ihn so, dass er Sie nicht beißen oder anknabbern kann, weil er auf diese Weise freizukommen versucht. Warten Sie, bis er sich beruhigt. Halten Sie ihn behutsam fest, solange er zappelt. Sobald Sie merken, dass er sich entspannt, lassen Sie ihn los. Er wird schnell lernen, dass es ihm die Freiheit bringt, wenn er ruhig bleibt. Mit ein bisschen Übung können Sie ihn sicherlich schon bald eine Weile festhalten.

Fühlt sich Ihr Welpe damit wohl, verlängern Sie die Dauer allmählich weiter, bis Sie ihn mehrere Minuten lang festhalten können. Gehen Sie dabei in einem Tempo vor, das ihm behagt, damit er sich nach und nach an

NICHT AM KOPF!

Ist Ihr Welpe noch sehr jung, legen Sie ihm nicht die Hände auf den Kopf, wenn Sie ihn begrüßen oder loben. Viele Hundehalter wollen so ihre Zuneigung zeigen, doch leider mögen die meisten Hunde das nicht, weil dabei auf ihre empfindlichen Organe (Augen, Nase, Ohren und Tasthaare) ein unangenehmer Druck ausgeübt wird. Oft versuchen sie dann, Händen, die auf ihren Kopf zukommen, auszuweichen, indem sie den Kopf wegziehen oder sich ducken und abwenden. Fassen Sie den Hund bei der Begrüßung lieber an weniger empfindlichen Stellen an, etwa am Rücken oder an der Brust. Gehen Sie zumindest sehr behutsam vor, wenn Sie seinen Kopf berühren: Reiben oder tätscheln Sie ihn nicht.

Da Menschen ihre Zuneigung durch Berührungen zeigen und es besonders mögen, einen Hund am Kopf anzufassen, ist es gut, Ihren Welpen daran zu gewöhnen. Steigern Sie nach und nach seine Toleranz – und zwar so behutsam, dass er diese Art der Berührung eines Tages sogar genießen kann.

ÜBUNG

BEHANDLUNGSTRAINING

Dank dieser Übungen wird Ihr Hund weniger Angst haben und sich eher anfassen lassen, wenn ein Besuch beim Tierarzt ansteht.

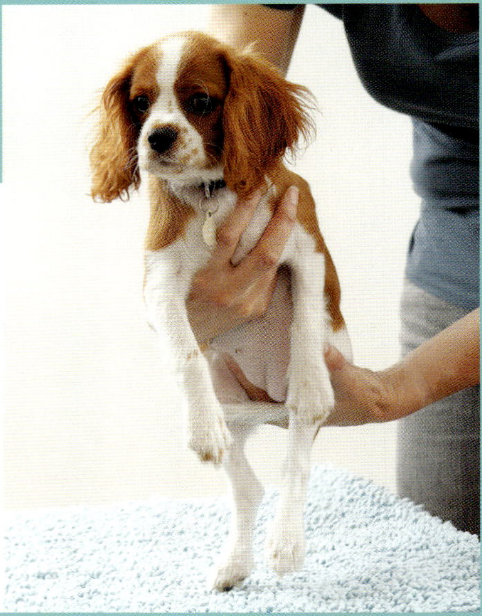

HOCHHEBEN

Gewöhnen Sie Ihren Welpen daran, auf einen Tisch gehoben zu werden. Stützen Sie ihn mit einer Hand unter dem Hinterteil und mit der anderen an der Brust. Halten Sie ihn fest, aber nicht zu fest, und eng an Ihrem Körper, sodass er nicht in der Luft baumelt.

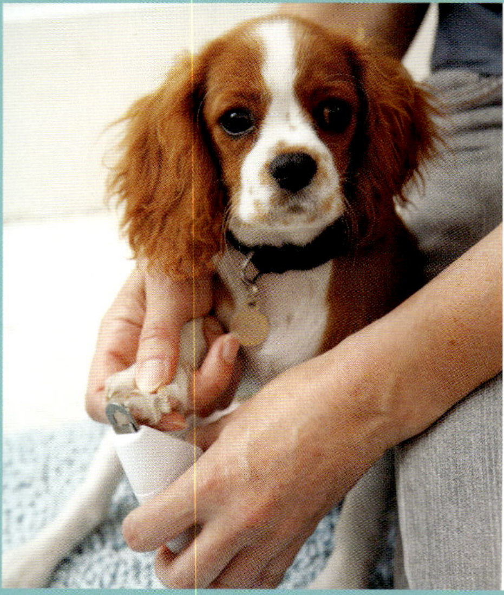

PFOTEN

Streichen Sie sanft an jedem Bein abwärts, heben Sie jede Pfote hoch und spreizen Sie die Zehen. Reden Sie dabei leise mit Ihrem Vierbeiner. Halten Sie ihn sanft fest, wenn er versucht, die Pfote wegzuziehen (Welpen versuchen das instinktiv). Wiederholen Sie das, was ihm nicht gefallen hat, noch langsamer und behutsamer, bis er es duldet.

OHREN

Gewöhnen Sie Ihren Hund daran, dass man ihm die Ohrlappen hochhält, um ins Ohr hineinzusehen. Wischen Sie die Innenseiten gelegentlich mit feuchter Watte ab. (Niemals etwas ins Ohr hineintun oder darin herumstochern!)

AUGEN

Wischen Sie sanft um die Augen herum, als ob Sie etwas aus den Augenwinkeln entfernen wollten.

MAUL

Schieben Sie ihm die Lefzen hoch und sehen Sie sich die Zähne an. Öffnen Sie ihm ab und zu das Maul, um einen Blick hineinzuwerfen. Dazu drücken Sie ihm sanft die Kiefer auseinander, allerdings zunächst nur ein klein wenig und ganz kurz. Loben Sie ihn danach. Wenn er sich daran gewöhnt hat, wird es leichter gehen, und Sie werden ihm das Maul länger öffnen können.

die Berührung gewöhnt und sich entspannen kann. Wenn Sie Widerstand spüren, halten Sie ihn zunächst weiter fest, bis Sie eine Entspannung bei ihm bemerken. Dann lassen Sie ihn los. Beim nächsten Mal halten Sie ihn nicht ganz so lange fest oder auf eine andere Art, sodass Sie schließlich problemlos weiterüben können, ohne ihn zu beunruhigen.

Versuchen Sie, sich vorzustellen, wie das Personal beim Tierarzt, im Hundesalon oder im Tierheim (sollte Ihr Hund einmal verirrt auf der Straße gefunden werden) Ihren Welpen anfassen und behandeln könnten. Auf diese Weise erweitern Sie nach und nach sein Repertoire an Handhabungen, die er tolerieren kann. Wenn Sie erreichen, dass er mindestens zehn Prozeduren widerstandslos akzeptiert, wird Ihr Hund wesentlich besser damit zurechtkommen, wenn er eines Tages fremden Personen ausgeliefert ist.

Gewöhnen Sie den Welpen möglichst spielerisch daran, dass Menschen nach ihm greifen. So lernt er, dass das ganz normal ist und er keine Angst zu haben braucht. Fassen Sie ihn zunächst leicht und sanft am Hals an. Arbeiten Sie darauf hin, ihn allmählich auch fester zu greifen.

Damit sich die ganze Mühe am Ende gelohnt hat, versuchen Sie, freundliches Personal für Ihren Hund zu finden. Die traurige Wahrheit ist, dass nicht alle Hundefriseure, Tierheim- und Tierarztpraxismitarbeiter oder Hundeausführer gleich gut mit den Vierbeinern umgehen können. Kompetente Profis zu finden, denen das Wohl Ihres Lieblings am Herzen liegt, braucht Zeit. Hören Sie sich daher um und sammeln Sie Erfahrungsberichte. Es muss Ihnen nicht unangenehm sein, sich taktvoll von jemandem zurückzuziehen, der sich als weniger gut erweist – Ihr Welpe sollte immerhin die bestmögliche Versorgung erhalten. Er hat keine Wahl, zu wem er geht, Sie schon.

NACKENGRIFF UND KOPFTÄTSCHELN

In Notfällen muss man seinen Hund auch einmal am Nackenfell greifen – entweder zu seiner eigenen Sicherheit oder zu der anderer. Wenn er das nicht kennt, kann es sein, dass er sich umdreht und in die Hand beißt. Um dem entgegenzuwirken, gewöhnen Sie Ihren Welpen am besten von klein an daran. Fassen Sie ihn sanft im Nacken und geben Sie ihm ein Leckerchen, wenn er sich umdreht, um zu sehen, was da passiert. Arbeiten Sie langsam darauf hin, ihn etwas fester zu nehmen – aber nie so fest, dass es ihm weh tut. Gehen Sie ganz spielerisch dabei vor und sparen Sie nicht an Lob und Leckerchen. Der Nacken ist besonders berührungsempfindlich, denn dort beißen sich Hunde oft, wenn sie miteinander kämpfen. Da Menschen ihren Hund ebenfalls häufig an dieser Stelle greifen, sollte sie behutsam desensibilisiert werden.

Manche Menschen werden Ihren Welpen bei der Begrüßung aus Unkenntnis erschrecken, indem sie aufrecht vor ihm stehen, ihn direkt anblicken und die Hand nach ihm ausstrecken, um seinen Kopf zu tätscheln. Da dies häufig passiert, ist es sinnvoll, den Hund an diese Berührungen zu gewöhnen – auch wenn dies bereits im Rahmen der Sozialisierung geschieht. Doch es schadet nicht, wenn Sie Ihren Hund gezielt darauf vorbereiten.

Gestalten Sie diese Übung spielerisch und bauen Sie sie in den Alltag ein. Stellen Sie sich ab und zu aufrecht vor Ihren Hund hin und strecken Sie die Hand aus. Dann fassen Sie ihn am Kopf an. Geben Sie ihm ein Leckerchen und spielen Sie mit ihm. So lernt er, dass dies ein ganz normales menschliches Verhalten ist und er keine Angst davor zu haben braucht.

MAULKORB

Ein ausgeglichener, umgänglicher Hund sollte keinen Grund haben zu beißen. Doch auch der sanftmütigste Vierbeiner könnte das tun, wenn er starke Schmerzen hat. Deshalb sollten Sie Ihren Welpen früh daran gewöhnen, einen Maulkorb zu tragen. Am besten ist ein korbartiges Modell, weil der Hund damit hecheln und trinken kann. Machen Sie Ihren Welpen damit vertraut, indem Sie zuerst Leckerchen daraus füttern. Üben Sie so lange, bis Ihr Hund von selbst die Schnauze hineinsteckt, um das Häppchen zu fressen. Legen Sie ihm den Maulkorb kurz an, bevor etwas Schönes passiert, z. B. ein Familienmitglied nach Hause kommt, es auf einen Spaziergang geht oder es Futter gibt. Nehmen Sie ihn wieder ab, sobald das schöne Ereignis beginnt. So wird der Maulkorb mit etwas Schönem verknüpft und leichter akzeptiert. Kaufen Sie zwei gut sitzende Modelle, sobald Ihr Hund voll ausgewachsen ist: einen legen Sie ins Auto, den anderen halten Sie griffbereit zu Hause.

KAPITEL 13

Alleinsein lernen

Hunde sind soziale Tiere. Es ist gegen ihre Natur, allein zu sein. Ein Hund, der das nicht gelernt hat, kratzt an Türen, wühlt im Teppich, läuft unentwegt hin und her, wirft Gegenstände von der Fensterbank, bellt, jault oder ist nicht mehr stubenrein. Wird er allein gelassen, ist er verstört, einsam und ängstlich.

Alleinsein bedeutet für einen Welpen sehr großen Stress und in der Folge möglicherweise lebenslange Angst. Daher müssen kleine Hunde unbedingt langsam und strukturiert an das Alleinsein gewöhnt werden, damit sie gut damit zurechtkommen. Das Vorgehen ist einfach und erfordert, genau wie die Sozialisierung, schlichtweg Zeit und Mühe.

KLEIN UND HILFLOS

Wie alle hilflosen Jungtiere geraten Welpen in große Aufregung, wenn sie plötzlich allein sind, und stoßen Hilferufe aus. Das bleibt so, auch wenn sie schon älter und eigentlich besser in der Lage sind, selbst auf sich aufzupassen. Wenn Sie einen Welpen zu sich holen, sind Sie und Ihre Familie seine soziale Unterstützung, deshalb müssen Sie, ein Familienmitglied oder sonst jemand, den der Welpe gut kennt, in den ersten paar Monaten immer bei ihm sein.

In diesen ersten Tagen und Wochen ist es trotzdem wichtig, den Kleinen behutsam an das Alleinsein zu gewöhnen. Denn dann sind Sie unabhängig und können ihn später getrost kurze Zeit allein im Haus lassen.

Auch wenn Sie noch einen anderen Hund haben, muss Ihr Welpe lernen, allein zu sein. Möglicherweise ist der Gefährte eines Tages nicht mehr da.

AN DAS ALLEINSEIN GEWÖHNEN

Warten Sie, bis Ihr Welpe für eine Ruhepause bereit ist. Bei einem zehnwöchigen Welpen ist das etwa alle zwei Stunden der Fall, denn anfangs braucht er sehr viel Schlaf. Spielen Sie ein wenig mit ihm, damit er richtig müde wird, und gehen Sie mit ihm nach draußen zum Löseplatz. Dann bringen Sie ihn in sein Bett im Welpenauslauf und schließen die Tür. Wenn Sie keinen Auslauf haben, bauen Sie ihm eine Art »Höhle«, indem Sie sein Bettchen unter einen Tisch oder in eine Nische stellen oder in einen Käfig mit einer Decke darüber, damit er zur Ruhe kommt. Bleiben Sie bei ihm, kümmern Sie sich aber nicht um das, was er tut – und schon bald wird er sich hinlegen und schlafen. Wenn er schon übermüdet ist, winselt er vielleicht zunächst, weil er nicht zur Ruhe kommt und nicht weiß, was er tun soll; dann gibt ihm Ihre Nähe Sicherheit. Da Sie allerdings nichts unternehmen, lernt er, sich selbst zu beruhigen und einzuschlafen. Wenn er fest schläft, öffnen Sie leise die Tür des Auslaufs, damit er Sie gleich suchen kann, wenn er aufwacht, und Sie dann mit ihm zum Löseplatz gehen können.

Wiederholen Sie diese Übung immer wieder, bis Ihr Welpe lernt, sich bei Müdigkeit auf Ihre Aufforderung hin in seinen Auslauf oder seine »Höhle« zurückzuziehen und hinzulegen. Schließlich wird er das ganz von selbst tun, wenn er schläfrig wird. Das ist für Sie der ideale Zeitpunkt, um aus dem Zimmer zu gehen. Wenn er sich hinlegt, verlassen Sie den Raum und schließen die Tür hinter sich zu – anfangs nur für ein paar Sekunden. Dann kommen Sie zurück. Verlängern Sie nach und nach die Zeit, die Sie nicht im Zimmer sind, sodass der Welpe sich daran gewöhnt, an seinem vertrauten Platz allein zu sein.

Verlassen Sie das Zimmer nie länger, als er es gut aushält – wenn möglich, beobachten Sie ihn über eine Kamera. Wenn er sehr erregt ist (gegen die Stäbe springt, bellt, winselt, hechelt, umherläuft), gehen Sie sofort zu ihm zurück und lassen ihn beim nächsten Mal nicht so lange allein. Ist er sehr nervös oder sieht ängstlich aus, gehen Sie langsamer vor. Bleibt er entspannt, verlängern Sie allmählich die Zeit, in der Sie ihn allein lassen.

Arbeiten Sie allmählich darauf hin, länger fort zu sein, aber immer nur so lange, wie der Welpe es gut aushält. Haben Sie einen sehr scheuen oder sensiblen Hund, wird es Sie mehr Mühe kosten, ihm das Alleinsein beizubringen, als wenn er vom Wesen her eher unabhängig ist. Neben den gezielten Übungen zum Alleinsein machen Sie es sich nun zur Gewohnheit, manchmal die Tür hinter sich zu schließen, sodass der Welpe Ihnen nicht von Zimmer zu Zimmer folgen kann. So lernt er, dass Sie nicht lange wegbleiben, gleich wieder zurückkehren und er darum keinen Grund hat, sich Sorgen zu machen.

Fahren Sie schrittweise so fort, bis Ihr Hund problemlos bis zu 30 Minuten allein bleibt, wenn Sie nicht im Zimmer sind. Arbeiten Sie jeden Tag daran und rechnen Sie damit, dass dieser Prozess ein paar Monate dauern wird. Es kann auch Rückschläge geben, vor allem wenn dem Tier etwas Angst gemacht hat; dann müssen Sie die Zeit Ihrer Abwesenheit wieder verkürzen. Ganz allmählich sollten Sie allerdings auf die 30 Minuten Alleinsein hinarbeiten. Sobald Ihr Welpe dies eine halbe Stunde aushält und entspannt bleibt, können Sie die Zeit verlängern, ohne dass es Schwierigkeiten gibt. Lassen Sie den Hund aber nur dann allein, wenn all seine Bedürfnisse erfüllt sind und er bereit zum Schlafen ist. Und – ganz wichtig – lassen Sie ihn niemals länger als vier Stunden am Stück allein!

ALLEIN IM HAUS

Sobald Sie die Grundlagenarbeit gemacht haben und Ihr Hund zufrieden und entspannt 30 Minuten allein sein kann, wenn Sie in einem anderen Zimmer sind, sollten Sie nun auch problemlos das Haus verlassen können. Anfangs gehen Sie nur ein paar Minuten hinaus und kommen gleich wieder zurück. Wenn möglich, beobachten Sie Ihren Hund mit einer Kamera und gehen sofort zu ihm, wenn er Angst zeigt. Verlängern Sie wie zuvor allmählich die Zeit, in der er es gut erträgt, allein im Haus zu bleiben.

Achten Sie darauf, dass es während der Dauer Ihrer Abwesenheit keine Störungen von außen gibt, etwa Besucher oder Paketboten, die an der Tür klingeln, oder die lärmende Müllabfuhr. Wenn Ihr Hundekind die ersten Male allein im Haus ist, sollte nichts passieren, was ihm Angst einflößen könnte.

KEINE BESTRAFUNG

Bestrafen Sie Ihren Welpen nie, wenn Sie nach Hause kommen, was auch immer er während Ihrer Abwesenheit angestellt haben mag. Auch wenn er sich duckt und »schuldbewusst aussieht« – in dem Versuch, Sie zu besänftigen, weil Sie verärgert sind: Er kann eine Bestrafung, die jetzt stattfindet, nicht mit dem in Verbindung bringen, was er lange zuvor ausgeheckt hat. Daher wird ihn die Strafe nicht daran hindern, es beim nächsten Mal wieder zu tun. Er wird allerdings Ihre Wut mit Ihrer Rückkehr verknüpfen. Dann ist er ängstlich, wenn Sie das nächste Mal aus dem Haus gehen, und besorgt, wenn Sie zurückkommen. Die Folge davon wird sein, dass er nicht mehr gern allein bleiben möchte.

Kaum ist das Hundekind bei Ihnen eingezogen, sollten Sie ihm beibringen, auch mal kurz allein zu bleiben.

WAS BEI NACHT ZU TUN IST

Die meisten Hunde und Menschen sind im Dunkeln ängstlicher. Daher sollten Sie Ihren Welpen erst dann bei Nacht allein lassen, wenn er tagsüber gut damit zurechtkommt. In Kapitel 5 (S. 52) lesen Sie, was in den ersten Nächten zu tun ist, bis Sie das Alleinsein-training für den Tag abgeschlossen haben.

Manche Hundehalter praktizieren mit ihren Welpen nachts das »Schreienlassen« und versuchen, das bemitleidenswerte Jaulen eines einsamen Hundebabys zu überhören. Dann lernt der Kleine nach ein paar Nächten, dass es keinen Sinn hat zu jaulen, weil niemand kommt, um ihm zu helfen. Er fühlt sich aber weiterhin allein und verlassen, auch wenn man nichts mehr von ihm hört. Diese Methode kann dazu führen, dass er sein Leben lang Angst hat, wenn er allein ist. Da Vierbeiner oft allein bleiben, wenn Ihre Halter unterwegs sind, ist es viel besser, einen Welpen langsam daran zu gewöhnen – und es ist einfacher, dieses Training zunächst nur am Tag und erst später auch nachts durchzuführen.

WENN SIE AUSSER HAUS MÜSSEN

Bis Ihr Hund problemlos 30 Minuten allein bleiben kann, sollte immer ein Familienmitglied bei ihm sein. Wenn Sie ihn länger allein lassen, als er es gut aushalten kann, wirft das Ihr Training zurück und kann sogar so traumatisch sein, dass Ihr Vierbeiner lange keine Fortschritte mehr macht.

Sollte niemand von Ihrer Familie bei dem Kleinen bleiben können, so bitten Sie alternativ jemanden, bei Ihnen zu Hause auf ihn aufzupassen. Oder bringen Sie ihn zu einem zuverlässigen Freund oder Nachbarn.

WÄHREND DER ARBEIT

Viele Menschen nehmen sich eine Auszeit von der Arbeit, wenn ein Welpe ins Haus kommt, gehen nach ein paar Wochen aber wieder hin und lassen den Hund über Stunden allein. Wenn sie während dieser Auszeit das Alleinseintraining nicht schaffen, hatte der Welpe eben noch rund um die Uhr Gesellschaft, um ganz plötzlich stundenlang einsam und verlassen zu sein. Das ist für ihn äußerst verstörend und kann dazu führen, dass er bellt, exzessiv kaut oder sein Geschäft im Haus verrichtet. Selbst wenn er es nicht so deutlich zeigt, wird er sich einsam und verunsichert fühlen.

Wenn Sie nicht zu Hause arbeiten oder den Welpen mit zur Arbeit nehmen können, suchen Sie sich eine zuverlässige Person, die sich mindestens im ersten Jahr um den kleinen Hund kümmert, wenn Sie nicht anwesend sind. Der- oder diejenige wird einen großen Teil des Trainings übernehmen müssen und unter der Woche wahrscheinlich mehr Zeit mit dem Vierbeiner verbringen als Sie. Wählen Sie diese Person also mit Bedacht. Alternativ können Sie den Welpen in eine Tagesbetreuung geben. Auch hier entscheiden Sie sich bitte für eine gute Einrichtung, in der sich das Personal große Mühe gibt, sich um jeden Hund einzeln zu kümmern und viel mit ihm zu interagieren. Ihr Welpe sollte dort nicht nur seinem Schicksal überlassen werden, indem er sich mit den anderen Hunden auf dem Gelände tummelt.

ALLEIN IM AUTO

Im Auto oder an einem fremden Ort sollte Ihr Welpe nur dann allein bleiben, wenn er problemlos 30 Minuten in vertrauter Umgebung schafft. Ist er so weit, lassen Sie ihn zuerst nur ganz kurz im Auto. Überwachen Sie ihn dabei möglichst mit einer Kamera und verlängern Sie nur sehr behutsam die Dauer.

Es ist zwar gut, wenn Ihr Hund sich daran gewöhnt, allein im Auto zu bleiben, aber lassen Sie ihn nur kurz und nie länger als eine Stunde dort. Berücksichtigen Sie dabei unbedingt auch, ob es in dieser Zeit zu warm oder zu kalt sein könnte – vor allem, wenn Ihr Vierbeiner noch sehr jung ist und seine Körpertemperatur nicht so gut regulieren kann.

Seien Sie außerdem sehr vorsichtig, wo Sie Ihr Auto abstellen, damit der Welpe nicht gestohlen wird. Lassen Sie ihn nie allein im öffentlichen Raum, etwa auf einem Supermarktparkplatz oder in einem parkenden Auto an der Straße, das jemand aufbrechen könnte. Ganz nebenbei ist es übrigens auch nicht gut, einen Welpen oder einen erwachsenen Hund irgendwo draußen anzubinden, selbst wenn Sie nur ganz kurz weg sind. In Kapitel 6 (S. 82) finden Sie mehr Informationen zum Thema Autofahren mit dem Welpen.

KAPITEL 14

Welpentraining leicht gemacht

Es lebt sich gut mit einem Hund, der Aufforderungen bereitwillig nachkommt und auf eine Geste oder ein Signal hin prompt reagiert. Sicher hat auch er ein besseres Leben und wird mit größerer Freude ausgeführt als ein Vierbeiner, der Signale nicht versteht oder ignoriert und der körperlich in Schranken gewiesen oder stark gelenkt werden muss.

Ziel des Welpentrainings ist es, dem Hund Wortsignale beizubringen, die er versteht. Er soll lernen, das zu tun, was Sie von ihm wollen. Das macht den Alltag mit ihm entspannter. Der positive Nebeneffekt dabei ist, dass Sie und Ihr Hund sich gut aufeinander einstimmen und er irgendwann schon voraussieht, was Sie wollen, damit er von Ihnen eine Belohnung bekommt. Mit Trainingsmethoden, die das Richtige belohnen und nicht das Falsche bestrafen, kann Ihr Liebling von Anfang an und in jedem Alter etwas lernen.

Teil 1: Wie Ihr Welpe lernt

Welpen lernen, genau wie wir, durch Erfolg und Scheitern. Wenn sich ein Hund die Schnauze verbrennt, weil er zu nah am Feuer war, erfährt er, das besser nicht mehr zu tun. Wenn er bellt, um Aufmerksamkeit zu bekommen, und niemand ihn beachtet, gibt er irgendwann auf. Doch wenn er den Mülleimer nach Futter durchwühlt, leckere Dinge findet und somit belohnt wird, macht er es wieder.

Jede Lernerfahrung basiert darauf, ein Verhalten, für das man belohnt wird, zu wiederholen, und das sein zu lassen, was unangenehm

Positive Verstärkung durch Leckerchen, Spiel und Lob festigt die Bindung zwischen Mensch und Hund.

TRAININGSGRUNDLAGEN

1. **Finden Sie für jede Aktion die passende Methode: Locken Sie den Welpen mit Häppchen in ein »Sitz«, bieten Sie ihm für einen gelungenen Rückruf viele tolle Leckerchen usw.**
2. **Belohnen Sie jede Aktion gut.**
3. **Wiederholen Sie die Schritte 1 und 2 in mehreren Einheiten, bis ein Signal wirklich gut eingeübt ist.**
4. **Führen Sie ein übertriebenes Handzeichen ein – es ist oft eine Übertreibung dessen, was die Aktion auslöst, z. B. eine Handbewegung, die an der Schulter beginnt und bis hinab zur Hundenase führt, um den Hund zum »Platz« aufzufordern. Sie zeigen es, kurz bevor das erfolgt, was die Aktion normalerweise auslöst.**
5. **Wiederholen Sie Schritt 4 immer wieder in vielen Übungseinheiten, bis der Welpe auf das Handzeichen reagiert. Dann beginnen Sie, die Geste immer dezenter und unauffälliger auszuführen.**
6. **Sobald Ihr Vierbeiner auf Ihr subtiles Handzeichen reagiert, fügen Sie unmittelbar davor ein verbales Wortsignal hinzu.**
7. **Wiederholen Sie Schritt 6 sehr oft in vielen Einheiten (ungefähr 100-mal), bis Ihr Hund nur noch auf das Wortsignal reagiert.**
8. **Wenn Sie Schritt 5 (oder 7) abgeschlossen haben, setzen Sie das Training an anderen Orten fort. Beginnen Sie grundsätzlich mit Schritt 1, bis Ihr Welpe auch dort auf Ihr Handzeichen und das Wortsignal reagiert.**
9. **Wiederholen Sie jede Übung unter immer häufigeren und immer spannenderen Ablenkungen.**
10. **Verlängern Sie allmählich die Dauer jeder Position.**
11. **Wenn Sie z. B. den Rückruf üben, verlängern Sie die Distanz zwischen sich und Ihrem Hund.**

oder nicht lohnend ist. Das gilt für Menschen wie auch für Hunde und andere Tiere. Beim Welpentraining müssen Sie sich dieses Prinzip einfach nur zunutze machen und die Aufgaben an Ihren Hund entsprechend stellen.

Je mehr Mühe Sie in das Training investieren, desto besser wird Ihr Welpe auf Sie hören. Viele Menschen kommen nur bis Stufe 7 (siehe Kasten oben). Dann reagiert der Hund zwar gut im ruhigen häuslichen Umfeld, aber nicht mehr draußen, wenn er weiter entfernt von Ihnen oder sehr abgelenkt ist. Es erfordert Ausdauer, einen Welpen gründlich zu trainieren. Wenn Sie einen professionellen Hundetrainer hinzuziehen, der mit Spaß und positiver Verstärkung arbeitet, bleiben auch Sie motiviert und haben Lust, noch intensiver mit Ihrem Vierbeiner zu arbeiten. Je mehr Aufmerksamkeit Sie dem Training widmen, desto besser wird Ihr Welpe auf Signale reagieren.

EINE GUTE BEZIEHUNG

Damit das belohnungsbasierte Training funktioniert, brauchen Sie eine gute Beziehung zu Ihrem Hund. Er muss Sie sowohl als tollen Lehrer als auch als Freund betrachten. Je mehr Respekt er vor Ihnen hat, desto mehr wird

Bringen Sie dem Hund bei, auf Sie zu achten. Das ist wichtig, wenn er auf Ihre Signale reagieren soll.

FEHLER IGNORIEREN

Korrigieren Sie den Welpen beim Training nicht, denn so verliert er nur die Lust am Lernen. Sehen Sie über Fehler hinweg, wenn er sich an den Übungen versucht. Belohnen Sie ihn lieber, wenn er das gewünschte Verhalten zeigt.

er sich bemühen, Ihnen zu gefallen. Wenn Sie das Training mit Spaß betreiben, bereitet es auch ihm viel mehr Freude, und er wird leichter und schneller lernen. Die Beziehung zu Ihrem Welpen hat sich bereits durch Ihr Zusammenleben im Alltag entwickelt (siehe S. 66), doch im Lauf des Trainingsprozesses wird es sich noch weiter vertiefen.

Besonders wichtig für belohnungsbasiertes Training ist, dass der Hund Sie nicht als Bedrohung sieht. Er muss in Ihrer Gegenwart entspannt sein, damit seine Nervosität den Lernprozess nicht behindert. Alle Tiere lernen schneller und behalten das Erlernte besser, wenn sie keine Angst haben. Daher sind belohnungsbasierte Lehrmethoden viel effektiver – sie erlauben dem Hund, all seine Energie in die jeweilige Aufgabe zu stecken. Eine vertrauensvolle Atmosphäre macht den Welpen kreativer. Ohne die Angst, etwas falsch zu machen, wird er eher neue Wege ausprobieren, um die Belohnung zu erhalten.

Früher wurde beim Training oft mit Bestrafung gearbeitet. Doch diese Herangehensweise ist für den Hund äußerst unangenehm, weshalb Welpen erst im Alter von sechs Monaten mit dem Training anfingen. Befürwortet ein professioneller Trainer den Einsatz von Zwang oder Bestrafung, und sei sie noch so mild, um etwas zu trainieren oder Verhaltensprobleme zu lösen, wendet er veraltete Methoden an. Brechen Sie dann den Kontakt zu ihm unbedingt ab und schauen Sie sich anderweitig um.

MOTIVATION UND BELOHNUNG

Eine Belohnung kann alles sein, was Ihr Vierbeiner mag. Dazu zählen etwa

- Futter
- sozialer Kontakt mit Menschen
- Spiele

Jeder Hund hat seine Vorlieben, also müssen Sie herausfinden, welche Anerkennung Ihr Welpe besonders schätzt. Belohnungsbasiertes Training fußt darauf, dass der Hund die von Ihnen angebotene Belohnung so sehr möchte, dass er sich anstrengt, sie zu bekommen. Be-

ERFOLGE ERZIELEN

Erfolgreiches Lernen erfordert einen freundlichen, kompetenten Lehrer, keine Angst vor Fehlern, eine starke Motivation und regelmäßiges Üben unter Anleitung.

vor Sie mit einer Trainingseinheit beginnen, überlegen Sie, was Ihr Welpe genau jetzt am liebsten haben möchte. Vielleicht ist er kurz vor einer Mahlzeit hungrig, deshalb wäre Futter gut. Oder er ist schon satt und hat Lust zu spielen. Dann wäre ein Spielzeug optimal. Bald werden Sie erahnen können, was Ihr Hund zu einem bestimmten Zeitpunkt besonders gern möchte. Bis Sie Ihren Welpen so gut kennen, bieten Sie ihm eine Auswahl an, um herauszufinden, was er bevorzugt.

Haben Sie ein, zwei Wochen mit den gleichen Belohnungen gearbeitet, wird Ihr Hund wahrscheinlich an denen, für die er sich besonders angestrengt hat, das Interesse verlieren. Wie wir langweilen sich auch die Vierbeiner, wenn es immer nur das Gleiche gibt. Daher sollten Sie mindestens jede Woche eine neue Art der Anerkennung wählen. Möglicherweise müssen Sie sogar in einer Trainingseinheit mehrmals die Belohnungsart wechseln.

BELOHNUNGSHIERARCHIE

Erstellen Sie eine Rangliste der Belohnungen und richten Sie sich dabei nur nach den Vorlieben Ihres Welpen – sie können sich allerdings im Lauf der Zeit verändern. Nehmen Sie dabei alle Belohnungsarten in Ihre Liste auf, die für Ihren Hund infrage kommen.

Wenn Ihr Welpe das getan hat, was Sie von ihm wollten, geben Sie ihm eine Belohnung, die dem Aufwand angemessen ist. Die besten Belohnungen sollten Sie für die ganz besonders schwierigen Aufgaben reservieren, z. B. wenn er etwas ganz Neues lernt oder gut auf den Rückruf reagiert, obwohl er gerade mit Kindern oder anderen Welpen gespielt hat. Die nicht so begehrten Belohnungen können Sie für Dinge einsetzen, die Ihr Welpe schon gut beherrscht, wenn er etwa vor Ihnen »Sitz« macht oder den Rückruf in einer Situation ohne Ablenkung befolgt. Fertigen Sie am besten eine Liste aller Aufgaben an und weisen Sie jeder je nach Schwierigkeitsgrad eine Belohnung zu. So wird Ihnen rasch klar, womit und wie üppig Sie Ihren Vierbeiner belohnen müssen, damit er am Ende zufrieden ist.

Wenn sich Ihr Hund nur schwer bei Laune halten lässt und er nicht sonderlich motiviert ist, erhöhen Sie den Wert der Anerkennung oder versuchen Sie es mit einer anderen Belohnungsart. Überlegen Sie auch, ob ihn etwas vom Lernen abhält; vielleicht muss er sich lösen, hat Durst, ist müde oder fühlt sich

Es gibt viele Leckerchen, die sich für das Training eignen. Am besten sind zarte, duftende Stücke mit viel Fleisch, die sich gut greifen lassen.

unwohl. Achten Sie immer darauf, dass all seine Bedürfnisse erfüllt sind, bevor Sie mit dem Training beginnen. Nur so haben Sie seine volle Aufmerksamkeit.

Futter als Belohnung

Wenn Ihr Hund gerade gefressen hat und Sie ihm Leckerchen als Belohnung anbieten, wird er sich nicht sonderlich dafür anstrengen. Das bedeutet allerdings nicht, dass er beim Training sehr hungrig sein sollte. Tatsächlich könnte dies den Lernprozess sogar stören, weil Ihr Vierbeiner dann an kaum etwas anderes denken kann als ans Fressen. Kurz vor einer Mahlzeit ist daher die ideale Zeit für das Training, wenn er zwar einen ordentlichen Appetit hat, aber noch keinen Heißhunger.

Eine Beziehung voller Vertrauen und Respekt ist die beste Basis für ein gelungenes Training.

Ihr Welpe wird sich am meisten um Leckerbissen bemühen, die gut duften, zart und schmackhaft sind. Jede Art von Fleisch wie gekochtes Huhn, Würstchen oder Leber, klein geschnitten, eignet sich gut. Im Ofen getrocknet, bleiben die Stücke zwar nicht so zart, können aber in einer luftdichten Frischhaltebox aufbewahrt werden, sodass Sie immer über einen Vorrat verfügen. Wenn Sie mehrere Boxen in der Wohnung verteilen, haben Sie immer eine Belohnung zur Hand, sobald Sie ein paar Minuten Zeit für eine Trainingseinheit erübrigen können. Vermeiden Sie Schinken und Fleischprodukte mit Nitraten oder anderen Zusatzstoffen, ebenso Leckerchen mit hohem Getreideanteil. Diese mögen die meisten Hunde nicht so gern.

Ob selbst gemacht oder gekauft, die Häppchen sollten klein sein. Etwa fünf Millimeter große Würfel oder kleiner eignen sich am besten für einen mittelgroßen Welpen. Sie sollten so bemessen sein, dass Ihr Hund sich dafür anstrengt, aber nicht zu schnell satt wird – sonst ist die Trainingseinheit rasch vorbei.

Viele wundern sich, welche Mengen an Leckerchen sie bei den ersten Übungseinheiten brauchen. Ein kleiner Welpe muss viel lernen, und ein belohnungsbasierter Ansatz erfordert sehr viele Häppchen, damit das Training in dieser Phase gut läuft. Sobald Ihr Vierbeiner das Gewünschte verinnerlicht hat, können Sie das Futter reduzieren. Seien Sie anfangs aber nicht zu geizig. Falls Sie befürchten, Ihr Hund könnte deswegen zu dick werden, reduzieren Sie lieber seine Hauptmahlzeiten.

Wenn Sie mit dem Training beginnen, testen Sie neues Futter vorsichtig, damit Sie die Verdauung Ihres Welpen nicht durcheinanderbringen. Geben Sie zunächst nur ein bisschen und am nächsten Tag etwas mehr. Vermeiden Sie ein Übermaß an Käse und anderem Futter mit zu viel Fett, Salz oder Zusatzstoffen.

GEFALLEN WOLLEN

Der Einsatz von Futter beim Training hilft dem Hund zu verstehen, was Sie von ihm wollen. Er wird zwar durch die Leckerchen belohnt, doch er möchte auch Ihre Anerkennung. Daher wird er wesentlich schneller lernen, wenn Sie ihn nicht nur mit Futterstücken belohnen, sondern auch mit freudigem Lob und echter Anerkennung für alles, was er richtig gemacht hat. Verbales Lob ist am effektivsten in einer hohen Stimmlage und einem fröhlichen, begeisterten Ton.

Manche Welpen werden auch gern angefasst. Nur wenn sie noch sehr jung sind, finden sie dies eher beunruhigend als angenehm. Versuchen Sie es mit sanftem, behutsamem Streicheln über den Rücken oder die Brust, um zu sehen, ob Ihr Hund das mag. Dann entscheiden Sie, ob diese Art der Berührung Teil der Belohnung wird oder nicht.

Fassen Sie ihm nicht an den Kopf, da die meisten Welpen das nicht mögen. In dem Fall hat die von Ihnen gut gemeinte Belohnung den gegenteiligen Effekt. Das passiert vor allem beim Rückruftraining, wenn der Kleine nicht mehr zu Ihnen kommen will, weil er am Kopf gestreichelt wird. Er entwickelt dann schnell Vermeidungsstrategien, etwa zu Ihnen laufen und in letzter Minute ausbüxen oder seinen Kopf wegdrehen.

Die meisten Hunde, die gezüchtet wurden, um mit Menschen zusammenzuarbeiten, freuen sich über Lob. Sie wollen, dass der Mensch mit ihnen zufrieden ist, erst recht wenn sie eine gute Beziehung zu ihm haben. Allerdings bekommen die meisten Vierbeiner in einem Privathaushalt ohnehin viel Zuneigung und Zuwendung. Daher ist verbales Lob in der Belohnungshierarchie weniger hoch angesiedelt und reicht als Ansporn für schwierige Aufgaben allein meist nicht aus.

Das gilt auch für Hunderassen, deren Vorfahren gezielt auf Selbstständigkeit gezüchtet wurden, wie die Gruppe der Jagdhunde. Diese eher unabhängigen Vierbeiner sind nicht stur, wie es gelegentlich heißt. Sie lassen sich nur durch etwas anderes motivieren als durch den Wunsch, dem Menschen zu gefallen. Und auch ältere Welpen, deren Aufmerksamkeit sich in der Pubertät zunehmend auf die Außenwelt richtet, brauchen andere Anreize als nur Lob.

SPIELZEUG UND GEMEINSAME SPIELE

Wenn Ihr Welpe gelernt hat, sich mit Spielzeug zu vergnügen, können Sie ihn damit auch beim Training motivieren und belohnen, wenn er richtiges Verhalten zeigt. Spiele mit Spielzeug sind eine ideale Form der Anerkennung – und ein Spiel mit Ihnen ist für Ihren Hund eine wertvolle Belohnung (siehe S. 116). Manche Welpen, die sich nicht so leicht durch Futter motivieren lassen, strengen sich für ein Spielzeug an. Denken Sie aber daran, dass die Beschäftigung damit die Belohnung ist, nicht nur der Besitz. Spielen Sie also auch mit Ihrem Vierbeiner, wenn er etwas gut gemacht hat. Das erfordert einen etwas höheren Zeitaufwand, denn Sie müssen am Ende des Spiels das Spielzeug von Ihrem Hund zurückbekommen. Aus diesem Grund ist es oft bequemer, beim Training erst einmal Leckerchen einzusetzen, wenn das ebenfalls funktioniert.

LEBENSQUALITÄT

Neben Futter, Lob und Spielen können Sie Ihren Hund auch mit Lebensqualität belohnen. Das kann alles sein, was er gern mag, etwa die Freiheit, von der Leine gelassen zu werden oder durch ein geöffnetes Tor sausen zu dürfen. Nutzen Sie diese Art der Belohnung ganz gezielt, um eine bereits bekannte Übung – z. B. das »Sitz« – zu verstärken. Sie vertiefen damit nicht nur das Training des Signals, sondern bringen Ihrem Hund in aufregenden Situationen auch Selbstbeherrschung bei.

Halten Sie überall in der Wohnung Behälter mit Leckerchen griffbereit. So können Sie jederzeit spontan eine Trainingseinheit mit Ihrem Hund durchführen.

BESTECHUNG

Wenn Sie dem Welpen zunächst eine Belohnung zeigen und er dafür etwas tun soll, so ist das Bestechung. In diesem Fall muss diese »Vergütung« einen höheren oder mindestens gleichrangigen Wert haben wie die jeweilige Aufgabe. Besser ist es, generell darauf zu achten, dass Ihre Anerkennung stets im Wert angemessen ist. Holen Sie sie nur hervor, wenn der Hund seine Aufgabe bereits erfüllt hat – es sei denn, Sie setzen Leckerchen als Lockmittel ein (siehe S. 206). Dann wird er immer gehorchen, wenn er die Chance auf eine schöne Belohnung sieht – und nicht nur dann, wenn ihm das gezeigte Stück gut genug erscheint.

ORTSWECHSEL

Nehmen wir an, Sie bringen Ihrem Welpen etwas an einem bestimmten Ort bei, z. B. das »Sitz« im Wohnzimmer. So wird er nicht wissen, was er tun soll, sobald Sie das Signal an einem anderen Ort geben, etwa »Sitz« im Garten oder am Bordstein. Das liegt daran, dass ein Hund immer im Kontext lernt.

Ein Beispiel: Sie möchten Ihren Vierbeiner dazu bringen, sich auf Kommando hinzulegen, wenn Sie im Wohnzimmer in einem Sessel sitzen. Er versteht vermutlich Folgendes:

- Wenn Sie sich in einer bestimmten Position in diesem Zimmer befinden und
- Sie in genau diesem Sessel sitzen und
- er Ihnen gegenübersitzt und
- Sie das Kommando in einem ganz bestimmten Tonfall geben,

Beginnen Sie jede neue Übung an einem vertrauten Ort ohne Ablenkungen. Dort kann sich der Welpe ganz auf seine Aufgabe konzentrieren.

- dann kann er von Ihnen eine schöne Belohnung bekommen, wenn er sich ruhig auf den Fußboden legt.

Er hat nicht gelernt: »Wenn der Mensch ›Platz‹ sagt, muss ich meine Ellbogen auf den Boden bringen, denn dann erhalte ich meine Belohnung.« Ohne den Kontext weiß er nicht mehr, was Sie von ihm wollen. Wenn Sie z. B. mit ihm in die Küche gehen, sich neben ihn stellen und »Platz« sagen, wird er keine Ahnung haben, was er tun soll. Das Gleiche gilt, wenn Sie »Sitz« nur zu Hause mit ihm geübt haben. Sobald Sie mit ihm draußen unterwegs sind und er »Sitz« machen soll, bevor Sie die Straße überqueren, wird er es nicht verstehen – selbst wenn er das Signal zu Hause befolgt. Das wird auch dann so sein, wenn er wegen der tollen Belohnung unbedingt gehorchen will.

Um dieses Problem zu lösen, müssen Sie ein Element nach dem anderen aus dem Kontext entfernen (mit Ausnahme des Signals). Das gelingt, indem Sie alle Übungen an den unterschiedlichsten Orten wiederholen. Dabei sollte sich Ihr Hund in wechselnden Positionen zu Ihnen befinden, und Sie sollten immer wieder den Tonfall verändern. So lernt er, dass es das Signal ist, für das er die Anerkennung erhält. Für viele Hunde ist »Sitz« das einzige Kommando, das sie je lernen, weil es das einzige ist, das ihre Halter viele Male in verschiedenen Situationen wiederholen.

Trainieren Sie alle Signale an verschiedenen Orten. Wundern Sie sich nicht, wenn Ihr Hund ein Signal an einem Ort gut befolgt, es an einem anderen aber nicht mehr versteht. Gehen Sie einfach auch dort noch einmal geduldig durch den Lernprozess. Dann lernt er, auf Ihre Signale zu reagieren – egal wo Sie sich befinden. Mit jeder Wiederholung wird er Sie besser verstehen und beim nächsten Mal schneller wissen, was Sie von ihm wollen. Schließlich wird er sofort gehorchen, wo auch immer Sie sich mit ihm gerade aufhalten.

Üben Sie, wann immer Sie können, und besonders dann, wenn er eine bestimmte Position einnehmen soll. Das könnte z. B. die Aufforderung »Steh« sein, wenn er nach einem Spaziergang oder Bad nass ist und Sie ihn abtrocknen wollen. Wenn er nicht reagiert, geben Sie ihm einen Moment, um zu überlegen, dann locken Sie ihn mit Futter in die gewünschte Position (siehe S. 210). Loben Sie ihn ausgiebig und belohnen Sie ihn mit Leckerchen, wenn er das Richtige macht.

Wenn Sie prüfen wollen, ob Ihr Welpe wirklich alle Signale kennt, lassen Sie jemanden seine Leine halten, drehen ihm den Rücken

Übungen wie »Sitz« sollten an verschiedenen Orten trainiert werden. Dann lernt der Welpe, allein auf das Wortsignal zu reagieren.

zu und geben Ihr Signal. Wenn er tatsächlich die Worte kennt, wird er gehorchen. Steht er aber nur da und wedelt mit der Rute, hat er sie noch nicht verinnerlicht.

ABLENKUNGEN

Sobald Ihr Hund an verschiedenen Orten auf Ihre Signale oder Handzeichen reagiert, sollte er lernen, sie auch dann zu beachten, wenn es um ihn herum viele Reize gibt. Beginnen Sie mit harmlosen Ablenkungen und arbeiten Sie sich allmählich zu Dingen vor, die Ihr Welpe sehr viel lieber machen würde als das, wozu Sie ihn gerade auffordern. Befolgt er trotzdem Ihr Signal, hat er eine fürstliche Belohnung verdient. Höchstwahrscheinlich wird er dann beim nächsten Mal wieder ähnlich reagieren.

Welpen lassen sich leicht ablenken. Zeigt Ihr Vierbeiner also keine Reaktion, sorgen Sie dafür, dass Sie zunächst seine Aufmerksamkeit bekommen. Fordern Sie ihn danach noch einmal auf. Falls nötig, gehen Sie mit dem Training zurück auf Anfang und locken ihn in die gewünschte Position. Vielleicht hilft es auch, einen Ort mit weniger Ablenkung aufzusuchen. Geben Sie Ihrem Welpen nur dann ein Signal, wenn er höchstwahrscheinlich richtig reagieren wird, und nicht, wenn sein Interesse etwas anderem gilt. Seien Sie geduldig. Fordern Sie richtiges Verhalten erst ein, wenn Ihr Vierbeiner sich an eine laute oder unruhige Umgebung gewöhnt hat.

DISTANZ UND DAUER

Wenn Sie für den Rückruf oder das Signal »Warte« die Distanz oder die Dauer verlängern wollen, so erhöhen Sie sie besser schrittweise, aber nicht kontinuierlich. Bei einer kontinuierlichen Steigerung müsste sich Ihr Welpe immer mehr anstrengen, um die gleiche Belohnung zu bekommen. Erhöhen Sie die Distanz oder die Dauer dagegen zwar allmählich, schieben aber hin und wieder eine kürzere Strecke oder Verweildauer im »Warte« ein, weiß Ihr Hund nie genau, wann es die Belohnung gibt. Das hält seine Motivation hoch, und er wird Ihrem Signal bereitwilliger folgen.

Steigern Sie die Distanz zwischen sich und dem Hund oder die Dauer einer Übung, so gilt grundsätzlich: Erfolg geht über Perfektion. Das heißt, dass Sie von Ihrem Vierbeiner nichts fordern sollten, was er an diesem Punkt des Trainings oder in diesem Moment (noch) nicht leisten kann. Wenn Sie an einem Tag denken, dass die Strecke für ihn zu weit ist oder er nicht noch länger warten kann, erleichtern Sie ihm den Erfolg und senken Sie die Anforderung. Sie lässt sich später wieder erhöhen, wenn Sie den Eindruck haben, dass Ihr Hund mehr leisten kann.

BELOHNUNGEN REDUZIEREN

Ein häufiger Einwand gegen Belohnungen im Training ist, dass man seine Taschen mit Leckerchen und Spielzeug vollstopfen müsse. Tatsächlich ist es nur in den frühen Lernphasen des Welpen erforderlich, ihn großzügig und fortwährend zu belohnen. Wenn er erst einmal weiß, was er tun soll, und die Anstrengung des Lernens wegfällt, können Sie die Belohnungen erheblich reduzieren.

Beginnen Sie damit aber erst, wenn Ihr Hund das Wortsignal oder Handzeichen gut kennt – also immer und überall darauf reagiert. Andernfalls stiften Sie Verwirrung, denn Sie können ihm nur über Ihre Anerkennung mitteilen, dass er richtig reagiert hat. Verringern Sie die Belohnungen zu früh, behindern Sie den Lernprozess. Je nachdem, wie viel Sie trainieren und wie schnell Ihr Vierbeiner lernt, kann es sein, dass er das gesamte erste Lebensjahr braucht, bis er Ihre Signale versteht. Die Belohnung vorzeitig einzuschränken, wäre nicht gut.

Sobald Ihr Welpe ein Signal verinnerlicht hat, müssen Sie nicht mehr jede richtige Ausführung honorieren. Beginnen Sie nun, die Belohnungen zu reduzieren, und heben Sie möglichst nur noch die besonders guten Reaktionen hervor – wenn Ihr Vierbeiner etwa nach dem Rückruf unverzüglich zu Ihnen rennt oder sich nach dem Signal sofort hinsetzt. Das erhöht die Wahrscheinlichkeit, dass er dieses Verhalten beibehält. Lassen Sie den Hund immer wissen, dass er etwas richtig gemacht hat, indem Sie ihn ausführlich loben.

Belohnen Sie schwierige Aufgaben unbedingt jedes Mal. Eine überdurchschnittlich gute Reaktion, etwa wenn Ihr Hund auf Ihren Ruf hin das Spiel mit einem Artgenossen sofort unterbricht, verdient gelegentlich auch einen Jackpot – mit reichlich Lob, Leckerchen und Spielzeug. Diese Riesenbelohnung führt höchstwahrscheinlich dazu, dass Ihr Hund beim nächsten Mal wieder so reagiert.

Wenn Sie die Belohnungen reduzieren, achten Sie darauf, dass Sie dennoch einen »anständigen Lohn« für sein Bestreben zahlen. Auf unzulängliche Anerkennung wird der Hund mit einer verminderten Leistung reagieren. Das ist ganz besonders wichtig in der Pubertät, wenn mehr Anreiz notwendig ist, damit er überhaupt auf Sie reagiert und nicht auf seine Umgebung. Sollten Sie feststellen, dass Ihr Hund auf einmal nicht mehr so gut gehorcht wie zuvor, erhöhen Sie den Wert und die Häufigkeit der Belohnungen.

TIMING

Ohne gutes Timing kein effektives Training! Sie müssen Ihren Welpen belohnen, sobald er versucht, das Richtige zu tun, damit exakt die geforderte Aktion unterstützt wird. Eine prompte Anerkennung ist die beste. Erfolgt sie zu spät, verwirrt das den Hund, weil dann etwas anderes belohnt wird. Wenn Sie ihn z. B. zum »Sitz« auffordern und dann eine Minute brauchen, um das Leckerchen aus Ihrer Tasche zu fischen, ist Ihr Vierbeiner, wenn Sie ihm das Häppchen geben, gedanklich schon weiter. Vielleicht denkt er gerade daran, aufzustehen, selbst wenn er noch sitzt – und das ist es dann, was Sie belohnen: nicht das Sitzen selbst, was Sie eigentlich honorieren wollten.

Das Ziel ist, dem Hund das Leckerchen in dem Moment zu geben, in dem er die korrekte Aktion vollführt, es ihm aber vorab nicht zu zeigen, sodass es ihn von seiner Aufgabe ablenkt.

Sie müssen das Häppchen also vor ihm verstecken, aber parat haben. Halten Sie es in einer Hand hinter Ihrem Rücken und geben Sie es dem Hund bei Bedarf. Sehr praktisch ist auch ein Leckerchenbeutel, aus dem Sie jederzeit schnell ein Stück hervorholen können.

Gutes Timing ist nicht schwierig, aber mit den Leckerchen so umzugehen, dass Sie eines immer rechtzeitig zur Hand haben, erfordert ein wenig Geschick. Wenn Sie das im Folgenden beschriebene Trainingsspiel absolvieren, können Sie diese wichtige Fertigkeit üben, bevor Sie mit Ihrem Welpen trainieren. So vermeiden Sie, dass Sie ihn mit Ihrer Ungeschicklichkeit verwirren und es für Sie beide ein frustrierender Start ins Training wird. (Die ursprüngliche Idee für dieses Spiel stammt von der führenden Delfintrainerin Karen Pryor, Autorin des Werkes *Positiv bestärken – sanft erziehen*.)

Das Trainingsspiel

Sie sollten mindestens zu zweit sein. Eine Person spielt »Trainer«, die andere »Hund«. Der »Trainer« bleibt im Zimmer und überlegt sich eine Aufgabe, während der »Hund« draußen wartet, bis er hereingerufen wird. Belohnt wird durch »Ja« oder ein Klatschen in die Hände. Der »Trainer« kann auch jeweils eine Münze oder ein Stück Schokolade in einen Topf werfen, den der »Hund« am Ende bekommt.

Anfangs ist die Aufgabe noch sehr einfach, etwa: Der »Hund« soll hereinkommen und sich auf einen bestimmten Stuhl setzen. Der »Trainer« muss ihm helfen, die Aufgabe zu erfüllen, ohne dass gesprochen wird. Belohnungen gibt es, wenn sich der »Hund« dem Ziel annähert – also jedes Mal, wenn er wieder einen Schritt in die richtige Richtung macht. Er muss sich möglichst viel einfallen lassen, damit er vom »Trainer« honoriert wird.

Der »Hund« also kommt ins Zimmer und probiert verschiedene Aktionen aus. Irgendwann hat er Erfolg, und die Anerkennung veranlasst ihn weiterzumachen, bis er die Aufgabe gelöst hat. Das Training läuft sicher besser, wenn der »Trainer« großzügig mit der Belohnung umgeht. Sie gibt dem »Hund« nicht nur eine wichtige Rückmeldung, sondern motiviert ihn auch, sich weiter anzustrengen.

Bei diesem Spiel abwechselnd »Hund« und »Trainer« zu sein, ist eine äußerst hilfreiche Erfahrung. Als »Trainer« werden Sie feststellen, wie entscheidend exaktes Timing ist und dass der »Hund« Aktionen wiederholt, die versehentlich oder zu spät belohnt wurden. Üben Sie, »Trainer« zu sein, bis Ihre Reaktionen präziser werden. Sie werden merken, wie lange es dauert, bis der »Hund« das Gewünschte zeigt, und wie schwierig es für ihn ist zu verstehen, was Sie von ihm wollen.

Wenn Sie »Hund« spielen, wird Ihnen bald klar werden, wie frustrierend es ist, mit einem »Trainer« zu arbeiten, dessen Timing nicht stimmt. Selbst wenn es perfekt ist, wird es immer noch schwierig sein zu verstehen, was er eigentlich verlangt. Zu merken, wie anstrengend es doch ist, »Hund« zu sein, selbst wenn Ihnen ein erfahrener »Trainer« zur Seite steht, ist eine nützliche Erfahrung, die Sie Demut lehren wird.

Als »Hund« werden Sie spüren, wie viel Druck auf Ihnen lastet, das Richtige zu tun – vor allem wenn sich mehrere Menschen im Zimmer befinden und zuschauen. Auch Welpen nehmen diesen Druck wahr. Sie merken, dass sie etwas

Dauert es zu lange, bis das Leckerchen herausgefischt ist, hat der Hund schon anderes im Kopf. Die Chance, eine Aktion gezielt zu belohnen, ist damit vertan.

ganz Bestimmtes tun sollen, verstehen aber nicht auf Anhieb, was. Deshalb setzen sie sich oft hin und kratzen sich oder gähnen, wenn sie verwirrt sind – sie flüchten sich also in eine Übersprungshandlung, um ihre Anspannung abzubauen. Wenn Sie das beobachten, helfen Sie Ihrem Vierbeiner und machen Sie es ihm leichter, die Übung zu verstehen.

Als »Hund« werden Sie zudem feststellen, wie ermüdend es ist, sich auf die Aufgabe zu konzentrieren – ein guter Grund, die Trainingseinheiten stets sehr kurz zu halten. Es ist auch hilfreich, am Ende des Spiels den »Hund« zu fragen, was er gelernt hat. Oft wird er in Verbindung mit der Aufgabe mehrere Aktionen erfasst haben, die er gar nicht lernen sollte. Er sollte ja ins Zimmer kommen und sich in einen bestimmten Sessel setzen. In Wirklichkeit aber hat er gelernt, ins Zimmer zu kommen, zum Kamin zu gehen, sich zweimal umzudrehen und sich dann in den Sessel zu setzen. Diese unnötigen Aktionen, die zusätzlich zu den verlangten ausgeführt werden, bezeichnet man als »abergläubisches« Verhalten, weil der Vierbeiner meint, sie seien notwendig, um die Belohnung zu bekommen. Machen Sie sich klar, wie schnell es passieren kann, dass Ihr kleiner Welpe beim Training dieses »abergläubische« Verhalten lernt.

Welpen werden schnell müde. Halten Sie also die Lektionen kurz und gönnen Sie Ihrem Hundekind viel Ruhe.

Lehren und Lernen, ohne dass man dieselbe Sprache spricht, ist nicht einfach, aber möglich. Wenn Sie das Trainingsspiel absolvieren, können Sie sich besser in Ihren Welpen hineinversetzen und Fertigkeiten erwerben (oder verbessern), die Ihnen bei der Arbeit mit ihm helfen. Lesen, wie es geht, reicht leider nicht aus. Führen Sie also dieses Spiel mit jemandem durch, damit Sie sich das wichtige Verständnis für Ihren kleinen Liebling aneignen, bevor Sie mit ihm zu trainieren beginnen.

KURZE LEKTIONEN

Lernen macht müde, doch Welpen haben weder die Aufmerksamkeitsspanne noch das Durchhaltevermögen oder die Konzentrationsfähigkeit für lange Übungseinheiten. Halten Sie die Lektionen kurz – maximal drei Minuten – und üben Sie mehrfach über den Tag verteilt.

LUST AUF NEUE ERFAHRUNGEN?

Wie gut Ihr Welpe lernt, hängt von seinem Befinden ab. Hunde lernen, genau wie wir Menschen, am besten, wenn sie sich rundum wohlfühlen. Wenn es ihnen nicht so gut geht, sie Angst haben oder müde sind, behindert das den Lernerfolg. Manche Welpen haben zu viel Energie; da kann es helfen, wenn sie sich vor dem Training beim Rennen und Spielen austoben dürfen. Achten Sie also darauf, dass alle Bedürfnisse Ihres Vierbeiners erfüllt sind, bevor Sie eine Übungseinheit starten.

HANDZEICHEN, KÖRPERHALTUNG UND VERBALE SIGNALE

Wie bereits erörtert, kommunizieren Hunde über die Körpersprache (siehe S. 29). Daher verinnerlichen sie auch viel schneller Körper- und Handsignale als Wörter und Laute.

Lange bevor sie die Bedeutung eines Wortsignals verstehen, orientieren sich Welpen an unserer Körperhaltung und unseren Handbewegungen, aus denen sie ableiten, was wir von ihnen wollen. Um ihnen das Lernen von Wörtern zu erleichtern, ist es daher sinnvoll, schon im Voraus nicht nur die verbalen Kommandos, sondern auch passende Hand- und Körpersignale festzulegen.

Die ganze Familie sollte sich auf diese einigen und sie auswendig lernen, damit der Hund einheitliche Signale erhält und keine Verwirrung entsteht. Erstellen Sie eine Liste aller Signale und hängen Sie sie dort auf, wo jeder sie sehen kann. Wenn sowohl die verbalen als auch die optischen Signale immer gleich sind, lernt der Welpe schneller. Bestimmen Sie für jede Aktion ein eigenes Wortsignal. Dabei sollten sich die Kommandos im Klang klar voneinander unterscheiden. Vermeiden Sie also Wörter, die so ähnlich klingen wie der Hundename, wie »Fritz« und »Sitz«.

Erleichtern Sie Ihrem Welpen das Lernen, indem Sie ihm zuerst das Handzeichen für ein Signal beibringen. Reagiert er darauf zuverlässig, fügen Sie das Wort hinzu – kurz bevor Sie das Handzeichen geben. Wenn Sie konsequent nach dieser Methode vorgehen, wird Ihr Hund bald im Voraus ahnen, welches Handzeichen einem Wortsignal folgt – und dann nur noch auf das Wort reagieren. Sobald er die Bedeutung verstanden hat, lassen Sie die Handzeichen weg und verwenden nur noch die Worte.

WIE LANGE WIRD ES DAUERN?

Bis ein Hund ein Wortsignal wirklich verinnerlicht hat, braucht es regelmäßiges Training über mehrere Monate hinweg – rechnen Sie mit etwa 100 Wiederholungen pro Signal. Üben Sie täglich in mehreren Einheiten – am besten wenn Ihr Welpe besonders aufmerksam ist. So wird er die wichtigsten Grundsignale bald zuverlässig beherrschen.

Später, wenn Sie die Übungen um Ablenkungen oder größere Distanzen erweitern, beginnen Sie das Training wieder in kleinen Schritten von vorn. Da es während der Pubertät des Vierbeiners meist etwas ins Stocken gerät und sich nur wenige Menschen jeden Tag konsequent den Übungen widmen können, sollten Sie davon ausgehen, dass es mindestens ein Jahr dauert, bis Ihr Hund als gut trainiert gilt.

Gutes Timing ist unverzichtbar für den Erfolg des Trainings: Auf das richtige Verhalten folgt prompt die Belohnung.

VORSCHLÄGE FÜR WORT- UND HANDSIGNALE

AKTION	WORT-SIGNAL	KÖRPER-HALTUNG	HAND-SIGNAL	AKTION	WORT-SIGNAL	KÖRPER-HALTUNG	HAND-SIGNAL
Aufmerksamkeit einfordern	»Schau«			Auf den Rücken rollen	»Rolle«		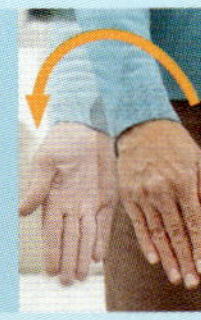
Hinsetzen	»Sitz«		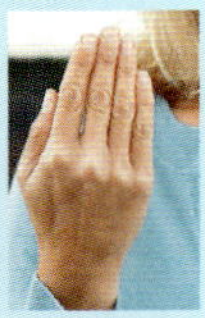	Nah neben dem Menschen gehen	»Fuß«		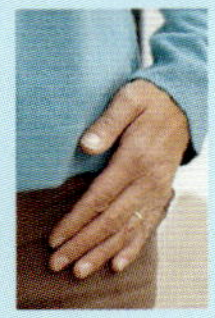
Hinlegen	»Platz«		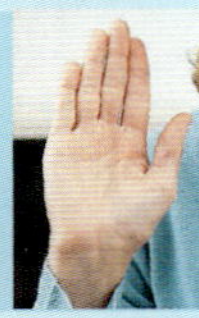	Herkommen	»Komm« oder »Hier«		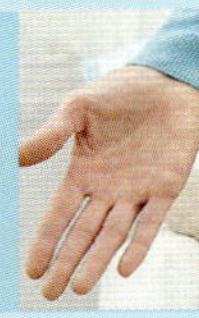
Aufstehen	»Steh«		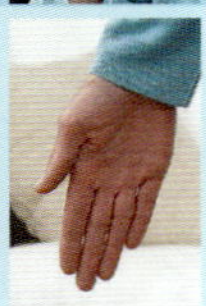	An Ort und Stelle bleiben	»Bleib«		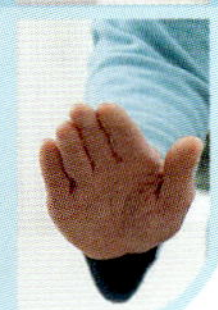

Erfolgreicher mit Plan

Erstellen Sie ein Trainingsprogramm und planen Sie täglich ein wenig Zeit dafür ein, bis Ihr Hund mindestens zwölf Monate alt ist. Setzen Sie sich erreichbare Ziele, damit Sie motiviert bleiben. Beziehen Sie Ihre ganze Familie in das Training ein, auch jüngere Kinder (die natürlich beaufsichtigt werden müssen). Da jede Einheit nur wenige Minuten dauert, können Sie sie gut in den Alltag integrieren – aber üben Sie nur, wenn Sie bei der Sache sind und nicht nebenbei z. B. das Essen vorbereiten. Ein Kurs für positives Training bei einem freundlichen Hundetrainer hält Ihre Motivation aufrecht, vor allem wenn Ihr Hund in die schwierige Phase der Pubertät eintritt.

Zu Hause und unterwegs

Eine der besten Trainingsgelegenheiten ist der Spaziergang. Da Sie diese Zeit ohnehin für Ihren Hund reserviert haben, liegt es nahe, dass Sie sie auch gleich zu Ihrem Vorteil nutzen können. Kurze Spiel- und Trainingseinheiten, die Sie während des Gassigangs unterwegs einstreuen, tragen dazu bei, dass Ihr Welpe draußen genauso gut auf Ihre Signale reagiert wie zu Hause. Nur wenn Sie in seinem ersten Lebensjahr konsequent an Ihrem Trainingsprogramm arbeiten, wird er als erwachsener Hund die grundlegenden Wortsignale sicher beherrschen und gut mit Ihnen kooperieren. Danach üben Sie nur noch gelegentlich, um sein Gedächtnis aufzufrischen.

Verwenden Sie stets einheitliche Signale. Auf diese Weise lernt Ihr Welpe sie viel schneller.

ERFOLG IST DAS ZIEL

Beim Training sollten Sie es möglichst so einrichten, dass Ihr Hund auf Anhieb alles richtig macht und dafür belohnt wird. Vermeiden Sie Situationen, in denen Sie Ihre Signale wiederholen müssen und er verwirrt oder unaufmerksam wird. Sonst reagiert er bald nicht mehr auf Ihre Stimme. Hört er nicht auf ein verbales Signal, gehen Sie einen Schritt zurück. Verschaffen Sie ihm ein Erfolgserlebnis, indem Sie ihm mit Handzeichen oder durch ein besonderes Lockmittel zeigen, was er tun soll, bis er es versteht.

Wenn Sie einen Punkt erreichen, an dem Sie keinen Fortschritt mehr erzielen, überlegen Sie, woran das liegen könnte. Einer der Vorzüge eines guten Trainingskurses ist, dass Sie dort Unterstützung erhalten, um weiterzukommen – vor allem wenn Sie auf Schwierigkeiten stoßen und kurz vor dem Aufgeben sind.

Planen Sie Ihre Trainingseinheiten so, dass Ihr Welpe jedes Mal etwas lernt – und sei es nur eine Kleinigkeit. So können Sie ihn dafür belohnen und kommen mit dem Training voran, weil Sie nicht nur Dinge üben, die er schon kennt. Klappt ein neues Signal noch nicht richtig, wechseln Sie zu einem, das er beherrscht, damit Sie ihn loben können. So beendet er die Einheit mit einem guten Gefühl.

Teil 2: Trainingsübungen

Junge Welpen haben eine begrenzte Aufmerksamkeitsspanne, daher dürfen die Lektionen anfangs nur kurz und einfach sein. Das Training sollte Ihnen und Ihrem Hund Spaß machen. Gehen Sie die Übungen also ganz locker an und wechseln Sie immer wieder zu einem Spiel, damit das Lernen spannend bleibt.

DAS RUTE-WEDELN-SPIEL

Bevor Sie Ihrem Vierbeiner etwas beibringen können, brauchen Sie seine Aufmerksamkeit. Sie können ihm nichts vermitteln, wenn er Sie nicht anschaut, gerade wegläuft oder vor Ihren Füßen am Boden schnüffelt. Spielen Sie vor einer Trainingseinheit das Rute-wedeln-Spiel.

Suchen Sie einen Ort auf, an dem Ihr Hund durch nichts abgelenkt wird. Blickt er dort einmal in eine andere Richtung, gehen Sie relativ dicht an ihn heran und sagen seinen Namen, leise und deutlich. Wenn er zu Ihnen aufsieht, belohnen Sie ihn sofort mit einem kleinen Leckerchen und sehr viel Lob. Zeigen Sie ihm, dass Sie noch ein Häppchen haben, und halten Sie es unter Ihr Kinn. Sagen Sie seinen Namen in einem so munteren und fröhlichen Ton, dass er beginnt, mit der Rute zu wedeln. Wenn er richtig aufgeregt ist, geben Sie ihm das Leckerchen.

Wiederholen Sie dieses Spiel an verschiedenen Orten in unterschiedlichen Situationen, bis Ihr Hund Ihnen sofort seine ungeteilte Aufmerksamkeit schenkt, sobald er seinen Namen hört.

Gehen Sie nun allmählich dazu über, seine Aufmerksamkeit länger zu fordern, indem Sie leise mit ihm reden und Blickkontakt halten, bevor er das Leckerchen bekommt. So lernt er, sich länger zu konzentrieren. Außerdem unterstützt es Ihr Training, wenn Sie dieses Spiel auch unter Ablenkungen spielen.

ERFOLGREICHER RÜCKRUF »KOMM«

Folgen Sie den Schritten 1–3 auf den Seiten 200–201. Sie werden nicht immer eine zweite Person brauchen, die Ihren Welpen festhält, wenn Sie ihn rufen. Warten Sie einfach, bis er ein Stück weg ist, dann rufen Sie ihn fröhlich und führen den Rest der Übung durch. Ihr Hund sollte nicht nur wegen der Häppchen zu Ihnen kommen, sondern weil er gern bei Ihnen sein möchte. Daher ist es wichtig, dass Sie sich mental mit ihm verbinden und ihn begeistert loben, wenn er zu Ihnen läuft. Speisen Sie ihn nicht einfach nur mit Leckerchen ab.

Rufen Sie ihn aber nur, wenn Sie einigermaßen sicher sein können, dass er kommt. Wenn Sie ihm das Rückrufsignal geben, während er zu aufgeregt ist, um zu reagieren – zum Beispiel, wenn er gerade ein Familienmitglied begrüßt, das nach Hause kommt –, lehren Sie ihn nur, Sie zu ignorieren. Warten Sie daher lieber, bis sich die Aufregung gelegt hat, und rufen ihn dann zu sich.

Ihr Welpe muss sich angewöhnen, sofort zu Ihnen zu kommen, wenn er seinen Namen hört. Streben Sie an, ihn so oft wie möglich erfolgreich zurückzurufen. Nutzen Sie jede Gelegenheit dazu, wenn er sowieso zu Ihnen kommen würde – z. B. wenn er merkt, dass Sie sein Fressen bringen, oder wenn Sie zu ihm zurückkehren, nachdem Sie weg waren. Ganz wichtig: Halten Sie immer eine tolle Belohnung bereit, wenn er zu Ihnen läuft, und begrüßen Sie ihn immer gleichermaßen überschwänglich (die Rute muss wedeln!).

Flitzt Ihr Welpe jedes Mal sofort zu Ihnen, sobald er seinen Namen zusammen mit dem Signal »Komm« hört – selbst wenn er außer Sicht ist? Dann ist es Zeit, an verschiedenen Orten und mit mehr Ablenkungen zu üben.

Rufen Sie Ihren Hund auf dem Spaziergang gelegentlich zu sich, belohnen Sie ihn gut mit Leckerchen, einem Spiel und Lob, und dann lassen Sie ihn wieder laufen. Es ist wichtig, dass Sie den Rückruf unterwegs immer wieder einstreuen – nicht nur wenn Sie dem Welpen die Leine anlegen wollen, um nach Hause zu gehen. Sonst lernt er, dass Ihr Signal das Ende seiner Freiheit bedeutet. Das könnte dazu führen, dass er nicht mehr so gern zu Ihnen zurückkommt oder es sogar verweigert.

Machen Sie einen guten Rückruf nie dadurch zunichte, dass Sie den Hund bestrafen, wenn er bei Ihnen ist. Es ist zu spät, um über das verärgert zu sein, was immer er getan haben mag. Es zählt lediglich, dass er am Ende zu Ihnen gelaufen ist. Wenn Sie ihn bei seiner Rückkehr bestrafen, sinkt die Wahrscheinlichkeit, dass er beim nächsten Mal wieder zu Ihnen rennt. Rufen Sie ihn stattdessen lieber nur dann zurück, wenn es eine gute Chance gibt, dass er gehorcht. Und geben Sie das Signal nie, wenn Sie etwas tun wollen, das er nicht mag – etwa ihn einsperren oder ihn baden. In diesen Fällen gehen Sie zu ihm und holen ihn.

LEINENFÜHRIGKEIT

Solange Ihr Hundekind noch sehr jung ist, sollte es unbedingt lernen: An-der-Leine-Ziehen führt dazu, dass es anhalten muss, nicht dazu, dass es vorangeht. Die meisten Welpen verinnerlichen genau das Gegenteil, weshalb so viele Hunde ihre Halter die Straße entlangzerren. Schon der Welpe sollte also lernen, nicht zu ziehen, denn dann geht man später auch mit dem erwachsenen Hund gern Gassi.

Damit Ihr Vierbeiner Leinenführigkeit lernt, müssen Sie konsequent mit ihm trainieren und dürfen ihm nie erlauben zu ziehen – von dem Moment an, wo Sie die Leine anlegen. Wenn ein Hund an einem Pfahl festgebunden ist, lernt er, dass es keinen Sinn hat zu ziehen. Sie müssen Ihrem Vierbeiner also beibringen, dass Sie sich, wenn er an der Leine zerrt, in einen Pfahl verwandeln, der sich nicht vom Fleck bewegt. Das braucht Zeit und sehr viel Geduld, doch es lohnt sich am Ende. Das Training, an lockerer Leine zu laufen, beginnt, sobald sich Ihr Welpe an sein Halsband oder Geschirr gewöhnt hat und sich auch problemlos mit der Leine zurückhalten lässt.

Dank Rückruftraining können Sie Ihren Hund getrost von der Leine lassen. Das verschafft ihm mehr Freiheit und Lebensqualität.

ÜBUNG

RÜCKRUF »KOMM«

1 Bitten Sie eine vertraute Person, Ihren Hund festzuhalten und ihn loszulassen, sobald Sie ihn rufen. Gehen Sie zu dem Welpen und zeigen Sie ihm, dass Sie ein schönes Leckerchen haben. Halten Sie es ihm unter die Nase, aber lassen Sie es ihn nicht nehmen. Gehen Sie ein paar Schritte rückwärts, bleiben Sie stehen und rufen Sie ihn mit fröhlicher, aufmunternder Stimme und Ihrem Wortsignal – z. B. »Komm« oder »Hier« – zu sich.

2 Achten Sie auf eine einladende Körperhaltung, indem Sie in die Hocke gehen und die Arme ausbreiten. Wenn Ihr Welpe auf Sie zuläuft, loben Sie ihn überschwänglich und rufen ihn weiterhin munter zu sich.

3

Wenn er Sie erreicht, bieten Sie ihm mit einer Hand das Leckerchen an, die andere Hand halten Sie ausgestreckt darunter. Will er das Leckerchen nehmen, locken Sie ihn damit sanft näher zu sich heran. Jetzt können Sie das Halsband oder Geschirr mit der anderen Hand greifen, ohne sie ausstrecken zu müssen. Sobald Sie das Halsband oder Geschirr gefasst haben, lassen Sie das Leckerchen los. Loben Sie nun Ihren Hund und halten Sie ihn fest, bis er es akzeptiert. Dann lassen Sie ihn los, und er darf weggehen. Strecken Sie beim Festhalten die Hand nicht nach vorn aus oder über seinen Kopf hinweg. Denn dann würde er Sie wahrscheinlich künftig meiden. Legen Sie ihm auch nicht die Hände auf den Kopf, um ihn zu loben. Auch das mögen viele Hunde nicht, und es könnte Ihren Vierbeiner möglicherweise davon abhalten, zu Ihnen zu kommen.

ÜBUNG

LEINENFÜHRIGKEIT

1

Sobald sich Ihr Welpe beim Spielen richtig ausgetobt hat, befestigen Sie die Leine an seinem Halsband oder Geschirr und stellen sich reglos hin. Halten Sie die Leine in der rechten Hand und ein Leckerchen in der linken, näher am Welpen. Die Leine soll nur verhindern, dass er sich von Ihnen entfernt. Ankern Sie sie, indem Sie die rechte Hand an Ihren Körper pressen und die Leine möglichst nicht bewegen. Ziehen Sie den Hund nicht zu sich heran. Die Leine sollte locker durchhängen, aber nicht auf dem Boden schleifen. Locken Sie Ihren Vierbeiner nun mithilfe des Leckerchens in die Nähe Ihres linken Beins. Loben Sie ihn und geben Sie ihm das Häppchen, sobald er dort ankommt. Wiederholen Sie dies, bis er ruhig neben Ihrem Bein steht und auf das nächste Leckerchen wartet.

2

Steht Ihr Hund ruhig neben Ihrem Bein, zeigen Sie ihm zunächst, dass Sie noch ein Leckerchen haben. Richten Sie sich auf und halten Sie es außerhalb seiner Reichweite. Sagen Sie seinen Namen, um seine Aufmerksamkeit zu bekommen, und geben Sie anschließend Ihr Wortsignal für das Laufen an der lockeren Leine, z. B. »Auf geht's«. Dann machen Sie einen Schritt nach vorn.

3 Bücken Sie sich und geben Sie Ihrem Hund das Leckerchen, während Sie den Schritt nach vorn machen. Loben Sie ihn. Wiederholen Sie nun die Schritte 1–3, bis Ihr Welpe die Abfolge sicher beherrscht. Fügen Sie erst dann Schritt 4 hinzu.

4 Wenn Sie sich sicherer fühlen und Ihr Hund gelernt hat, den richtigen Abstand zu Ihnen einzuhalten, fügen Sie nach und nach mehr Schritte hinzu. Ihr Welpe sollte dabei schön an Ihrer Seite laufen.

5 Üben Sie über mehrere Einheiten hinweg, kleine Runden durch Ihren Garten oder einen ablenkungsfreien Park zu gehen. Wenn Sie wenden, machen Sie einen großen Bogen und belohnen Sie Ihren Hund sehr oft. Sprechen Sie fröhlich mit ihm, wenn er schön an Ihrer Seite läuft. Bewegt er sich von Ihnen weg, achten Sie gut auf die Leine. Sobald sie so aussieht, als würde sie sich gleich straffen, bleiben Sie stehen. Halten Sie die Leine fest an Ihrem Körper, sodass auch Ihr Vierbeiner anhalten muss.

6

Lotsen Sie Ihren Hund zurück in seine Ausgangsposition und belohnen Sie ihn. Wartet er wieder ruhig neben Ihnen, wiederholen Sie die Übung ab Schritt 2.

ACHTUNG!

- Mit einem Kopfhalfter lässt sich ein großer, ungestümer Hund unter Kontrolle halten, doch kann es leicht zu Halswirbelverletzungen kommen, wenn die Leine plötzlich straff gezogen wird. Bei Welpen sollte man grundsätzlich auf ein Kopfhalfter verzichten, da sie sich verletzen könnten, wenn sie plötzlich losstürmen und durch die gespannte Leine abrupt gestoppt werden.
- An einer ausziehbaren Leine hat ein Hund mehr Freiheit. Allerdings kommt es immer wieder zu Unfällen, wenn der Halter die Bremse nicht betätigt. Dann könnte der Vierbeiner auf die Straße laufen oder in andere Gefahrensituationen geraten. Es passiert auch leicht, dass sich jemand in der ausgezogenen Leine verfängt oder darüberstolpert, oder dass es beim Abrollen zu Hautverbrennungen kommt. Benutzen Sie eine Ausziehleine daher nur, wenn weder für Ihren Welpen noch für andere Personen ein Risiko besteht. Verwenden Sie lieber eine Leine mit fester Länge, wenn Sie mehr Kontrolle brauchen.

7

Sobald Ihr Welpe mehr Erfahrung mit dem Laufen an lockerer Leine hat, beginnen Sie, Wendungen und Hindernisse einzubauen. Kündigen Sie eine Richtungsänderung an, indem Sie seine Aufmerksamkeit auf sich lenken. Fordern Sie ihn auf, dicht bei Ihnen zu bleiben, während Sie das Hindernis umrunden. Er wird gern mit Ihnen laufen, wenn Sie ihn immer wieder fröhlich loben und ihm nach jeder Richtungs- oder Geschwindigkeitsänderung ein Leckerchen geben. Üben Sie weiter und verlängern Sie allmählich die Zeit zwischen zwei Leckerchen. Sprechen Sie ab und zu mit dem Hund, wenn er nah bei Ihnen läuft, und loben Sie ihn überschwänglich. Variieren Sie das Gehtempo, damit die Übung interessant bleibt, Plötzlich schneller zu gehen, ist für den Welpen spannender, deshalb können Sie diesen Trick anwenden, wenn er sich zu langweilen beginnt. Es ist ein gutes Zeichen, wenn er während der gesamten Übung mit der Rute wedelt.

GUT ZU WISSEN

- Halten Sie das Leckerchen immer in der Hand, die näher am Hund ist. Befindet es sich in der falschen Hand, wird Ihr Welpe Ihnen vor die Füße laufen, um es zu bekommen, und Sie ins Stolpern bringen.
- Wenn Sie das Leckerchen zu tief halten, springt der Hund danach. Halten Sie es also so hoch, dass er es nicht erreichen kann (auf Hüfthöhe bei kleinen Welpen, auf Schulterhöhe bei größeren). Belohnen Sie ihn mit dem Häppchen grundsätzlich nur, wenn alle vier Pfoten am Boden sind.
- Sobald Ihr Welpe hinter Ihnen, um Sie herum oder quer vor Ihnen läuft, bringen Sie ihn zum Stehen und locken ihn wieder in die richtige Position. Drehen Sie sich dabei nicht um: Er soll lernen, sich in Relation zu Ihnen zu positionieren, ohne dass Sie sich bewegen.
- Menschen, die beruflich mit Hunden arbeiten, führen ihre Vierbeiner meist auf der linken Seite. Wenn Ihnen die rechte Seite lieber ist, spricht aber nichts dagegen. Bleiben Sie anfangs bei einer Seite und bitten Sie auch alle anderen in der Familie, Ihrem Beispiel zu folgen.

Wiederholen Sie die Schritte 1–7 der Übung auf den Seiten 202–205, bis Ihr Hund an Ihrer Seite läuft, ohne an der Leine zu ziehen. Das erfordert viel Geduld und kann die gesamte Welpenzeit dauern – vor allem wenn Ihr Vierbeiner sehr temperamentvoll ist. Lassen Sie sich nicht entmutigen, wenn es nicht gleich perfekt klappt. Die Übung ist kompliziert, und es dauert einfach eine Weile, bis Sie und Ihr Hund genau wissen, wie sie funktioniert. Üben Sie zunächst im Haus und im Garten, solange der Welpe noch nicht den vollen Impfschutz hat und noch nicht auf der Hundewiese umhertollen darf. So lernt er schon dort, ruhig an Ihrer Seite an der lockeren Leine zu laufen, bevor Sie ihn dann später an spannendere Orte mitnehmen.

Spaziergänge

Auf seinen ersten Spaziergängen wird Ihr Welpe all die neuen Gerüche und Eindrücke sehr aufregend finden und vorwärtsdrängen, um alles zu erkunden. Achten Sie daher von Anfang an darauf, dass er nicht an der Leine zieht. Seien Sie geduldig und kalkulieren Sie genug Zeit für die Spaziergänge ein – Sie werden zunächst nur langsam vorankommen. Machen Sie aber von Beginn an konsequent klar, dass auf keinen Fall an der Leine gezerrt werden darf, denn das verkürzt langfristig den Lernprozess. Wenn Sie z. B. stehen bleiben, um sich mit jemandem zu unterhalten, lassen Sie nicht zu, dass der Hund Sie weiterzerrt – sonst wird er bald noch heftiger ziehen. Darf er bei einem Spaziergang ziehen und beim nächsten nicht, verwirrt ihn das nur, und es wird viel schwieriger, ihm Leinenführigkeit beizubringen. Erreicht er hingegen mit dem Ziehen nie etwas, versteht er schnell, dass es keinen Sinn hat, und gibt auf.

Sind Sie zu Fuß unterwegs und müssen sich auf etwas anderes konzentrieren – etwa die Kinder zur Schule zu bringen –, so sollten Sie mit dem Welpen einen Extraspaziergang unternehmen, solange sein Training noch nicht abgeschlossen ist. Falls er noch sehr jung ist, könnten Sie ihn auf dem Hinweg tragen und auf dem Heimweg trainieren. Oder Sie legen ihm ein Geschirr an und kein Halsband, wenn Sie nicht mit ihm üben können. Das Geschirr fühlt sich anders an als das Halsband und ist dann ein klares Signal, dass er sich jetzt nicht so sehr darauf konzentrieren muss, nah an Ihrer Seite zu bleiben.

Sobald Ihr Hund gelernt hat, an lockerer Leine zu laufen, wiederholen Sie die Übung an Orten mit mehr Ablenkungen – wenn Sie mit anderen Menschen spazieren gehen oder andere Hunde in der Nähe sind. Ihr Welpe wird wahrscheinlich so wirken, als hätte er alles Gelernte vergessen, sobald es um ihn herum so aufregend ist. Gehen Sie einfach geduldig den Trainingsablauf noch einmal durch, als würden Sie von vorn beginnen. So lernt Ihr Hund, dass es ihn – egal was um ihn herum passiert – schneller ans Ziel bringt, wenn er bei Ihnen bleibt und nicht an der Leine zieht. Leinenführigkeit ist für den Welpen besonders schwierig, wenn er mit Artgenossen unterwegs ist – üben Sie sie also auch auf Spaziergängen mit Freunden und deren Vierbeinern.

POSITIONEN UND WORTSIGNALE

Alle Positionen kann der Welpe auf die gleiche Weise lernen: Er wird mit einem Leckerchen in die gewünschte Position gelockt und gut belohnt, bis er dies zuverlässig ausführt. Locken bedeutet, ein Leckerchen zwischen Daumen und Zeigefinger direkt unter seine Nase zu

Studien haben gezeigt, dass sich Welpen das Gelernte besser merken, wenn sie nach dem Training noch spielen dürfen.

halten, sodass er es riechen, daran lecken und es anknabbern kann. Dann wird es langsam so bewegt, dass sein Kopf und der restliche Körper folgen. Wird das Leckerchen langsam und gezielt bewegt, bringt es den Hund in die gewünschte Position. Sobald dies über mehrere Einheiten geübt wurde, werden ein Handzeichen und ein Wortsignal eingeführt. Welpen lernen Handzeichen in der Regel leichter als Worte, daher sollten Sie während des gesamten Trainings konsequent die gleichen Zeichen verwenden. Reduzieren Sie sie, sobald der Hund besser auf die Wortsignale reagiert.

»SITZ«

Die meisten Hunde beherrschen »Sitz«, weil es oft die einzige Position ist, die ihre Halter oft abrufen. Wird es gut belohnt, lernen die Vierbeiner schnell, sich zu setzen, weil sie dann etwas bekommen, das sie wollen – etwa Futter oder ein Spiel. So erreichen sie mehr als durch Hochspringen oder Bellen.

Üben Sie die Schritte 1–3 auf den Seiten 208–209. Nehmen Sie ein großes, festes Leckerchen, an dem Ihr Welpe lecken und knabbern kann, wenn Sie es in den Fingern halten. So bekommt er winzige Stückchen Belohnung, die ihn motivieren, während Sie ihn in die gewünschte Position locken.

Sobald der Welpe das Wortsignal kennt, wiederholen Sie die Übung in anderen Situationen und aus unterschiedlichen Positionen – wenn er vor oder neben Ihnen steht und wenn Sie selbst sitzen und stehen. Üben Sie mit ihm an verschiedenen Orten und unter Ablenkungen.

»PLATZ«

Das ist die schwierigste Position, und Sie werden anfangs etwas Geduld brauchen. Wie beim Üben von »Sitz« nehmen Sie ein großes, festes Leckerchen, an dem Ihr Hund lecken und knabbern kann, während Sie es ihm hinhalten. Üben Sie die Schritte 1–4 auf den Seiten 212–213 so lange, bis er versteht, was Ihr Signal bedeutet.

ÜBUNG

»SITZ«

1 Wenn Ihr Welpe vor Ihnen steht, halten Sie ein Leckerchen knapp oberhalb seiner Schnauze. Nehmen Sie es so fest zwischen Daumen und Zeigefinger, dass er es erst zu fassen bekommt, wenn er in der richtigen Position ist. Erlauben Sie ihm jedoch, daran zu lecken und zu knabbern.

2 Hebt Ihr Hund die Schnauze, um das Leckerchen zu nehmen, bewegen Sie es langsam nach oben und in Richtung Rute. Es sollte dabei stets knapp über seiner Schnauze bleiben. Während sich seine Schnauze nach oben und hinten bewegt, wird sich Ihr Welpe von selbst hinsetzen. Springt er hoch, um das Leckerchen zu schnappen, halten Sie es tiefer.

3

Sobald er sitzt, bekommt Ihr Hund das Leckerchen und viel Lob. Bleibt er in der Position, loben Sie ihn weiter und geben ihm mehr Leckerchen, um das Sitzen zu festigen. Steht er auf, belohnen Sie ihn nicht mehr. Üben Sie dies über mehrere Einheiten, bis er sich zuverlässig hinsetzt, wenn Sie ihn locken.

4

Setzt sich Ihr Welpe zu Beginn einer neuen Übungseinheit schon von selbst hin, übertreiben Sie allmählich den Beginn der lockenden Handbewegung. Daraus wird am Ende das Handzeichen für »Sitz«. Bald wird Ihr Hund bereits auf dieses Zeichen reagieren und nicht mehr darauf warten, gelockt zu werden.

5

Sobald Ihr Hund wirklich nur noch auf das Handzeichen reagiert, führen Sie das Wortsignal ein, indem Sie ein oder zwei Sekunden vor dem Handzeichen klar und deutlich »Sitz« sagen.

6

Nachdem Sie Schritt 5 oft wiederholt haben, zögern Sie das Handzeichen ein paar Sekunden hinaus, damit Ihr Hund Zeit zum Überlegen und Reagieren hat. Halten Sie dabei aber das Leckerchen so, dass es ihn nicht ablenkt. Wenn er sich nach der Bedenkzeit nicht hinsetzt, geben Sie das Handzeichen (oder locken ihn, falls nötig). Belohnen Sie ihn anfangs, sobald er beginnt, sich hinzusetzen, sodass Sie schon seine Absicht belohnen. Arbeiten Sie jedoch darauf hin, dass er sich aus dem Stand auf Ihr Signal hin direkt setzt. Wenn Sie kontinuierlich üben, wird das sicher bald gelingen.

GUT ZU WISSEN

- Befinden sich die Vorderpfoten nicht mehr am Boden, halten Sie das Leckerchen zu hoch.
- Weicht Ihr Hund zurück, halten Sie das Leckerchen zu weit von sich weg oder zu niedrig. Oder Sie bewegen es zu schnell von sich weg.
- Üben Sie »Sitz« unbedingt an den unterschiedlichsten Orten und auch unter Ablenkungen. Bleiben Sie geduldig, wenn es an Stellen, an denen Ihr Welpe von Reizen überflutet wird, anfangs nicht zuverlässig klappt. Nur Übung macht hier den Meister.

ÜBUNG

»STEH«

1 Wenn Ihr Hund sitzt, halten Sie ihm ein Leckerchen dicht vor die Schnauze und ziehen es, immer auf Schnauzenhöhe, langsam von ihm weg.

2 Wenn er nach vorn geht und dem Leckerchen folgt, steht er automatisch auf.

GUT ZU WISSEN

- Wenn Sie Ihrem Hund »Steh« beibringen, profitieren Sie davon im Alltag: etwa bei der Fellpflege, beim Baden und Abtrocknen, bei einer Untersuchung durch den Tierarzt oder bei einer Hundeschau.
- Sollten Sie an Hundeschauen interessiert sein, üben Sie das Signal »Steh« so intensiv, bis Ihr Welpe es grundsätzlich immer befolgt. Viele Hunde setzen sich automatisch hin, wenn sie etwas wollen, weil das so oft von ihnen verlangt wird.

3

Sobald er steht, bewegen Sie das Leckerchen nicht weiter, sondern geben es ihm und loben ihn überschwänglich. Streicheln Sie Ihren Hund und loben Sie ihn weiterhin, während er in der stehenden Position bleibt.

4

Haben Sie die Schritte 1–3 über mehrere Einheiten geübt und steht der Welpe problemlos, wenn er gelockt wird, bringen Sie ihm das Signal »Steh« bei. Während er sitzt, halten Sie das Leckerchen so, dass er es nicht sieht, sagen seinen Namen, um seine Aufmerksamkeit zu bekommen, und rufen »Steh«. Gleichzeitig geben Sie ein klares Handzeichen. Dann locken Sie ihn mit dem Leckerchen in Position. Nach vielen Wiederholungen wird er das Signal verinnerlicht haben und aufstehen, ohne dass er dazu gelockt werden musste. Tut er das, geben Sie ihm sofort das Leckerchen und loben ihn kräftig.

ACHTUNG!

- Nehmen Sie das Leckerchen zu schnell weg, bleibt der Welpe vielleicht sitzen und wartet darauf, belohnt zu werden. Halten Sie ihm dann das Leckerchen wieder hin und bewegen es langsamer.
- Wenn Sie das Leckerchen zu schnell bewegen, sobald der Hund aufsteht, läuft er vielleicht los. Dann lernt er Loslaufen, nicht Aufstehen. Er soll aber aufstehen, ohne dabei einen Schritt nach vorn zu machen. Achten Sie auf dieses Detail.

ÜBUNG

»PLATZ«

1 Wenn Ihr Welpe »Sitz« macht, locken Sie ihn mit einem Leckerchen, bis sich die Schnauze zu Boden senkt. Halten Sie das Leckerchen fest, wenn er es nehmen will. Er darf aber daran lecken und knabbern, damit er nicht das Interesse verliert.

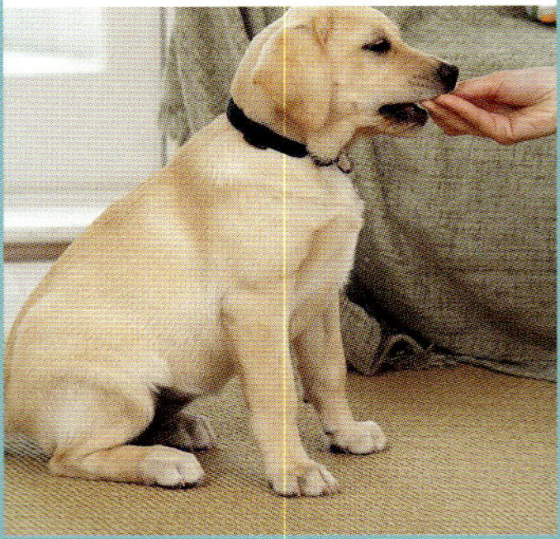

2 Locken Sie ihn mit dem Häppchen, bis sein Kopf so weit unten ist, dass es ihm leichter fällt, sich hinzulegen, als vorgebeugt zu sitzen. Seien Sie geduldig und lassen Sie ihn an dem Leckerchen knabbern. Wenn er aufsteht, anstatt sich hinzulegen, locken Sie ihn wieder in die »Sitz«-Position, belohnen ihn mit einem Happen und versuchen es erneut.

3 Berühren seine Ellbogen den Boden, geben Sie ihm das Leckerchen und loben ihn. Solange er die Position hält, loben Sie ihn weiter und geben ihm mehr Leckerchen, damit sich das »Platz« festigt. Steht er auf, belohnen Sie ihn nicht mehr. Üben Sie über mehrere Einheiten, bis er sich problemlos hinlegt, wenn Sie ihn locken.

4

Sobald sich der Welpe problemlos hinlegt, übertreiben Sie allmählich den Beginn der lockenden Handbewegung. Daraus wird am Ende Ihr Handzeichen für »Platz«. Verwenden Sie es, sobald der Welpe allein auf diese Handbewegung reagiert und nicht mehr auf das Locken wartet.

5

Reagiert Ihr Welpe zuverlässig auf Ihr Handzeichen, sagen Sie ein oder zwei Sekunden davor klar und deutlich Ihr Wortsignal »Platz«. Üben Sie dies über viele Einheiten hinweg. Sobald sich Ihr Hund zu Beginn einer neuen Einheit mehrmals auf das Wortsignal – gefolgt vom Handzeichen – hingelegt hat, verzögern Sie das Handzeichen ein paar Sekunden, um ihm Bedenkzeit zu geben. Belohnen Sie ihn gut, wenn er richtig reagiert. Tut er es nicht, benutzen Sie das Handzeichen (und locken ihn, falls nötig), um ihn in die Position zu bringen. Schließlich wird er sich nur auf das Wortsignal hinlegen.

GUT ZU WISSEN

- Steht er auf, halten Sie das Leckerchen dichter an seine Pfoten, damit er nicht nach vorn muss, um es zu erhalten.
- Viele Welpen wollen sich nicht auf einem kalten oder harten Fußboden hinlegen, vor allem nicht, wenn sie eine schmale, tiefe Brust haben (wie ein Windhund) oder ein dünnes Fell (wie der Vizsla). Versuchen Sie es dann auf einer weichen Unterlage.
- Klappen die ersten Schritte schon nicht, belohnen Sie den Welpen bereits dafür, dass er nur den Kopf senkt. Dann locken Sie ihn, bis sein Kopf so tief ist, dass er sich hinlegen muss, um an das Leckerchen heranzukommen.
- Notfalls machen Sie eine Brücke mit Ihren Beinen und locken den Welpen darunter hindurch. Geben Sie ihm in der »Platz«-Position Leckerchen, damit er lernt, dass es das ist, was Sie von ihm wollen. Dann nehmen Sie Ihre Beine weg und üben mit dem Welpen an derselben Stelle noch einmal.
- Wenn Sie »Platz« als Wortsignal für diese Aktion gewählt haben, sollten Sie es sonst möglichst nicht verwenden. Man sagt leicht mal »Mach Platz«, wenn der Vierbeiner im Weg ist. Doch wenn Sie das Wort so verwenden, kann das den Hund verwirren, und er reagiert nicht mehr zuverlässig auf das Signal.

ÜBUNG

»PLATZ« AUF DISTANZ

1

Wenn Ihr Welpe etwa zwei Schritte entfernt ist, gehen Sie auf ihn zu und geben ihm das verbale oder visuelle Signal für »Platz«. Er kann auch von einer Person festgehalten werden oder angebunden sein, damit er nicht zu Ihnen läuft. Bisher wurde er dafür belohnt, dass er sich bei »Platz« vor Ihre Füße gelegt hat. Jetzt muss er lernen, dass dies auch geschieht, wenn er sich woanders hinlegt.

2

Belohnen Sie seine Reaktion. Reagiert er nach ein paar Wiederholungen schneller, machen Sie keinen Schritt mehr auf ihn zu, sondern beugen sich nur vor.

3

Am Ende können Sie sich aufrecht hinstellen und Ihr Signal geben, während Ihr Welpe sich ein paar Schritte entfernt sofort hinlegt. Belohnen Sie ihn gut mit Leckerchen, Lob und Spiel, wenn er richtig reagiert. Nach ein paar weiteren Übungseinheiten vergrößern Sie die Entfernung zu ihm, bevor Sie Ihr Signal geben. Wenn er irgendwann nicht versteht, was er tun soll, wiederholen Sie die Übung aus kürzerer Distanz.

Ein junger Hund braucht viel Selbstbeherrschung, um am Platz zu bleiben. Haben Sie also Geduld beim Üben und erwarten Sie anfangs nicht zu viel von ihm.

Auch diese Übung absolvieren Sie mit Ihrem Welpen an verschiedenen Orten und zunächst ohne, später aber dann mit Ablenkungen.

»BLEIB«

Diese Übung (siehe S. 218–219) ist sehr nützlich in all jenen Situationen, in denen der Hund an Ort und Stelle bleiben soll, während Sie etwas anderes machen wollen. Das Signal bedeutet nichts anderes als »Bleib, wo du bist, bis ich zu dir zurückkomme«. Es kann beispielsweise sehr nützlich sein, wenn Sie Ihren schlammbespritzten Hund an der Türschwelle stehen lassen wollen, um von drinnen ein Handtuch zu holen. Oder wenn er im Flur warten soll, während Sie an der Tür ein Paket entgegennehmen. Es ist eine einfache Übung, vor allem wenn Sie einen Moment abpassen, in dem Ihr Welpe eher schon ein wenig müde ist und nicht voller Tatendrang.

Bauen Sie die Übung langsam auf, bis Sie weggehen können, an dem Hund vorbei und um ihn herum, während er in der Position bleibt. Reagiert er verlässlich auf »Sitz und bleib«, wiederholen Sie die Übung an einem Ort, an dem es Ablenkungen gibt. Sie können ihm auch »Platz und bleib« beibringen, wenn er zuverlässig »Sitz und bleib« beherrscht.

»WARTE«

Wenn Sie mit dem Signal »Bleib« ein höheres Trainingsniveau anstreben, können Sie zusätzlich das Signal »Warte« einführen. Es bedeutet: »Bleib da, bis ich dich zu mir rufe.« Das ist hilfreich, wenn Ihr Hund zunächst wartet und Ihnen erst später folgt. Ein Beispiel: Sie möchten einen großen Karton durch eine Tür tragen oder einen Kinderwagen durchschieben, und er soll warten, während Sie die Tür öffnen und selbst hindurchgehen.

Nützliche Tricks zu lernen, etwa verlorene Schlüssel zu suchen, bereichert das Leben Ihres Welpen.

Trainieren Sie das Signal auf dieselbe Art wie für »Bleib«, aber rufen Sie Ihren Vierbeiner immer wieder zu sich und belohnen Sie ihn. Wenn Sie ihn öfter in der Position »Warte« belohnen, als wenn Sie ihn aus der Position herausrufen, wird dieses Signal gut trainiert.

Als Alternative zu »Warte« können Sie auch das «Bleib«-Signal verwenden und den Hund anschließend zu sich rufen, anstatt zu ihm zu gehen und ihn zu belohnen. Allerdings fordern Sie ihn damit auf, sein »Bleib« zu unterbrechen. Das kann dazu führen, dass er dieses Signal eines Tages nicht mehr zuverlässig befolgt. Machen Sie dies zu oft, rechnet er damit, dass Sie ihn aus dem »Bleib« herausrufen, und bewegt sich schon vor Ihrer Aufforderung auf Sie zu. Um das zu verhindern, ist es deshalb besser, für die beiden unterschiedlichen Aktionen auch zwei verschiedene Signale zu verwenden.

Einige Tricks zur Auswahl oder als Anregung:

- **Winke**
- **Geh rückwärts**
- **Geh durch einen Reifen**
- **Sei Kurier in der Familie (geh zu Papa, Mama, zur Oma etc.)**
- **Hol die Zeitung**
- **Trag die Leine**
- **Trag deine Tasche**
- **Nimm einen Gegenstand und wirf ihn in den Mülleimer**
- **Schließ die Tür**

»ROLLE«

Diese Übung kann sehr nützlich sein, wenn Ihr Hund erwachsen ist und am Bauch untersucht werden soll. Einen Vierbeiner zu diesem Zweck zu Boden zu ringen, ist viel schwieriger, als ihm beizubringen, sich freiwillig auf den Rücken zu rollen.

Trainieren Sie die Schritte 1–5 auf den Seiten 220–221. Sobald Ihr Welpe das Kommando kennt, üben Sie mit ihm, länger auf dem Rücken liegen zu bleiben. Beginnen Sie damit, ihn sanft an Bauch und Beinen zu berühren. Das erleichtert es Ihnen und später dem Tierarzt, ihn zu untersuchen. Wenn Ihr Welpe jung ist – also vermutlich auf einem Tisch untersucht wird –, üben Sie mit ihm, sich auch dort auf den Rücken zu legen. Passen Sie aber auf, dass er nicht hinunterrollt. Trainieren Sie mit ihm an verschiedenen Orten und unter Ablenkungen. Gewöhnen Sie ihn daran, von anderen Menschen sanft angefasst zu werden, während er auf dem Rücken liegt.

Üben Sie »Winke«, indem der Welpe mit der Pfote Ihre Hand berühren muss, um das Leckerchen zu bekommen. Im Verlauf heben Sie Ihre Hand schrittweise immer höher – bis er schließlich »winkt«.

ÜBUNG

»BLEIB«

1 Fordern Sie Ihren Welpen zum »Sitz« auf und loben Sie ihn. Geben Sie das Wortsignal »Bleib« und ein langsames Handzeichen, dass er reglos bleiben soll. Belohnen Sie ihn mit Leckerchen und leisem Lob (munteres Lob führt dazu, dass er sich bewegt). Wiederholen Sie das mehrfach und zählen Sie jeweils bis eins, bevor Sie ihn belohnen. Wenn er aufsteht, fordern Sie ihn ohne Belohnung wieder zum »Sitz« auf.

2 Üben Sie Schritt 1 über viele Einheiten und verlängern Sie allmählich die Dauer, die Ihr Welpe sitzen bleibt. Sie sollten schließlich bis 20 zählen können. Bewegt sich Ihr Hund vorzeitig, müssen Sie noch langsamer darauf hinarbeiten, dass er länger sitzen bleibt.

3

Beherrscht Ihr Welpe Schritt 2, wiederholen Sie Schritt 1, aber setzen Sie einen Fuß zurück und schaukeln Sie von einem Fuß auf den andern. Loben Sie den Welpen, wenn er trotz dieser Ablenkung weiter sitzen bleibt. Nach ein paar Wiederholungen machen Sie einen Schritt rückwärts.

4

Bleibt der Welpe auch während der Rückwärtsbewegung zuverlässig am Platz, wiederholen Sie die Übung mit einer Seitwärtsbewegung, dann machen Sie einen Schritt von ihm weg. Nach und nach bewegen Sie sich immer mehr, bis Sie um ihn herumgehen können und er trotz dieser Ablenkung zuverlässig sitzen bleibt.

ACHTUNG!

- Wenden Sie nie ein »Bleib« an, um Ihren Hund ohne Aufsicht in einer möglicherweise gefährlichen Situation allein zu lassen, etwa vor einem Geschäft. Wenn er z.B. jemanden auf der anderen Straßenseite sieht, den er kennt, könnte er sein Training vergessen und einfach hinüberlaufen.

»ROLLE«

1

Liegt Ihr Hund auf einem Teppich in der »Platz«-Position, halten Sie ihm ein Leckerchen vor die Schnauze und bewegen es langsam zu seiner Schulter. Seine Schnauze sollte dabei in Richtung der Hinterpfoten zeigen.

2

Dreht der Welpe den Kopf, um das Leckerchen zu nehmen, sollte er sich auf die Seite rollen. Haben Sie Geduld – es erfordert einige Zeit und Ausdauer, um diese Bewegung hinzubekommen.

3

Sobald er auf der Seite liegt, loben Sie ihn und geben ihm das Leckerchen. Streicheln Sie ihn und loben Sie ihn weiter, solange er liegen bleibt.

4

Fahren Sie in den nächsten Tagen auf diese Weise fort. Bewegen Sie das Leckerchen dabei allmählich immer weiter, bevor Sie ihn belohnen – bis Ihr Hund sich schließlich auf den Rücken rollt, um Ihrer Ihrer Hand zu folgen.

5

Nachdem Sie die Schritte 1–4 über mehrere Einheiten hinweg geübt haben, bringen Sie Ihrem Hund das Signal »Rolle« bei. Die Ausgangsposition ist »Platz«. Verbergen Sie zunächst das Leckerchen und sagen Sie seinen Namen, damit er aufmerksam wird. Geben Sie nun das Wortsignal »Rolle« zusammen mit Ihrem Handzeichen. Locken Sie ihn mit dem Leckerchen in die gewünschte Position. Nach etlichen Wiederholungen wird er das Signal verstehen und sich von selbst auf den Rücken rollen, ohne dass Sie ihn locken. Loben Sie ihn nun kräftig.

GUT ZU WISSEN

- Halten Sie Ihre Hand so, dass Sie sie in einer fließenden Bewegung um den Kopf des Welpen führen können. Müssen Sie die Bewegung neu ansetzen, lenken Sie ihn bloß ab.
- Will er sich nicht auf den Rücken rollen, belohnen Sie ihn für kleine seitliche Kopfbewegungen. Fordern Sie jedes Mal ein bisschen mehr, bevor Sie ihn belohnen, und geben Sie ihm Zeit, die Rolle auf den Rücken auszuführen. Macht er dies, belohnen Sie ihn fürstlich dafür. Bleiben Sie unbedingt geduldig.
- Sorgen Sie dafür, dass er sich sicher fühlt und weich liegt. Nehmen Sie ein dickes, stützendes Hundebett, wenn er sich nicht auf dem Boden herumrollen mag.

RAFFINIERTE TRICKS

Es macht Spaß, dem Hund einige Tricks beizubringen und sie anderen vorzuführen. Das ganze Training (z. B. »Sitz« und »Bleib«) ist im Grunde nichts anderes als eine Reihe von Tricks oder Kunststücken: Ihr Hund zeigt eine gewünschte Aktion, um dafür eine Belohnung zu erhalten. Tricks lernt Ihr Vierbeiner nur durch viel Anerkennung. So können Sie sich auch selbst überprüfen, wie viel Sie über das belohnungsbasierte Training gelernt haben.

Ein Trick darf niemals ein Verletzungsrisiko bergen. Bringen Sie Ihrem Welpen also nicht bei zu springen oder auf den Hinterbeinen zu laufen – das kann den noch im Wachstum befindlichen Gelenken, Bändern und Knochen schaden. Wählen Sie etwas Nützliches, wie rückwärtszugehen oder einen Gegenstand zu tragen. Es ist einfacher, einem Hund etwas beizubringen, das er von Natur aus gut kann: Terrier buddeln gern, Jagdhunde apportieren, und Hütehunde lieben Action.

Belohnen Sie Ihren Welpen immer in dem Moment, in dem er macht, was er soll. Das gilt am Anfang schon dafür, wenn er nur versucht, das Richtige zu tun. Loben Sie ihn stets ausgiebig und geben Sie ihm sofort das Leckerchen. Verlangen Sie anfangs nicht zu viel von ihm. Denken Sie an das Trainingsspiel (siehe S. 192) und daran, wie entmutigend es war, keine Bestätigung zu bekommen, obwohl Sie sich so bemüht hatten, alles richtig zu machen.

Werden Sie niemals ärgerlich – zeigt Ihr Welpe nicht das korrekte Verhalten, das Sie sich wünschen, haben Sie ihn überfordert. Bleiben Sie bei zweiminütigen Übungseinheiten, dann halten Sie inne und fragen sich, was er gelernt hat. Lautet die Antwort »nichts«, überlegen Sie, wie Sie ihm seine Aufgabe erleichtern können. Gönnen Sie ihm nach jeder Einheit eine Pause. Jeder Schritt muss so lange trainiert werden, bis Ihr Vierbeiner zu Beginn der nächsten Übungseinheit die geforderte Aktion schon gleich beim ersten Mal ausführt.

»DREHEN«

Dieser Trick (siehe S. 224–225) erleichtert es, einen großen Hund nach einem Bad oder einem Regenspaziergang abzutrocknen. Er ist aber auch für kleinere Hunde hilfreich, weil das Abtrocknen dann schneller geht. Bevor Sie diesen Trick üben, muss Ihr Welpe sich gern überall berühren und mit einem Tuch abreiben lassen. Arbeiten Sie zunächst an diesen Handgriffen, falls dies nötig ist.

Komplizierte Tricks müssen in kleine Abschnitte zerlegt und diese dann zu einer Abfolge zusammengesetzt werden. Arbeiten Sie immer zuerst am letzten Teil des Tricks und gehen Sie dann Schritt für Schritt zum Anfang zurück. So folgt auf jeden neuen Übungsschritt am Ende etwas bereits Bekanntes. Halten Sie die Belohnung in jedem Abschnitt so, dass Ihr Welpe sie nur bekommt, wenn er die gewünschte Aktion zeigt. Machen Sie ihm aber die Aufgabe möglichst leicht, damit er sie schon beim ersten Versuch erfüllen kann.

Sobald Ihr Hund den Trick beherrscht, üben Sie ihn an verschiedenen Orten und unter Ablenkung. Scheint Ihr Welpe an einem neuen Ort alles Gelernte vergessen zu haben, beginnen Sie mit dem Training von vorn. Beim zweiten Mal wird es deutlich schneller gehen. Gestalten Sie alle Trainingseinheiten auf jeden Fall so unbeschwert wie möglich, denn auch das begünstigt den Lernerfolg.

Ein guter Welpenkurs unterstützt Ihr Training und fördert auch noch die Sozialisierung Ihres Welpen.

DER RICHTIGE TRAININGSKURS

Zwar kann man sich durch Lesen viel Wissen darüber aneignen, wie ein Welpe zu trainieren ist, doch gibt es Fertigkeiten, die man beherrschen muss und die sich ein unerfahrener Hundehalter kaum aus einem Buch erschließen kann. Außerdem ist jeder Welpe anders, und eine im Buch beschriebene Technik passt vielleicht nicht zu Ihrem Hund. Um den größten Nutzen zu erzielen, sollten Sie Ihre Lektüre daher um den Besuch eines guten Welpentrainingskurses erweitern. Dort kann Ihnen ein versierter Trainer Fertigkeiten und Techniken vermitteln, die Ihnen helfen, speziell Ihren Welpen zu trainieren. Das geht schneller, als wenn Sie sich nur durch Lesen informieren.

Der Besuch eines guten Trainingskurses macht zudem Spaß, hilft Ihnen beim Lernen, korrigiert Ihre Fehler, hält Ihre Motivation

Wenn möglich, fragen Sie folgende Personen und Einrichtungen nach Empfehlungen für Welpen- oder Hundetrainingskurse:

- **Tierarzt vor Ort**
- **Hundefriseure, Hundepensionen oder Tierhandlungen vor Ort**
- **Tierheim**
- **Tierschutzverein**
- **Verband für das Deutsche Hundewesen (VDH)**
- **Freunde mit Hunden**

ÜBUNG

»DREHEN«

1 Rufen Sie den Welpen und berühren Sie ihn vorn am Körper sachte mit einem Handtuch.

2 Sagen Sie »Drehen« und locken Sie ihn mit einem Leckerchen, bis er andersherum steht. Belohnen und loben Sie ihn. Halten Sie ihn sanft fest, damit er sich nicht nach dem nächsten Leckerchen umdreht. Berühren Sie den hinteren Körperbereich mit dem Handtuch, als ob Sie ihn abtrocknen würden.

3 Wenn er sich bei Ihrem nächsten Wortsignal »Drehen« wieder zu Ihnen herumdreht, belohnen Sie ihn üppig.

4 Nach vielen Wiederholungen der Schritte 1–3 über aufeinanderfolgende Tage hinweg geben Sie das Wortsignal »Drehen« und warten ab, ob Ihr Welpe selbst herausfindet, was er tun soll. Zählen Sie erst bis fünf, bevor Sie ihn in die gewünschte Position locken. Wenn Sie ihn nicht locken müssen, belohnen Sie ihn fürstlich.

5 Üben Sie weiter, bis der Welpe genau weiß, was er auf das Wortsignal hin tun soll. Mit der Zeit wird es Routine werden, und er wird Ihnen, wann immer Sie »Drehen« sagen, jeweils den Bereich zuwenden, der nass ist und abgetrocknet werden muss.

ACHTUNG!

- **Ist Ihr Welpe sehr scheu oder aggressiv gegen Menschen oder andere Hunde, sollten Sie ihn besser zu Hause trainieren. Sie können in diesem Fall auch Einzelunterricht bei einem guten Trainer buchen oder sich von einem Verhaltensexperten für Hunde beraten lassen (siehe S. 115).**

aufrecht und bringt Sie zusammen mit anderen Welpenhaltern. Es ist allerdings wichtig, einen Kurs zu finden, bei dem ähnliche Methoden angewandt werden wie die in diesem Buch geschilderten. Vermeiden Sie Kursleiter, die noch immer mit Zwang und Bestrafung arbeiten. Ziehen Sie weiter, wenn von Strafen gesprochen wird oder sie angewandt werden, oder wenn Kursteilnehmer verspottet werden. Ebenso sollten Sie den Kurs meiden, wenn der Einsatz von Kopfhalftern, Würge- oder Stachelhalsbändern befürwortet wird oder man Leckerchen oder Spielzeug als Belohnung ablehnt. Ein schlechter Kurs wird Ihr Training zurückwerfen und kann möglicherweise sogar die gute Beziehung zu Ihrem Welpen ruinieren.

Wenn Sie sich eingehend erkundigen, haben Sie sicherlich bald eine Liste mit Kursen in Ihrer Nähe zusammengestellt. Nehmen Sie Kontakt zu den Trainern auf, die Ihnen geeignet erscheinen, und fragen Sie sie, ob Sie sich die Gruppen einmal ohne Ihren Welpen ansehen dürfen. So können Sie eine objektive Einschätzung vornehmen, ohne abgelenkt zu sein oder zum Mitmachen aufgefordert zu werden. Beobachten Sie die Gruppen für erwachsene Hunde und die für Welpen. Treffen Sie eine Einschätzung nach den Kriterien, die rechts im Kasten genannt werden.

Worauf Sie bei bei einem Trainingskurs achten sollten:

- **Positive Verstärkung beim Training von Welpen/Hunden (und Menschen) mit Lob, Leckerchen und Spielzeug**
- **Das Training sollte für Mensch und Hund effektiv sein, sodass beide lernen und Fortschritte machen**
- **Eine ruhige, geordnete Gruppe**
- **Alle Begrüßungen mit anderen Welpen/Hunden werden sorgsam beaufsichtigt**
- **Menschen und Hunde haben Spaß und fühlen sich wohl**
- **Getrennte Hundegruppen: Welpen unter 20 Wochen kommen nicht mit erwachsenen Artgenossen in einer Gruppe zusammen**
- **Hunde in einer Gruppe sind alle auf einem ähnlichen Niveau (Anfänger, Fortgeschrittene)**
- **Kleine Gruppen (maximal acht Welpen/Hunde pro Trainer/Assistent)**
- **Kein Stress und keine Anspannung**
- **Keine Würge-, Stachel- oder Elektrohalsbänder**
- **Keine grobe Behandlung, kein Packen, Schütteln, Brüllen; Hunde werden nicht zu Boden gedrückt**
- **Kein Ansprühen mit Wasser- oder Sprühpistolen**
- **Kein Werfen von Knallkörpern**
- **Keine Demütigung und kein Beschämen der Halter**

Am Ende fragen Sie sich: »Würden mein Welpe und ich diesen Kurs gern besuchen?« Buchen Sie den Kurs, der Sie am meisten anspricht, auch wenn Sie eine Weile auf einen Platz warten müssen oder eine etwas längere Anfahrt haben – es wird sich lohnen. Überlegen Sie aber nicht zu lange, denn gute Kurse sind schnell ausgebucht und haben oft eine obere Altersbeschränkung. Es ist sinnvoll, sich nach einem geeigneten Welpenkurs umzusehen, sobald Ihr Hundekind im Haus ist. Vielleicht können Sie sogar schon einen Kurs buchen, wenn Sie wissen, wann Sie den Kleinen zu sich nach Hause holen und er seine Impfungen bekommen wird.

LERNEN WIRD LEICHTER

Je mehr ein Welpe lernt, desto leichter fällt es ihm, noch mehr Lektionen zu lernen. Im Lauf Ihres gemeinsamen Trainings verbessern sich sowohl Ihre Fähigkeiten als Trainer als auch sein Verständnis für das, was Sie von ihm erwarten. Er wird lernen, dass Sie »etwas« von ihm wollen, und sich zunehmend bemühen herauszufinden, was das sein könnte. Machen Sie im Lauf der Zeit mit dem Training immer größere Fortschritte, werden Sie eines Tages feststellen, dass Sie sich mit Ihrem Vierbeiner fast telepathisch verständigen können, weil er schon versucht vorauszuahnen, was Sie sich von ihm wünschen.

Gehen Sie mit Ihrem Welpen in einen Kurs, wo man mit freundlichen, effektiven Methoden arbeitet. Negative oder bestrafungsbasierte Techniken sind tabu.

KAPITEL 15

Die Pubertät und die Zeit danach

Bedenken Sie bitte immer, dass Ihr kleiner Welpe völlig von Ihnen abhängig ist. Sie sind der Mittelpunkt seiner Welt. Er wird Ihnen überallhin folgen und sich große Mühe geben, alles zu tun, was Sie wollen. Doch wenn er in die Pubertät kommt, verschiebt sich der Fokus seiner Welt. Nun wird seine Umgebung wichtiger, und er wird selbstständiger. Dieser natürliche Prozess beginnt, wenn er 18–20 Wochen alt ist, und mit etwa sechs Monaten kommt er in die eigentliche Pubertät.

Zu diesem Zeitpunkt tritt er in die sexuelle Reife ein, und mit der hormonellen Umstellung verändert sich auch sein Verhalten. Kleinere Hunde können schon mit fünf Monaten in die Pubertät kommen, größere Rassen mit sieben Monaten oder später. Hündinnen werden zum ersten Mal läufig, irgendwann bis zum Alter von zwölf Monaten. Kurz vor und während der Läufigkeit kann sich ihre Stimmung dramatisch verändern. Dann wirkt die Hündin vielleicht niedergeschlagen, ist schwer zu motivieren, sehr ruhig oder leicht reizbar. Vielleicht zeigt sie auch in diesen Wochen Konkurrenzverhalten oder Aggression gegenüber anderen Hündinnen. Oft kommt es vor, dass sie vorübergehend nicht mehr stubenrein ist. Jedoch ist jeder Hund anders – möglicherweise bemerken Sie gar keinen Unterschied.

In der oft schwierigen Phase der Pubertät fragen sich die meisten Menschen, was mit ihrem wohlerzogenen Welpen »schiefgelaufen« ist.

Der Fokus eines halbwüchsigen Hundes liegt auf der Außenwelt. Die Wünsche seines Halters dagegen sind nun zweitrangig.

Rüden beginnen, beim Urinieren das Bein zu heben, um ihren Geruch auf Nasenhöhe anderer Hunde zu hinterlassen und so ihre Anwesenheit kundzutun. In dieser Zeit fangen sie an, sich für Hündinnen zu interessieren, erschnüffeln Duftmarken ihrer Artgenossen und beginnen, ernsthaft ihr Revier zu markieren. Möglicherweise steigt ihr Interesse, mit anderen Rüden, denen sie regelmäßig begegnen, zu konkurrieren – was in Kabbeleien ausarten kann.

Rüden wie Hündinnen entwickeln nun ein größeres Interesse für ihre Umgebung außerhalb des Zuhauses. Sie sind größer und mutiger und daher auch selbstständiger. Vielleicht verändert sich die Art, wie sie mit potenziellen Bedrohungen umgehen – möglicherweise werden sie jetzt eher aggressiv, anstatt wegzulaufen oder zu beschwichtigen. Jedes bisher verborgene Verhaltensproblem tritt nun in dieser Phase deutlich hervor.

Die Außenwelt mit all den neuen Eindrücken rücken nun in den Mittelpunkt Ihres jungen Hundes – und sind für ihn von größter Bedeutung. Was Sie von ihm möchten, kümmert ihn in dieser Phase weniger. Lassen Sie jedoch nicht zu, dass er Sie völlig ignoriert, sondern arbeiten Sie weiterhin daran, ihn zu gutem Benehmen zu bewegen – auch wenn es Beharrlichkeit erfordert. Gleichzeitig sollten Sie Verständnis dafür haben, dass es ganz natürlich ist, wenn er sich jetzt leicht ablenken lässt.

Rechnen Sie damit, dass Ihr Vierbeiner nicht mehr so anhänglich ist. Sicher war er, als er jünger war, ganz anders: leicht zu trainieren und aufmerksam. Doch zu Beginn der Pubertät interessiert er sich eher für die Vorgänge in seiner Umgebung, und deshalb scheint es, als sei seine Beziehung zu Ihnen nicht mehr so eng. Er lässt sich weniger gut kontrollieren und hat kaum Lust, auf Sie zu hören.

In dieser Phase werden Individuen egoistisch – der eigene Wille ist Ihrem Hund jetzt wichtiger als Ihrer. Das ist normal. So stellt die Natur sicher, dass Heranwachsende ihr Zuhause verlassen, um ihr eigenständiges Leben zu beginnen. Dennoch kann es für Sie sehr schmerzhaft und verstörend sein, wenn alle Mühe,

Dank einer langen Leine behalten Sie die Kontrolle über Ihren Hund. Erwarten Sie nicht zu viel von ihm in der Pubertät, aber setzen Sie Ihr Training weiter fort.

die Sie in das Training Ihres Welpen gesteckt haben, scheinbar vergebens war.

NUR EINE PHASE

Denken Sie daran: Es ist nur eine Phase, die Ihr Vierbeiner durchläuft und die im Alter von 12 bis 18 Monaten abgeschlossen sein sollte. Hunde sind in dieser Zeit oft anstrengend, und das Gefühl, versagt zu haben, kann Sie quälen. Doch sagen Sie sich immer wieder, dass die Phase verstreichen wird und Sie und Ihr Hund gestärkt daraus hervorgehen werden.

Senken Sie Ihre Erwartungen in Bezug auf den Gehorsam Ihres Hundes. Seien Sie verständnisvoll, flexibel und geduldig. Akzeptieren Sie es, dass er nicht immer reagiert. Am besten fordern Sie weniger oder nur dann, wenn er nicht abgelenkt ist. Machen Sie ruhig mit dem Training zu Hause weiter, aber rechnen Sie mit Ausfalltagen. Erhöhen Sie die Erfolgsquote beim Spaziergang, indem Sie Spiele anbieten oder Reaktionen fordern, wenn Ihr Hund nicht abgelenkt ist. Ignoriert er Sie und richtet seine Aufmerksamkeit auf etwas anderes, lassen Sie ihn eine einfache Übung machen, z. B. »Sitz«. Loben Sie ihn und beenden Sie die Einheit.

Ihr Vierbeiner wird in der Pubertät reizbarer sein. Lassen Sie die Situationen, in denen er nervös oder abwehrend wird, nicht eskalieren. Nehmen Sie zur Kenntnis, dass es ein Problem gibt, warten Sie, bis sich die Lage beruhigt hat, und versuchen Sie es später erneut behutsam.

Ein häufiges Problem in dieser Phase ist, dass Ihr Vierbeiner nur unzulänglich oder gar nicht auf den Rückruf reagiert. Er will lieber all die spannenden Dinge da draußen erkunden und nicht zu Ihnen zurückkehren – egal, welche Belohnungen Sie anbieten. Zeigt er zunehmend dieses Verhalten, befestigen Sie eine lange Leine an seinem Geschirr und lassen ihn dann laufen. Rufen Sie ihn zu sich, kurz bevor sich die Leine strafft, und verleihen Sie Ihrem Wortsignal notfalls mit sanftem Zug an der Leine Nachdruck. Passen Sie aber auf, dass Sie sich nicht in der Leine verheddern, und benutzen Sie sie auch nicht in der Nähe von Kindern oder gebrechlichen Menschen. So lernt Ihr Hund zumindest nicht, dass das unerwünschte Verhalten (weglaufen) belohnt wird. Sie bringen ihm dadurch zwar nicht viel bei, aber wenigstens kann er Sie nicht ignorieren – und gerät beim Freilauf nicht in riskante Situationen.

Genau wie mit Teenagern ist das Zusammenleben mit einem Junghund in der Pubertät schwierig. Er interessiert sich jetzt mehr für die große, weite Welt als für Sie – und er folgt dabei eher seinem eigenen Willen statt Ihrem. Überlegen Sie sich also genau, was Sie von ihm verlangen, und bereiten Sie ihm ein möglichst schönes Erlebnis, wenn er auf Sie hört. Erhöhen Sie ruhig den Wert der Belohnungen, wenn es nötig ist. Spielen ist in diesem Alter besonders willkommen. Fordern Sie nichts, was Ihr Hund nun ohnehin ignoriert, und geben Sie nur Signale, auf die er sicher reagiert. Belohnen Sie ihn dann sehr kräftig.

Die Pubertät wird leichter zu bewältigen sein, wenn Sie darauf vorbereitet sind und sich nicht so viele Gedanken machen. Glücklicherweise dauert sie bei Hunden nicht so lange wie bei Menschen. Vielleicht haben Sie den Eindruck, dass Ihr Vierbeiner nach all der mühevollen Arbeit jetzt mehr Ärger macht, als er wert ist. Versuchen Sie nicht zu verzweifeln. In absehbarer Zeit haben Sie einen erwachsenen Hund an Ihrer Seite, der sich bei Entscheidungen wieder an Ihnen orientiert, Ihnen gefallen will und auf Ihre Signale reagiert – vorausgesetzt, Sie haben das Training konsequent fortgesetzt. Sollten Sie in dieser Phase gar nicht zurechtkommen, bitten Sie einen vertrauenswürdigen Trainer oder Verhaltensexperten um Unterstützung (siehe S. 115 und 223).

JUNGE ERWACHSENE

Am Ende der Adoleszenz (12–18 Monate) wächst Ihr Hund allmählich aus dieser Phase heraus und wird zu einem jungen Erwachsenen. Das kann zwischen zwölf Monaten und drei Jahren dauern (siehe S. 46). In dieser Zeit wird er langsam die Selbstbezogenheit verlieren und zu reifen beginnen. All Ihre harte Arbeit wird sich jetzt langsam auszahlen, und Sie können endlich die Früchte ernten. Ihr Vierbeiner wird sich noch eine Weile körperlich und emotional weiterentwickeln, aber die schwierige Zeit der Pubertät ist vorüber, und Sie können es sich nun leisten, ein wenig zu entspannen. Sozialisierung muss während des gesamten Hundelebens stattfinden, aber das geschieht nun ganz nebenbei, wenn Sie Ihren gut erzogenen vierbeinigen Liebling überallhin mitnehmen. Das Training braucht vielleicht noch ab und zu eine kleine Ergänzung, aber die Signale, die Sie bereits früh während der Welpenzeit eingeführt haben, wird Ihr Hund noch beherrschen, vor allem wenn Sie regelmäßig angewandt wurden.

Der Pubertät entwachsen, fokussiert sich Ihr Hund wieder auf die Familie. All die Mühe zahlt sich endlich aus!

ES HAT SICH GELOHNT!

Wie auch immer die Ausgangslage sein mag – Ausdauer beim Training sowie viel Liebe und Verständnis im ersten Lebensjahr werden zu deutlichen Verbesserungen im Verhalten Ihres Hundes führen. Je mehr Mühe Sie sich geben, umso umgänglicher wird er werden. Haben Sie erst spät damit angefangen, müssen Sie etwas aufholen, aber Hunde sind flexibel und passen sich gut einem neuen Alltagsablauf an.

Wenn Sie es geschafft haben, alle Lektionen in diesem Buch umzusetzen – oder es noch tun werden –, wird sich Ihr Hund am Ende nahtlos als zufriedenes Mitglied in Ihre Familie einfügen. Ein Hund, der liebevoll mit positiver Verstärkung aufgezogen wurde, macht die Mühe, die Sie in der Welpenzeit mit ihm hatten, im Lauf der Jahre vielfach wieder wett. Er wird ein treuer Freund sein, geliebt und bewundert, und ein Hund, auf den Sie stolz sein können.

Sozialisierungsprogramm

Markieren Sie in jedem Kästchen jede Begegnung und versuchen Sie, jeweils so viele Einträge wie möglich zu sammeln. Arbeiten Sie im ersten Jahr geduldig an der Sozialisierung Ihres Welpen und gehen Sie Verhaltensprobleme an, wenn Sie welche bemerken sollten.

		Wochen					
		8–9	10–11	12–13	14–15	16–17	18–20
Erwachsene (Männer und Frauen)	**Junge Erwachsene**						
	Erwachsene mittleren Alters						
	Ältere Menschen						
	Eingeschränkte/ kranke Menschen						
	Laute Menschen						
	Schüchterne, ängstliche Menschen						
	Zusteller						
	Jogger						
	Rollstuhlfahrer						
	Menschen in Uniformen						
	Menschen mit Hüten						
	Menschen mit Bärten						
	Menschen mit Brillen oder Sonnenbrillen						
	Menschen mit Motorradhelmen						

		Wochen					
		8–9	10–11	12–13	14–15	16–17	18–20
Kinder	**Babys**						
	Kleinkinder						
	Grundschulkinder						
	Teenager						
Andere Tiere	**Erwachsene Hunde**						
	Welpen						
	Katzen						
	Kleintiere						
	Enten						
	Weidevieh						
	Pferde						
Umgebung	**Privatwohnung**						
	Auto						
	Zug/U-Bahn						
	Bus/Straßenbahn						
	Stadt						
	Park						
	Vor einer Schule						
	Vor einem Kinder-spielplatz						
	Wald oder Feld						
	Flohmarkt						

		Wochen					
		8–9	10–11	12–13	14–15	16–17	18–20
Umgebung (Fortsetzung)	**Restaurant/Bar/ Café**						
	Rathaus						
	Party						
	Tierarztpraxis						
	Hundesalon (wenn nötig)						
	Rutschiger Fußboden oder Untergrund						
	Hundepensionen						
	Brücken						
Sonstiges	**Fahrräder**						
	Scooter						
	Motorräder						
	Skateboards						
	Kinderwagen						
	Verkehr						
	Lautes Rufen						
	Händeklatschen						
	Lautes Knallen: Feuerwerk, Donner						
	Menschenmengen						
	Staubsauger						
	Rasenmäher						

Register

Register

Register

GU

LIEBE LESERIN, LIEBER LESER,

wie wunderbar, dass Sie sich für ein Buch von GU entschieden haben! In unserem Verlag dreht sich alles darum, mit gutem Rat Ihr Leben schöner, erfüllter und einfacher zu machen. Unsere Autorinnen und Autoren sind echte Expertinnen und Experten auf ihren Gebieten, die ihr Wissen mit viel Leidenschaft mit Ihnen teilen. Qualität steht bei uns seit jeher an erster Stelle. Daher wird jedes Buch von begeisterten Büchermenschen für Buchbegeisterte gemacht – mit dem Ziel, Ihr neues Lieblingsbuch zu werden.

Ihre Meinung ist uns wichtig, und wir freuen uns sehr über Ihr Feedback und Ihre Empfehlungen – sei es im Freundeskreis oder online.

Viel Spaß beim Lesen und Entdecken!

PS: Hier noch mehr GU-Bücher entdecken: www.gu.de

WICHTIGER HINWEIS

Die Gedanken, Methoden und Tipps in diesem Buch basieren auf den Erfahrungen unserer Autorin. Sie wurden nach bestem Wissen erstellt und mit größtmöglicher Sorgfalt geprüft. Weder die Autorin noch der Verlag können jedoch für eventuelle Nachteile oder Schäden, die aus den im Buch gegebenen praktischen Hinweisen resultieren, eine Haftung übernehmen.

TEAM

Originalausgabe:
»The Perfect Puppy« © Octopus Publishing Group Ltd 1995, 2008, 2024; Text © Gwen Bailey 1995, 2008, 2024; Erstveröffentlichung 1995 in Großbritannien bei Hamlyn, einem Imprint der Octopus Publishing Group Ltd, Carmelite House, 50 Victoria Embankment, London EC4Y 0DZ, Vereinigtes Königreich, www.octopusbooks.co.uk

Lizenzausgabe:
Verlagsleitung: Nadja Harzdorf-van Wickeren
Projektleitung: Jens van Rooij
Übersetzung: Dr. Birgit Fricke
Lektorat: Gerdi Killer, Gabriele Petersen
Schlusskorrektur: Constanze Lüdicke, Sonja Woyzechowski
Cover: zero-media.net, München
Innenlayout: © Octopus Publishing Group Ltd
Satz: booklab, München
Herstellung: Markus Plötz
Reproduktion: LUDWIG:media gmbh
Printed in Europe

www.gu.de/kontakt | hallo@gu.de

GU ist eine eingetragene Marke der GRÄFE UND UNZER VERLAG GmbH

1. Auflage 2026,
ISBN: 978-3-7589-0147-8

BILDNACHWEIS

Cover: FinePic®, München
Alle Fotos im Innenteil von James King mit Ausnahme von: Alamy Stock Photo: Adrian Buck 40; Ardea: © John Daniels 20; Getty Images: Danielle Donders 52; Gwen Bailey: 164, Adam Hoskins 223; iStock: GlobalP 160, MirasWonderland 12M, ProjectB 61, Soumen Hazra 10; Octopus Publishing Group: 12o, 12Mu, 42–47, 53, 69, 76, 158, 168, 169, 170–171, 172, 178, Angus Murray 12u, 151, Rosie Hyde 71u, Russell Sadur 8, 9, 14, 21, 23, 25, 26, 28, 29, 30, 31, 32, 33, 34, 35, 36, 39, 41, 48, 50, 51, 54, 55, 57, 59, 60, 68, 70, 71o, 72, 73, 75, 78, 79, 80, 81, 82, 84, 85, 86, 87, 88, 89, 90, 91, 93, 94, 98, 102, 103, 104, 105, 107, 108, 110, 111, 112, 113, 114, 116, 117, 118, 119, 123, 124, 126, 128, 129, 130, 131, 134, 140, 141, 142, 143, 146, 148, 149, 153, 161, 162, 165, 166, 174–175, 176, 180, 181, 182, 184, 185, 186, 188, 189, 190, 193, 194, 195, 196, 197, 199, 200, 202, 207, 208, 210, 212, 214, 216, 217, 218, 220, 227, 228, 229, 230, 231, Steve Gorton 12Mo; Shutterstock: thka 77; The Kennel Club 139.

Wir möchten folgenden Personen und ihren Hunden für die Teilnahme am Fotoshooting danken: Emelye Allen und Rossi; Elizabeth, Phoebe und Tom Barley und Ralphie; Sue und Sophie Belcher und Ella; Bobs Broadbent und Nellie und Lola; Carin und Tim Browne und Henry; Geoff Burnand und Monty; Kate und Eleanor Catlin und Toffee; Natalie, William und Carrie Charles und Monty; Heather Cooper und Luey und Roxy; Denise und Liam Kavanagh und Archie und Jock; Linda Lee und Byron; Alison Littlewood und Willow; Sylvie, Angus und Krystyna Mawer und Daisy; Roz Mortimer und Amber; Kate Perry und Tess; Katy, Georgina und Michael Renny und Bonnie; Philip Robinson und Sacha; Amba Suppel und Winnie; Emma Vagg und Damian Hart und Harry; Angela Hardie und Indie; Hannah Lambert und Nellie; Maggie Keatley und Alfie; Mano Basu und Boots; Romy Vizard und Truffle.

Ein besonderer Dank geht an Bobs Broadbent, Emma-Clare Dunnett und Sue Ottmann für ihre Hilfe, all diese Hunde und ihre Menschen zu finden.

FÜR DIE UMWELT

Dieses Buch wurde auf FSC-zertifiziertem Papier aus nachhaltiger Waldwirtschaft gedruckt.

FSC
www.fsc.org
MIX
Papier | Fördert gute Waldnutzung
FSC® C023419